U0180995

国家出版基金资助项目
现代数学中的著名定理纵横谈丛书
丛书主编　王梓坤

BUFFON PINNING PROBLEM IN INTEGRAL GEOMETRY

积分几何中的Buffon投针问题

刘培杰数学工作室　编

哈尔滨工业大学出版社
HARBIN INSTITUTE OF TECHNOLOGY PRESS

内 容 简 介

本书从一道清华大学自主招生试题谈起,讲述了用概率计算圆周率的一个方法——Buffon 投针问题,介绍了随机方法在解决圆周率方面的一个应用. 通过对这个著名问题的介绍,洞悉自主招生试题与它的深厚渊源. 全书共分四编,分别为 π 值的估计与几何概型、对 Buffon 投针问题的若干讨论、网格系统中的 Buffon 问题和 Buffon 问题的推广及应用.

本书适合于高中师生、大学师生以及数学爱好者参考阅读.

图书在版编目(CIP)数据

积分几何中的 Buffon 投针问题 / 刘培杰数学工作室编. —哈尔滨:哈尔滨工业大学出版社,2024.3
(现代数学中的著名定理纵横谈丛书)
ISBN 978 - 7 - 5767 - 0132 - 6

Ⅰ. ①积… Ⅱ. ①刘… Ⅲ. ①积分几何Ⅳ.
①O186.5

中国版本图书馆 CIP 数据核字(2022)第 109901 号
JIFEN JIHE ZHONG DE BUFFON TOUZHEN WENTI

策划编辑   刘培杰   张永芹
责任编辑   杜莹雪   张嘉芮
封面设计   孙茵艾
出版发行   哈尔滨工业大学出版社
社   址   哈尔滨市南岗区复华四道街 10 号   邮编 150006
传   真   0451 - 86414749
网   址   http://hitpress.hit.edu.cn
印   刷   辽宁新华印务有限公司
开   本   787 mm×960 mm   1/16   印张 21   字数 217 千字
版   次   2024 年 3 月第 1 版   2024 年 3 月第 1 次印刷
书   号   ISBN 978 - 7 - 5767 - 0132 - 6
定   价   198.00 元

读书的乐趣

你最喜爱什么——书籍.

你经常去哪里——书店.

你最大的乐趣是什么——读书.

这是友人提出的问题和我的回答. 真的,我这一辈子算是和书籍,特别是好书结下了不解之缘. 有人说,读书要费那么大的劲,又发不了财,读它做什么? 我却至今不悔,不仅不悔,反而情趣越来越浓. 想当年,我也曾爱打球,也曾爱下棋,对操琴也有兴趣,还登台伴奏过. 但后来却都一一断交,"终身不复鼓琴". 那原因便是怕花费时间,玩物丧志,误了我的大事——求学. 这当然过激了一些. 剩下来唯有读书一事,自幼至今,无日少废,谓之书痴也可,谓之书橱也可,管它呢,人各有志,不可相强. 我的一生大志,便是教书,而当教师,不多读书是不行的.

读好书是一种乐趣,一种情操;一种向全世界古往今来的伟人和名人求

1

教的方法,一种和他们展开讨论的方式;一封出席各种活动、体验各种生活、结识各种人物的邀请信;一张迈进科学宫殿和未知世界的入场券;一股改造自己、丰富自己的强大力量.书籍是全人类有史以来共同创造的财富,是永不枯竭的智慧的源泉.失意时读书,可以使人重整旗鼓;得意时读书,可以使人头脑清醒;疑难时读书,可以得到解答或启示;年轻人读书,可明奋进之道;年老人读书,能知健神之理.浩浩乎! 洋洋乎! 如临大海,或波涛汹涌,或清风微拂,取之不尽,用之不竭.吾于读书,无疑义矣,三日不读,则头脑麻木,心摇摇无主.

潜能需要激发

我和书籍结缘,开始于一次非常偶然的机会.大概是八九岁吧,家里穷得揭不开锅,我每天从早到晚都要去田园里帮工.一天,偶然从旧木柜阴湿的角落里,找到一本蜡光纸的小书,自然很破了.屋内光线暗淡,又是黄昏时分,只好拿到大门外去看.封面已经脱落,扉页上写的是《薛仁贵征东》.管它呢,且往下看.第一回的标题已忘记,只是那首开卷诗不知为什么至今仍记忆犹新:

日出遥遥一点红,飘飘四海影无踪.

三岁孩童千两价,保主跨海去征东.

第一句指山东,二、三两句分别点出薛仁贵(雪、人贵).那时识字很少,半看半猜,居然引起了我极大的兴趣,同时也教我认识了许多生字.这是我有生以来独立看的第一本书.尝到甜头以后,我便千方百计去找书,向小朋友借,到亲友家找,居然断断续续看了《薛丁山征西》《彭公案》《二度梅》等,樊梨花便成了我心中的女英雄.我真入迷了.从此,放牛也罢,车水也罢,我总要带一本书,还练出了边走田间小路边读书的本领,读得津津有味,不知人间别有他事.

当我们安静下来回想往事时,往往会发现一些偶然的小事却影响了自己的一生.如果不是找到那本《薛仁贵征东》,我的好学心也许激发不起来.我这一生,也许会走另一条路.人的潜能,好比一座汽油库,星星之火,可以使它雷声隆隆、光照天地;但若少了这粒火星,它便会成为一潭死水,永归沉寂.

抄,总抄得起

好不容易上了中学,做完功课还有点时间,便常光顾图书馆.好书借了实在舍不得还,但买不到也买不起,便下决心动手抄书.抄,总抄得起.我抄过林语堂写的《高级英文法》,抄过英文的《英文典大全》,还抄过《孙子兵法》,这本书实在爱得狠了,竟一口气抄了两份.人们虽知抄书之苦,未知抄书之益,抄完毫末俱见,一览无余,胜读十遍.

始于精于一,返于精于博

关于康有为的教学法,他的弟子梁启超说:"康先生之教,专标专精、涉猎二条,无专精则不能成,无涉猎则不能通也."可见康有为强烈要求学生把专精和广博(即"涉猎")相结合.

在先后次序上,我认为要从精于一开始.首先应集中精力学好专业,并在专业的科研中做出成绩,然后逐步扩大领域,力求多方面的精.年轻时,我曾精读杜布(J. L. Doob)的《随机过程论》,哈尔莫斯(P. R. Halmos)的《测度论》等世界数学名著,使我终身受益.简言之,即"始于精于一,返于精于博".正如中国革命一样,必须先有一块根据地,站稳后再开创几块,最后连成一片.

丰富我文采,澡雪我精神

辛苦了一周,人相当疲劳了,每到星期六,我便到旧书店走走,这已成为生活中的一部分,多年如此.一次,偶然看到一套《纲鉴易知录》,编者之一便是选编《古文观止》的吴楚材.这部书提纲挈领地讲中国历史,上自盘古氏,直到明末,记事简明,文字古雅,又富于故事性,便把这部书从头到尾读了一遍.从此启发了我读史书的兴趣.

我爱读中国的古典小说,例如《三国演义》和《东周列国志》.我常对人说,这两部书简直是世界上政治阴谋诡计大全.即以近年来极时髦的人质问题(伊朗人质、劫机人质等),这些书中早就有了,秦始皇的父亲便是受害者,堪称"人质之父".

《庄子》超尘绝俗,不屑于名利.其中"秋水""解牛"诸篇,诚绝唱也.《论语》束身严谨,勇于面世,"己所不欲,勿施于人",有长者之风.司马迁的《报任少卿书》,读之我心两伤,既伤少卿,又伤司马;我不知道少卿是否收到这封信,希望有人做点研究.我也爱读鲁迅的杂文,果戈理、梅里美的小说.我非常敬重文天祥、秋瑾的人品,常记他们的诗句:"人生自古谁无死,留取丹心照汗青""休言女子非英物,夜夜龙泉壁上鸣".唐诗、宋词、《西厢记》《牡丹亭》,丰富我文采,澡雪我精神,其中精粹,实是人间神品.

读了邓拓的《燕山夜话》,既叹服其广博,也使我动了写《科学发现纵横谈》的心.不料这本小册子竟给我招来了上千封鼓励信.以后人们便写出了许许多多的"纵横谈".

从学生时代起,我就喜读方法论方面的论著.我想,做什么事情都要讲究方法,追求效率、效果和效益,方法好能事半而功倍.我很留心一些著名科学家、文学家写的心得体会和经验.我曾惊讶为什么巴尔扎克在51年短短的一生中能写出上百本书,并从他的传记中去寻找答案.文史哲和科学的海洋无边无际,先哲们的明智之光沐浴着人们的心灵,我衷心感谢他们的恩惠.

读书的另一面

以上我谈了读书的好处,现在要回过头来说说事情的另一面.

读书要选择.世上有各种各样的书:有的不值一看,有的只值看20分钟,有的可看5年,有的可保存一辈子,有的将永远不朽.即使是不朽的超级名著,由于我们的精力与时间有限,也必须加以选择.决不要看坏书,对一般书,要学会速读.

读书要多思考.应该想想,作者说得对吗?完全吗?适合今天的情况吗?从书本中迅速获得效果的好办法是有的放矢地读书,带着问题去读,或偏重某一方面去读.这时我们的思维处于主动寻找的地位,就像猎人追找猎物一样主动,很快就能找到答案,或者发现书中的问题.

有的书浏览即止,有的要读出声来,有的要心头记住,有的要笔头记录.对重要的专业书或名著,要勤做笔记,"不动笔墨不读书".动脑加动手,手脑并用,既可加深理解,又可避忘备查,特别是自己的灵感,更要及时抓住.清代章学诚在《文史通义》中说:"札记之功必不可少,如不札记,则无穷妙绪如雨珠落大海矣."

许多大事业、大作品,都是长期积累和短期突击相结合的产物.涓涓不息,将成江河;无此涓涓,何来江河?

爱好读书是许多伟人的共同特性,不仅学者专家如此,一些大政治家、大军事家也如此.曹操、康熙、拿破仑、毛泽东都是手不释卷,嗜书如命的人.他们的巨大成就与毕生刻苦自学密切相关.

王梓坤

第一编

π 值的估计与几何概型

从一道自主招生试题谈起

§1 引　言

青年中学数学教师的成才之路是什么？怎样才能从众多的同行中脱颖而出是经常被问到的问题. 宏观上说要不断学习, 微观上讲要学会"小题大做".

杨振宁先生曾说:[①]

我念书时, 有一位教授是当时世界著名的物理学家之一, 常跟研究生座谈, 有一次同学问他: 应该做大题目, 还是小题目? 他说: 多半的时间应该做小题目, 大题目不是不能做, 只是成功机会较小, 若能透过做小题目进行训练, 则更能掌握解决

[①]　摘自《杨振宁的科学世界:数学与物理的交融》,季理真、林开亮主编,高等教育出版社,2018.

3

大题目的精神. 几十年来,我仍觉得他的劝告
是正确的.

我们这里所谓的"小题大做"是指要透过中学阶
段的简单小题目,了解其背后深远的背景,以期在现代
数学的殿堂登堂入室!

如 2009 年清华特色自主招生中曾考过这样一题:

如图 1 所示,平面内间距为 d 的平行直线,任意放
一长为 l 的针,求证:它与直线相交的概率为 $p = \dfrac{2l}{\pi d}$.

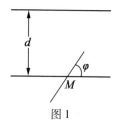

图 1

证明 令 M 表示针的中点;x 表示针投在平面上
时,M 与最近一条平行线的距离;φ 表示针与最近一条
平行线的交角. 显然

$$0 \leqslant x \leqslant \frac{d}{2}, 0 \leqslant \varphi \leqslant \pi$$

如图 2 所示,取直角坐标系,上式表示 $\varphi O x$ 坐标
系中的一个矩形 R,而 $x \leqslant \dfrac{l}{2} \sin \varphi$ 是使针与平行线(此
线必为与点 M 最近的平行线)相交的充分必要条件.
不等式 $x \leqslant \dfrac{l}{2} \sin \varphi$ 表示图 2 中的阴影部分,我们把投
掷针到平面上这件事理解为具有"均匀性". 因此,这

个问题等价于向区域 R 中"均匀分布"地投掷点,求点落入阴影部分的概率 p. 由积分有关知识可知,阴影部分的面积为

$$\int_0^\pi \frac{l}{2}\sin \varphi \mathrm{d}\varphi = l$$

故

$$p = \frac{l}{\dfrac{d}{2}\pi} = \frac{2l}{d\pi}$$

图 2

　　一位优秀的中学教师应该了解此题的背景为积分几何中的 Buffon 投针问题.

§2　公理化概率论的诞生

1. 何谓公理化的概率

　　从几何概型可以看出,概率的定义依赖于"面积"的定义,所以关键是如何定义一般集合的"面积",所谓一般集合的"面积"即是测度. 遗憾的是,在一个具有不可数个点的空间(例如直线上的某个线段或平面内的某个区域)中无论怎么度量集合,在这个度量下,总会有一些集合是不满足可加性的,如果没有可加性,所谓概率就无从谈起,因为如前所述,可加性是概率的

5

基本特征. 因此我们不能指望对样本空间的所有子集定义测度,而只能对其中部分子集定义测度,也就是那些满足可加性的集合,这就是可测集的由来. 有一个问题是自然的,样本空间中有多少集合不满足可加性? 很不幸,非常多,与可测集一样多,不过要搞清楚这个问题需要一点集合论与测度论的专门知识,这里就不赘述了,有兴趣者可以参考实变函数或测度论的相关书籍.

具体到一般的样本空间,对于给定的样本空间 X,其事件域是什么呢? 它是由 X 中的某些(未必是全部)子集构成的集合 F,这个集合需要满足几个基本条件:

(1)空集与全空间 X 在 F 中;

(2)若 $A \subset F$,则 A 的补集 $X - A \subset F$;

(3)若 $E_n \subset F$, $n = 1,2,\cdots$,则 $\bigcup\limits_{n=1}^{\infty} E_n \subset F$.

从前面的分析可以看出,要求 F 中的元素满足上述三点是自然的,我们也把满足(1)~(3)的集合称为由 X 中子集构成的 σ - 域,也把 F 中的元素称为可测集,通常把 (X,F) 称为可测空间. 由此可见,可测空间并不依赖于具体的测度. 但一般情况下,如果用到可测集,当然就需要给它一个测度 m,这个测度应该满足:

(1) $m(E) \geqslant 0$, $m(\quad) = 0$(非负性);

(2)对任意 $E_n \subset F$, $n = 1,2,\cdots$,若 E_n 互不相交,则 $m(\bigcup\limits_{n=1}^{\infty} E_n) = \sum\limits_{n=1}^{\infty} m(E_n)$(可数可加性).

2. 概率与测度的关系

换句话说,只要 m 满足(1)与(2),就说它是可测

空间(X, F)上的一个测度,所以测度不是唯一的,对应到同一个F,可以定义多种测度. 但如果我们研究一个测度空间(概率空间),则通常与具体的测度有关,或者说测度空间涉及三个要素:空间(样本空间)X,σ-域(事件域)F,测度(概率P)m,把(X, F, m)称为测度空间.

那么概率与测度有何不同? 回顾概率的定义,概率不仅需要满足非负性、可加性,还需要满足全空间的概率为1,因此如果测度空间(X, F, m)除了满足上面的(1)和(2),还满足:(3)$m(X) = 1$,则称m为概率测度,简称为概率,(X, F, m)称为概率空间. 简而言之,所谓概率测度即归一化的测度(全空间的测度为1),这就是所谓的公理化概率.

3. 从公理化的概率看中学概率教学

从公理化的概率定义可以看出,先有样本空间才有事件域,最后才有概率,对于同一个样本空间与事件域,概率分布可能有多种. 相对于具体的随机实验,其样本空间未必唯一,关键要看关注随机实验结果的何种属性,这在古典概型情形下已经做过阐述. 所以在研究概率问题时首先需要确定样本空间、事件域及概率. 在同一个随机实验中,如果实验的结果存在不同的属性,样本空间可能有多个,如何确定随机实验的样本空间才是合理的? 我们认为,在没有特别说明的情况下,样本空间不应该根据随机性假设来确定,而应根据问题的目标来确定,也就是说根据所关注随机实验结果的属性来确定样本空间,当样本空间确定后,谈概率问题才是有意义的. 按照目标确定随机实验样本空间的原则,如果在一个随机实验中事先给出了随机假定,那么即使是一种等可能性假设,也未必导出古典概型或几何概型. 由于选择了不同的样本空间,虽然随机设定都是射线与直角三角形直角边的夹角等可能,却得到了两个不同的概率问题,一个是几何概型,另一个是非几何概型. 不过由这两个不同样本空间得到的答案是一样的,因为两种情况下的计算采用的是同一种度量——长度. 由于在中学阶段仅限于古典概型与几何概型,所以不宜将这种容易产生歧义的概率问题放到中学从而造成人为的陷阱,甚至产生相互矛盾的结果. 教材中打靶问题的解答与教辅材料中随机射线问题的解答就是典型的两种相互矛盾的解答,因为打靶也可以看成对概率论的理解.

现在按公理化概率论重新审视一下几何概型,不妨假设样本空间是单位圆盘,相对于这个样本空间的事件域是什么? 显然不可能是圆盘的所有子集构成的集合,否则无论怎么定义测度,总会有一些子集是不可测的. 按照勒贝格的测度论,此时合适的事件域是圆盘中所有勒贝格可测子集全体,记为 $L(D)$,测度可以是通常的勒贝格测度 m,它是面积概念的自然推广,对应的测度空间就是 $(D,L(D),m)$,将勒贝格测度归一化,就得到概率空间了. 或者按照几何概型通常的做法,对任意 $E \subset L(D)$,E 的概率 $P(E) = \dfrac{m(E)}{m(D)}$.

§3 一位法国植物学家提出的数学问题

本书是借助于一道自主招生试题来介绍积分几何

8

中的一个专题——Buffon 投针问题.

　　蒲丰(Buffon,Georges Louis Leclerc,1707 年 9 月 7 日—1788 年 4 月 16 日)是法国自然科学家,生于蒙巴尔(Montbard),卒于巴黎.他早年在第戎(Dijon)耶稣会学院学习,之后到意大利和英国游历,25 岁回到家乡,开始研究自然科学.他起初专攻数学和物理,后来成为植物学家.1733 年他被选为法国科学院院士,1739 年任巴黎植物园园长,1771 年接受法国国王路易斯十四的爵封.Buffon 的主要数学贡献在概率论方面.他于 1777 年出版了《能辨是非的算术实验》(*Essai d'Arithmétique Morale*)一书,其中主要研究几何概率,提出并解决了下列概率计算问题:把一个小薄圆片投入被分为若干个小正方形的矩形域中,问使小圆片完全落入某一个小正方形内部的概率是多少?他还解决了这种类型的更难的问题,其中包括投掷正方形薄片或针形物时的概率,这些概率问题都被称为"Buffon 问题".特别是"Buffon 投针问题"的结果可以用来计算 π 的近似值.这是近代蒙特卡罗(Monte Carlo)法的古典例子.Buffon 还以研究自然博物史闻名于世.这方面最重要的著作是《自然史》(*Histoire Naturelle*),共 44 卷.这是他几十年心血的结晶,书中插有许多精美的植物图片.这部著作从 1749 年到 1804 年陆续出版,最后 8 卷是在他去世后,由他的学生们完成的.Buffon 还在 1740 年翻译了牛顿的《流数论》,同时探讨牛顿和莱布尼茨发现微积分的历史.Buffon 是进化思想的先驱.

　　本书选取的这道自主招生试题严格地讲是 Buffon 问题中的投针问题,它既有趣味又人人可以动手操作.更重要的是它是近代蒙特卡罗方法的最古典例子,同

时它还是积分几何中的特例. 它的叙述是这样的:

在一平面上画有一组间距为 d 的平行线, 将一根长度为 $l(l<d)$ 的针任意投掷到这个平面上, 求此针与任一平行线相交的概率. Buffon 本人证明了该针与任意平行线相交的概率为

$$p = \frac{2l}{\pi d}$$

利用这一公式, 可以用概率方法得到圆周率 π 的近似值. 将这一实验重复进行多次, 并记下相交的次数, 从而得到 p 的经验值, 即可算出 π 的近似值. 1850 年一位叫沃尔夫的人在投掷 5 000 多次后, 得到 π 的近似值为 3. 159 6. 1855 年英国人史密斯投掷了 3 200 次, 得到的 π 值为 3. 155 3. 另一位英国人福克斯投掷了仅 1 100 次, 却得到了精确的 3 位小数的 π 值 3. 141 9. 目前宣称用这种方法得到最好 π 值的是意大利人拉泽里尼, 他在 1901 年投掷了 3 408 次, 得到的圆周率近似值精确到 6 位小数. Buffon 投针问题是第一个用几何形式表达概率问题的例子, 它开创了使用随机数处理确定性数学问题的先河, 为概率论的发展起了一定作用.

在本书中, 我们从一个小小试题引申. 但愿正如 1927 年 7 月 12 日上海《时事新报・青光》上发表的梁实秋先生的《辜鸿铭先生轶事》中所写的, 辜写文章时畅引中国经典, 滔滔不绝, 其引文之长, 令人兴喧宾夺主之感, 顾趣味弥永, 凡读其文者只觉其长, 并不觉其臭.

对中国近代数学, 一般读者只知道微分几何大家陈省身、苏步青, 再专业一点的还知道沈纯理、徐森林,

但对积分几何就比较陌生,像吴大任先生这样的大家很多人都知之不多,借此宣传一下颇有意义.

胡适先生在"赠予今年的大学毕业生"的讲演中指出:

> 第一要寻问题.脑子里没问题之日,就是你的智识生活寿终正寝之时,古人说:"待文王而兴者,凡民也.若夫豪杰之士,虽无文王犹兴."试想伽利略和牛顿有多少藏书,有多少仪器? 他们不过是有问题而已.

青年人要想理解近代数学,需要寻找一个自己喜欢的问题逐渐深入进去,随着文献越读越多,最后便可登堂入室,当然也有人会浅尝辄止.

1985 年清华大学柳百成院士专门到美国考察高等工程教育.美国的大学教授当时告诉他说:什么叫硕士,什么叫博士.硕士要回答"How",博士则要回答"Why";硕士回答"怎么做",博士回答"为什么"."为什么"就是机制和理论.

如果你将本书当作自主招生的备考资料来读,那么对不起,会让你失望了,因为它只能帮你掌握一个题的解法.但你如果是对数学真的感兴趣,想知道这道试题背后的一些东西,那你就找对了.

国家教委原副主任柳斌说:综观我国教育,在许多地方,育人基本是以考试为本;看人基本是以分数为本;用人基本是以文凭为本[1]. 在这种教育的氛围中,

---

[1]　摘自《中国青年报》,2012 年 12 月 1 日第 3 版.

只有教辅书的生存空间,像本书这样让你长知识增本领的书籍基本没有生存空间. 但我们相信社会是在变化的,不能总是这样,历史上中国曾多次出现过这样的时期,但无一例外都被颠覆了. 真才实学总会有用的!

看历史要有大视野,要读书! 为国家,为家族,也为自己!

§4 一个微信公众号中的几何概型

在微信公众号"宗大叔 Dream Math"中有一篇文章对 Buffon 问题的几何概型描写得非常详细,摘录如下:

1. Buffon 问题专题

最典型的几何概率问题就是相约见面问题和 Buffon 问题. 关于相约见面问题,高中已经研究了很多,这里不再赘述. 这里简述一下 Buffon 问题——通过概率论近似求出 π 的值.

问题 1　Buffon 问题

如图 1,平面上画有等距离为 $a(a>0)$ 的一些平行线,向平面任意投长为 $l(l<a)$ 的针,试求针与平行线相交的概率 p.

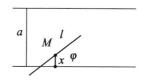

图 1

本问题给出了向一簇等距平行线投掷任意等长线段与平行线相交的概率.

关键词:等距平行线;等长线段;π.

解法 以 M 表示落下后针的中心,x 表示 M 与最近的一条平行线的距离,φ 表示针与此线的交角,容易得到

$$\begin{cases} 0 \leq x < \dfrac{a}{2} \\ 0 \leq \varphi \leq \pi \end{cases}$$

这决定了 $xO\varphi$ 平面上的一个矩形区域,如图 2.

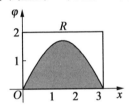

图 2

为了使针与相距较近的平行线相交,这等价于

$$x \leq \frac{l}{2} \sin \varphi$$

也即图中阴影部分. 因此这就变成了一个几何概型,其概率为

$$p = \frac{1}{\dfrac{a}{2}\pi} \int_0^\pi \frac{l}{2}\sin\varphi \mathrm{d}\varphi = \frac{2l}{\pi a}$$

解题要点:如何解耦相交条件.

问题 2 广义 Buffon 问题

平面上画有等距离为 a 的平行线,向平面任意投掷一凸形铁丝圈,其长为 s,试求铁丝圈与平行线的交点个数的数学期望.

本题给出了向一簇等距平行线投掷相同形状的凸形的交点个数的期望.

13

关键词:等距平行线;凸线;π.

解法 将铁丝圈分成若干个小段,其中每一段长为 l_k($l_k < a$). 当 l_k 充分小时,可以把这小段看成直线段,由问题 1 有:每一小段与平行线相交的概率为

$$\frac{2l_k}{\pi a}$$

要求相交点的个数,这显然是一个"计分"问题,考虑示性事件. 令

$$1_k = \begin{cases} 1, \text{第 } k \text{ 段直线与某平行线相交} \\ 0, \text{其他} \end{cases}$$

则我们只要求

$$E\left(\sum_k 1_k\right) = \sum_k E[1_k] = \sum_k \frac{2l_k}{\pi a} = \frac{2s}{\pi a}$$

更进一步地,我们可以考虑投掷一个闭的充分小的凸形圈,显然其交点个数要么是 0,要么是 2(相切时认为有 2 个交点,这并不影响,因为这种情况事实上是零测的).

由本题结论,交点个数的期望应该为

$$\frac{2s}{\pi a}$$

另外,这个交点的数学期望,由数学期望的定义,应该为

$$2p + 0 \cdot (1 - p) = 2p$$

其中 p 为这个凸圈与平行线相交的概率,两式对等,可以得到

$$p = \frac{s}{\pi a}$$

注意,这里与凸圈具体的形状无关,只与其周长 s 有关. 若取这个凸圈为一个椭圆,考虑其离心率趋向于 1,则最后这个椭圆会趋近于一个长度为 $l = \frac{s}{2}$ 的针,此

时,相交概率 p 就回归到了问题 1 的形式.

解题要点:微元法;示性事件;化归.

问题 3　双方向 Buffon 问题

现在考虑平行的网格,间距分别为 a,b(图 3). 随机扔一根长为 r 的针,其中 $r < \min(a,b)$,求其与网格相交的概率.

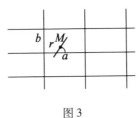

图 3

本题给出了向各自方向等距的网格上抛掷等长线段相交的概率.

关键词:等距网格;等长线段;π.

解法　记针与水平平行线所成锐角 $\alpha \in \left[0, \dfrac{\pi}{2}\right]$(这个右边是无所谓的,因为是零测的),则针与方格相交的充要条件为

$$0 \leqslant x \leqslant r\cos \alpha, 0 \leqslant y \leqslant r\sin \alpha$$

以 x 轴为横轴,y 轴为纵轴,α 为参数,如图 4 所示.

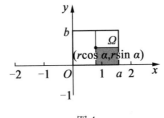

图 4

15

这样,可行域即阴影部分面积为

$$\int_0^{\frac{\pi}{2}} (ab - (a - r\cos \alpha)(b - r\sin \alpha)) d\alpha$$

而总面积为 $ab \dfrac{\pi}{2}$,因此这个概率为

$$\frac{2}{\pi ab} \int_0^{\frac{\pi}{2}} (ab - (a - r\cos \alpha)(b - r\sin \alpha)) d\alpha$$
$$= \frac{2r}{\pi ab}\left(a + b - \frac{1}{2}r\right)$$

本题的解题过程中,涉及了两个自变量和一个参变量的可行域的画法,这一画法在问题 5 中将再次见到.

这种可行域的画法,我们将两个自变量当作 $x - y$ 轴,将参变量作为一个可调节的"滑杆". 作图的过程中,假设这个滑杆取得某一具体值,作为已知量(相当于先验事件),这类似于重期望定理.

解题要点:相交条件的解耦;两个自变量 + 一个参变量 = 3 个变量可行域的画法.

2. 圆/球专题

几何概型的难点在于:如何处理这些零测的事件. 一维情形下,必须将其转化为某个非零测的区间;二维情况下,必须将其转化为某个面积;三维情形下,必须将其转化为某个体积……这就必须要构造一个等价关系.

问题 4 在以 O 为圆心,单位长度为半径的圆周上任取两点 A, B. 设 Π 为圆心 O 到直线 AB 的距离,Θ 为直线 AB 与水平正方向的夹角(图 5).

证明:(Π, Θ) 具有联合概率密度函数,即

$$f(p,\theta) = \frac{1}{\pi^2 \sqrt{1-p^2}}, 0 \leqslant p \leqslant 1, 0 \leqslant \theta < 2\pi$$

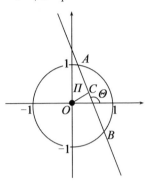

图 5

　　本题给出了定圆的动弦的弦心距与该弦所在直线倾斜角之间的联合概率分布.

　　关键词:圆;动弦;动弦心距;倾斜角.

　　证明　要考虑圆上的角度的问题,我们的第一想法是:极坐标.以 O 为极点,正半轴为极轴建立极坐标系,则有

$$A(\theta_1, 1), B(\theta_2, 1)$$

其中 θ_1, θ_2 都是独立均匀分布在 $[0, 2\pi]$ 上的. 这两个随机变量的联合概率密度函数为

$$f(\theta_1, \theta_2) = \frac{1}{(2\pi)^2}$$

现在考虑用这两个随机变量 (θ_1, θ_2) 表示 (Π, Θ):

　　这是简单的几何学,在 $\triangle AOC$ 中,有

$$\Theta = \angle OAC + \theta_1, \sin \angle OAC = \frac{\Pi}{1} = \Pi$$

因此

$$\Theta = \theta_1 + \arcsin \Pi \tag{1}$$

而在 $\triangle OAB$ 中,有

$$\frac{\pi - 2\pi + (\theta_2 - \theta_1)}{2} = \frac{\theta_2 - \theta_1}{2} = \angle OAB$$

因此

$$p = \sin\left(\frac{\theta_2 - \theta_1}{2} - \frac{\pi}{2}\right) = \cos\frac{\theta_2 - \theta_1}{2} \tag{2}$$

联立问题 1 与问题 2 有

$$\begin{cases} \pi + 2\theta = \theta_1 + \theta_2 \\ 2\arccos p = \theta_2 - \theta_1 \end{cases}$$

解得

$$\begin{cases} \theta_1 = -\arccos p + \theta + \dfrac{\pi}{2} \\ \theta_2 = \dfrac{\pi}{2} + \theta + \arccos p \end{cases}$$

考虑其雅可比行列式为

$$|\boldsymbol{J}| = \frac{2}{\sqrt{1 - p^2}}$$

下略.

解题要点:圆上的角度问题;极坐标;雅可比行列式.

问题 5 设三个点 A, B, C 均匀分布在一个圆周上. 令 $b(x)$ 表示这三个点形成的 $\triangle ABC$ 中(图 6),至少有一个内角的度数超过 $x\pi$ 的概率.

试证明

18

$$b(x) = \begin{cases} 1 - (3x-1)^2, & \dfrac{1}{3} \leqslant x \leqslant \dfrac{1}{2} \\[2mm] 3(1-x)^2, & \dfrac{1}{2} \leqslant x \leqslant 1 \end{cases}$$

图 6

证明　题设即

$$\max\{\angle A, \angle B, \angle C\} \geqslant x\pi$$

本题之关键在于如何将几何条件转化为代数条件. 此处的三个内角,直接进行表示是困难的,考虑其都为圆周角,因此考虑用对应的圆心角来取代,这就转换为了比较三个圆心角的大小.

对于圆心角,我们本能地想起了极坐标. 不妨以 OA 为极轴建立极坐标系(图 7).

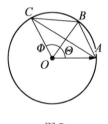

图 7

不失一般性,设 $0 \leqslant \Theta < \Phi < 2\pi$,则三个内角可以表示为

19

$$\angle C = \frac{1}{2}\Theta$$

$$\angle A = \frac{1}{2}(\Phi - \Theta)$$

$$\angle B = \pi - \frac{1}{2}\Phi,劣弧与优弧的性质$$

而此处,Θ,Φ 就是两个随机变量,不妨考虑求其补事件,即

$$\begin{cases} \angle C = \frac{1}{2}\Theta < x\pi \\ \angle A = \frac{1}{2}(\Phi - \Theta) < x\pi \\ \angle B = \pi - \frac{1}{2}\Phi < x\pi \end{cases}$$

以 θ 为横轴,φ 为纵轴,作出这个区域.

当 $\frac{1}{3} \leqslant x \leqslant \frac{1}{2}$ 时,如图 8.

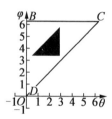

图 8

因此阴影部分的面积为

$$b(x) = \frac{1}{2}((2-6x)\pi)^2 = 2\pi^2 \cdot (1-3x)^2$$

因此其补事件的概率为

$$1 - \frac{1}{2\pi^2}(2\pi^2 \cdot (1-3x)^2) = 1 - (3x-1)^2, \frac{1}{3} \leqslant x \leqslant \frac{1}{2}$$

当 $\dfrac{1}{2} \leqslant x \leqslant 1$ 时,如图9.

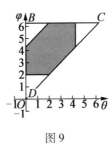

图9

同理可以计算得

$$b(x) = 3(1-x)^2, \ \dfrac{1}{2} \leqslant x \leqslant 1$$

综上所述,证明完毕.

　　本题解题过程中涉及了双自变量和一个参变量(一共三个变量)的可行域的画法,这一方法在问题3的解答中我们曾经见到过.

　　我们可以尝试将这一结果推广为在圆周上取 n 个点,产生 $\binom{n}{2}$ 个圆心角,转化为线性规划问题,然而这个线性规划问题我们还未知结果.

　　解题要点:圆上的角度问题;极坐标;双自变量 + 一个参变量 = 3 个变量可行域的画法.

　　问题6　在以 O 为球心的球体中,任意取两点 A, B.

　　试证明

$$P(\triangle AOB \text{ 为钝角三角形}) = \dfrac{5}{8}$$

　　本题给出了球体内部,以球心为顶点的三角形为

21

钝角三角形的概率.

关键词:球;钝角三角形.

证明 这显然是双变量的问题,有两个动点,不易处理,我们先固定一个点 A.

不妨假设该球半径为 1,记 $X := |AO|$,易知

$$f(x) = 3x^2, 0 \leqslant x \leqslant 1$$

(通过体积之比立即可以得到,此处略去).

本题作为球上的张角问题,第一想法是考虑极坐标,然而球的极坐标,在本题中并不适用,因为在三维情形下,A,B 与黄道面的夹角可能是异面的,这样很难将这两个极角化为与 $\triangle AOB$ 共面的角以提供信息.

本题的精彩之处在于对于"何时 $\triangle AOB$ 为钝角三角形"的转换:体积,而非角度. 这就需要考虑到底哪个角是钝角,幸而钝角三角形只能有一个钝角,因此三种情况注定是无交的.

1. $\angle AOB$ 为钝角,先考虑其边界情况:显然是点 B 在与 AO 垂直的大圆面上时取得 $\angle AOB = \dfrac{\pi}{2}$. 那么当点 B 与点 A 分处两个半球时,严格来说,应该是取与 AO 垂直的大圆面,将该半球一分为二,当点 A,B 在不同半球时,显然 $\angle AOB$ 为钝角. 这种情形的概率恒为 $\dfrac{1}{2}$.

2. $\angle ABO$ 为钝角,考虑边界情况,即 $\angle AOB$ 为直角时. 类比圆,只要 O,A,B 三点共球面即可,即点 B 在以 OA 为直径的球面上,$\angle AOB = \dfrac{\pi}{2}$,那么类比于二维情形下的"等张角线",我们把点 B 从球面"压入"球体内部,此时 $\angle ABO$ 为钝角.

这种情形的概率,只要求这个球的体积即可,该球

是以 $\dfrac{X}{2}$ 为半径的,因此体积为

$$\frac{4}{3}\pi\left(\frac{1}{2}X\right)^3$$

所以概率应为

$$P(\angle ABO \text{ 为钝角}\mid X) = \frac{\dfrac{4}{3}\pi\left(\dfrac{1}{2}X\right)^3}{\dfrac{4}{3}\pi 1^3} = \frac{1}{8}X^3$$

3. 还剩下 $\angle OAB$ 是钝角的情况,同样地,我们考虑 $\angle OAB$ 为直角的边界情况:类比圆,这只需要点 B 在过点 A 且与 AO 垂直的小圆面上即可. 要想让 $\angle OAB$ 为钝角,只要让点 B 在这个小圆面远离点 O 的方向移动即可. 这种情形下的概率,只要计算这个"顶"的体积占球体的比即可

$$P(\angle OAB \text{ 为钝角}\mid X) = \frac{\displaystyle\int_X^1 \pi(1-y^2)\,\mathrm{d}y}{\dfrac{4}{3}\pi 1^3}$$

综上所述,这三种情形加起来(因为钝角三角形只有一个钝角,因此三种情况是不交的)

$$P(\triangle AOB \text{ 为钝角三角形}) = \frac{1}{2} + E\left[\left(\frac{1}{2}X\right)^3\right] +$$

$$\frac{1}{\dfrac{4}{3}\pi}E\left[\int_X^1 \pi(1-y^2)\,\mathrm{d}y\right]$$

$$= \frac{1}{2} + \frac{1}{16} + \frac{3}{4}E\left[\frac{2}{3} - X + \frac{1}{3}X^3\right]$$

$$= \frac{5}{8}$$

证明完毕.

事实上,对于二维情形,也具有类似的结论

$$P = \frac{1}{2} + \frac{1}{8} + \frac{1}{\pi} E\left[\arccos X - X \sqrt{1 - X^2} \right] = \frac{3}{4}$$

本题与 1992 年及 2005 年 Putnam 竞赛的一道试题类似.

解题要点:对于钝角三角形的转化;重期望法则.

本题中我们提到了"等张角线",事实上是这样的概念:给定平面上的线段 AB,以及一个动点 P,保证 $\angle APB$ 为定值时,点 P 形成的轨迹,称为等张角线. 这是显然的:要想角度为定值,当且仅当它是个圆即可,因此这个等张角线,就是两个"部分圆",像水面上初升,但是未全露出的太阳,太阳露出来的部分就是等张角线的上部分,在水面上的反射就是下半部分,水面被太阳截得的线段,就是定线段 AB,这样的等张角线是一个葫芦形(图 10).

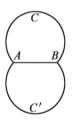

图 10

当扩展到三维后,这个"葫芦"也会变成三维的,容易想象到:此时两侧不是两个"部分圆",而是"部分球",这个等张角线,也就变成了等张角面,这样的等张角面是南瓜形的. 无论是等张角线还是等张角面,如

果其"张角的定值"作为参变量,发生变化,就会产生一族曲线,这个曲线族中的每一条曲线上,其张角都是固定的,但是任意两根曲线之间,张角是不相等的. 因此在考虑 $\angle OBA$ 时,我们可以借助等张角面的"膨胀"来考虑.

注 等张角线与问题 9 中的条件都是给定线段 AB.

我们在高中就曾经用到过等张角线解决问题,但这并不是本书内容的重点,此处略去不提.

3. 仿射变换

仿射变换,我们在高中就曾经接触过. 利用这个工具,我们可以将一般图形特殊化,甚至建立坐标系,通过解析几何的方式来求解问题.

问题 7 在 $\triangle ABC$ 内任取一点 P,联结 AP, BP, CP 并延长分别交 BC, AC, AB 于 L, M, N.

证明

$$E\left[S_{\triangle LMN}\right] = (10 - \pi^2) S_{\triangle ABC}$$

关键词:三角形面积.

证明 这个三角形是任意的三角形,因此我们考虑将其仿射为一个特殊的三角形(图 11).

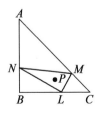

图 11

设点 P 的坐标为 (X, Y)，则

$$L = \left(\frac{X}{1-Y}, 0\right), M = \left(\frac{X}{X+Y}, \frac{Y}{X+Y}\right), N = \left(0, \frac{Y}{1-X}\right)$$

考虑 $\triangle LMN$ 的面积，就有

$$E[S_{\triangle LMN}] = E[S_{\triangle BLN} + S_{\triangle CLM} + S_{\triangle ANM}]$$

而

$$E[S_{\triangle BLN}] = 2 \iint_{ABC} \frac{xy}{2(1-x)(1-y)} \mathrm{d}x\mathrm{d}y$$

$$= \int_0^1 \left(-x - \frac{x}{1-x}\ln x\right) \mathrm{d}x$$

$$= \frac{\pi^2}{6} - \frac{3}{2}$$

同理可以计算出 $E[S_{\triangle CLM}]$ 与 $E[S_{\triangle ANM}]$. 下略.

解题要点：仿射变换.

问题 8 （本题有争议！）在所有与 $\triangle ABC$ 相似的、同向的，且在 $\triangle ABC$ 内部的三角形中，等概率地任意选出一个三角形.

试证明：这种三角形面积的期望为

$$\frac{1}{10}S_{\triangle ABC}$$

本题给出了与 $\triangle ABC$ 同向且相似的小三角形面积的期望.

关键词：相似；三角形面积.

证明 这个 $\triangle ABC$ 可能是各种形状的，这不利于我们讨论，因此我们考虑将其特殊化为一个 $30° - 60° - 90°$ 的直角三角形. 而能够实现这种转化的，就是仿射变换. 不妨将原来的 $\triangle ABC$ 仿射为 $A(0, 2\sqrt{3}), B(0, 0), C(2, 0)$，如图 12.

26

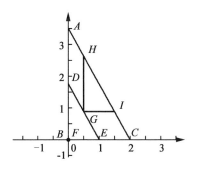

图 12

设相似比为 α，记相似三角形为 $\triangle DEF$，则这个 $\triangle DEF$ 可以在 $\triangle ABC$ 内滑动，但是不可以旋转，因为要保证同向. 我们希望把点所处位置的零测，转换为面积测度，即转换到三角形这个二维图形上来，然后找到一个可以"代表"这个三角形的量，这个量必须与这个三角形是一一对应的，那么我们不妨取这个量就是 $\triangle DEF$ 的重心，记作点 G. 于是 $\triangle DEF$ 在 $\triangle ABC$ 内滑动；相应地，点 G 就在 $\triangle ABC$ 内滑动，形成一片区域，容易得到这片区域就是 $\triangle GHI$，且 G 也是均匀分布的，不会改变原概率分布的均匀性.

我们只要求 $S_{\triangle GHI}$ 即可. 容易得到其面积变为原来的

$$\frac{S_{\triangle GHI}}{S_{\triangle ABC}} = (1-\alpha)^2$$

但是这样在 $(0,1)$ 上对 α 积分，得到的结果仅为

$$\frac{1}{30} S_{\triangle ABC}$$

4. 其他问题

问题 9 设给定平面上两定点 A,B，以及一个动

27

点 P,其中 $P \in S$,这里 S 是一个集合,其重心已知为 G,如图 13.

证明

$$E[S_{\triangle ABP}] = S_{\triangle ABG}$$

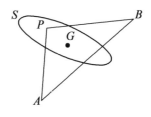

图 13

该问题给出了对于定线段以及区域 S 中的一个动点组成一个三角形,那么这个三角形面积的均值,在该动点与区域重心重合时取得.

关键词:定线段;动点;动三角形面积;均值;重心.

证明　要表示 $S_{\triangle ABP}$,在本题中,我们已经知道 $|AB|$ 是固定的,那么只要用底乘高除以 2 的方式即可.

记 d_{P-AB} 为点 P 到直线 AB 的距离,则

$$E[S_{\triangle ABP}] = \frac{1}{2}|AB| \cdot E[|d_{P-AB}|]$$

由于集合 S 的重心为 G,因此上式即

$$\text{RHS} = S_{\triangle ABG}$$

证明完毕.

本题可尝试做这样的推广:假如 ABP 不是三角形而是过 A,B,P 三点的圆,然而这种情况过于复杂了.

作为上题的应用：

问题 10　如图 14，给定 $\triangle ABC$，以及边 BC 上的一个定点 D，将 $\triangle ABC$ 分为两个子三角形：$\triangle ABD$ 与 $\triangle ADC$.

试证明

$$E\left[S_{\triangle APQ}\right]=S_{\triangle AG_1G_2}=\frac{2}{9}S_{\triangle ABC}$$

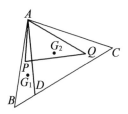

图 14

关键词：双变量；动三角形面积；重心；均值.

证明　本题是在给定的两个三角形中选两点，与一个固定顶点组成三角形，求其面积的均值. 而问题 9 中的情形则是给定一线段，在某集合里面选取一点组成三角形，求其面积的期望. 我们希望尝试化归为上一题，首先要构造出一个固定的线段. 显然在 $\triangle APQ$ 中，现在是不存在定线段的，这是因为除了 A 以外的两个顶点 P，Q 均为动点，是随机变量. 而要想构造一个固定的线段，则至少需要 P，Q 中的一个是固定的，要想将随机变量暂时固定成某定值，我们想到了重期望法则.

不妨考虑固定 P，则

积分几何中的 Buffon 投针问题

$$E[S_{\triangle APQ}] = E_P[E[S_{\triangle APQ} | P]]$$

此时,线段 AP 是固定的,而点 Q 是均匀分布在 $\triangle ACD$ 内的随机变量,这就化归为了问题 9,即

$$E[S_{\triangle APQ} | P] = S_{\triangle APG_2}$$

此时,放开点 P(图 15),使其重新变为随机变量,这时

$$E[S_{\triangle APQ}] = E_P[S_{\triangle APG_2}]$$

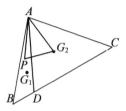

图 15

这时第一个等式右侧依然是问题 9 中的问题:线段 AG_2 是固定的,而 P 均匀分布于 $\triangle ABD$ 中,因此

$$E_P[S_{\triangle APG_2}] = S_{\triangle AG_1G_2}$$

即

$$E[S_{\triangle APQ}] = S_{\triangle AG_1G_2}$$

第一个等式证明完毕.

关于第二个等式,则是简单的几何学问题,不是我们讨论的重点,这里略去了.

解题要点:化归;重期望法则.

对 π 作统计估计的途径

§1 与 π 的统计估计有关的一个问题

1. 平行线网

Buffon 投针问题的解答,在历史上第一次开辟了对 π 作统计估计的途径. 由于 Buffon 投针问题的解使 π 与 Buffon 的概率 p 相联系,因而 π 的统计估计问题,实质上是 Buffon 概率的统计估计问题.

考虑间隔为 1 的平行线网. 设 n 为投针次数,s 为小针实际与网相遇的次数,则

$$\hat{p} = sn^{-1} \tag{1}$$

是 Buffon 概率 p(即小针与网相遇的概率)的一个无偏估计. 事实上,考虑以

$$\begin{pmatrix} 1 & 0 \\ p & 1-p \end{pmatrix}$$

为密度矩阵的随机变数 ξ. 投针 n 次,相当于对 ξ 进行 n 次独立观察,得一容量为 n 的子样 $(\xi_1, \cdots, \xi_n)$. 由式(1)给出的

31

估计 $\hat{p}$ 实际上就是子样的平均值

$$\bar{\xi} = \frac{1}{n} \sum_{i=1}^{n} \xi_i$$

由于 $E\bar{\xi} = p = E\xi$，故 $\hat{p}$ 是 p 的无偏估计. 另外, 不难看出, 此估计的方差为

$$D\hat{p} = D\bar{\xi} = D\left(\frac{1}{n} \sum_{i=1}^{n} \xi_i\right) = \frac{1}{n^2} \sum_{i=1}^{n} D\xi_i = \frac{1}{n}p(1-p) \quad (2)$$

下表是一个历史记录:

实验者	针长	投针次数	触网次数	π 的估值
Wolf, 1850	0.8	5 000	2 532	3. 159 6
Smith, 1855	0.6	3 204	1 218.5	3. 155 3
De Morgan, c. 1860	1.0	600	382.5	3. 137
Fox, 1884	0.75	1 030	489	3. 159 5
Lazzerini, 1901	0.83	3 408	1 808	3. 141 592 9
Reina, 1925	0.541 9	2 520	859	3. 179 5
Gridgeman, c. 1960	0.785 7	2	1	3. 143

2. 矩形网格, 独立性条件

Schuster(1974) 从实验设计的观点出发, 提出如下有趣的问题: 一个实验者将长度为 l 的小针向布有间隔为 $2l$ 的平行线网的平面上投掷 200 次, 记下小针与网相遇的次数; 另一个实验者向布有正方形网格(以边长等于 $2l$ 的正方形作为基本区域)的平面上投掷小针 100 次, 并分别记录小针与每组平行线网相遇的次数(注意, 此正方形网格可看作是由两组互相正交的间隔为 $2l$ 的平行线网组成). 对于 π 的统计估计来说, 这两种实验是否提供了同样的统计信息?

现在我们就矩形网格的情形做一般性的讨论. 设平面上有两组互相正交的平行线网, 其中一组间隔为 b(不妨假定它平行于 Ox 轴), 另一组间隔为 a(平行

32

于 Oy 轴). 设 $b \leqslant a$. 在随机投针的实验中, 以 A 表示小针与平行于 Ox 轴的平行线网相遇的事件, 以 B 表示小针与平行于 Oy 轴的平行线网相遇的事件. 我们先来探讨事件 A 与事件 B 是否独立的问题.

由于

$$P(AB) = P(A) + P(B) - P(A \cup B) \qquad (3)$$

其中 $P(A \cup B)$ 为小针与矩形网格相遇的概率. 故根据两事件独立的定义, 得到事件 A 与事件 B 互相独立的条件

$$P(A) \cdot P(B) = P(A) + P(B) - P(A \cup B) \qquad (4)$$

对于矩形网格, 当针长不超过基本区域较短边时 (即 $l \leqslant b$), 我们有

$$P(A) \cdot P(B) = \frac{2l}{\pi b} \cdot \frac{2l}{\pi a} = \frac{4l^2}{\pi^2 ab}$$

$$P(A) + P(B) - P(A \cup B)$$

$$= \frac{2l}{\pi b} + \frac{2l}{\pi a} - \frac{2l(a+b) - l^2}{\pi ab}$$

$$= \frac{l^2}{\pi ab}$$

显然此时条件(3)不成立.

3. 有效性分析

以 ξ, η 表示下列随机变数:

$$\xi = \begin{cases} 1, & \text{当小针与平行于 } Ox \text{ 轴之平行线网相遇} \\ 0, & \text{当小针与平行于 } Ox \text{ 轴之平行线网不相遇} \end{cases}$$

$$\eta = \begin{cases} 1, & \text{当小针与平行于 } Oy \text{ 轴之平行线网相遇} \\ 0, & \text{当小针与平行于 } Oy \text{ 轴之平行线网不相遇} \end{cases}$$

现在我们来考查

$$\hat{p} = \frac{1}{200} \sum_{i=1}^{100} (\xi_i + \eta_i) \qquad (5)$$

的有效性. 我们有

$$D(\xi_i + \eta_i)$$
$$= D\xi_i + D\eta_i + 2E\{(\xi_i - E\xi_i)(\eta_i - E\eta_i)\} \qquad (6)$$

由于

$$D\xi_i = P(A)[1 - P(A)] \qquad (7)$$

$$D\eta_i = P(B)[1 - P(B)] \qquad (8)$$

$$E\{(\xi_i - E\xi_i)(\eta_i - E\eta_i)\}$$
$$= E(\xi_i \eta_i) - E\xi_i E\eta_i$$
$$= P(AB) - P(A)P(B) \qquad (9)$$

从而有

$$D(\xi_i + \eta_i) = P(A) + P(B) + 2P(AB) -$$
$$[P(A) + P(B)]^2 \qquad (10)$$

再利用式(3),得到

$$D(\xi_i + \eta_i) = 3P(A) + 3P(B) - [P(A) + P(B)]^2 -$$
$$2P(A \cup B) \qquad (11)$$

在条件 $l \le b \le a$ 下,有

$$D(\xi_i + \eta_i) = 3 \cdot \frac{2l}{\pi b} + 3 \cdot \frac{2l}{\pi a} - \left(\frac{2l}{\pi b} + \frac{2l}{\pi a}\right)^2 -$$
$$2 \cdot \frac{2l(a+b) - l^2}{\pi ab}$$
$$= \frac{2}{\pi}\left[\frac{l}{b} + \frac{l}{a} + \frac{l^2}{ab} - \frac{2}{\pi}\left(\frac{l}{b} + \frac{l}{a}\right)^2\right] \qquad (12)$$

由此得到式(5)所表示的 $\hat{p}$ 之方差

$$D\hat{p} = \frac{1}{200^2} \cdot 100 \cdot D(\xi_i + \eta_i)$$
$$= \frac{1}{400} \cdot \frac{2}{\pi}\left[\frac{l}{b} + \frac{l}{a} + \frac{l^2}{ab} - \frac{2}{\pi}\left(\frac{l}{b} + \frac{l}{a}\right)^2\right] \qquad (13)$$

另外,考虑与 Ox 轴平行的平行线网,投针 M 次,并置

$$\hat{p}_x = \frac{1}{M}\sum_{i=1}^{M}\xi_i \qquad (14)$$

则

$$D\hat{p}_x = \frac{1}{M^2} \cdot M \cdot \frac{2l}{\pi b}\left(1 - \frac{2l}{\pi b}\right)$$

$$= \frac{1}{M} \cdot \frac{2l}{\pi b}\left(1 - \frac{2l}{\pi b}\right) \tag{15}$$

若要求 $D\hat{p}_x = D\hat{p}$,并记 $\dfrac{l}{b} = u$,$\dfrac{a}{b} = k$,则由(13)和(15)

两式有

$$M = \frac{400\left(1 - \dfrac{2}{\pi}u\right)}{1 + \dfrac{1}{k} + \left[\dfrac{1}{k} - \dfrac{2}{\pi}\left(1 + \dfrac{1}{k}\right)^2\right]u} \tag{16}$$

同样,考虑平行于 Oy 轴的平行线网,投针 N 次,并置

$$\hat{p}_y = \frac{1}{N}\sum_{i=1}^{N} \eta_i \tag{17}$$

令 $D\hat{p}_y = D\hat{p}$,则有

$$N = \frac{400 \cdot \dfrac{1}{k}\left(1 - \dfrac{2}{\pi} \cdot \dfrac{1}{k}u\right)}{1 + \dfrac{1}{k} + \left[\dfrac{1}{k} - \dfrac{2}{\pi}\left(1 + \dfrac{1}{k}\right)^2\right]u} \tag{18}$$

例如,对 $k = 1$(即正方形网格),有:

当 $u = 0$ 时,$M = N = 200$;

当 $u = \dfrac{1}{2}$ 时,$M = N = 222.273\ 26$;

当 $u = 1$ 时,$M = N = 320.497\ 01$.

又如,对于 $k = 2$(即 $a = 2b$),有:

当 $u = 0$ 时,$M = 266.666\ 67$,$N = 133.333\ 33$;

当 $u = \dfrac{1}{2}$ 时,$M = 263.760\ 22$,$N = 162.670\ 31$;

当 $u = 1$ 时,$M = 256.079\ 43$,$N = 240.198\ 56$.

上述计算结果的意义可解释如下:以 $k=1$, $u=\dfrac{1}{2}$ 为例,计算的结果是 $M=N\approx222$,它表明我们利用正方形网格做投针实验 100 次,大致相当于利用单一的平行线网做投针实验 222 次. 确切地说,利用正方形网格投针 100 次(针长 l 等于正方形边长的一半),且由

$$\hat{p}=\frac{1}{200}\sum_{i=1}^{100}(\xi_i+\eta_i)$$

对 Buffon 概率 p 作统计估计,其方差与利用单一的平行线网投针 222 次,并由

$$\hat{p}_x=\frac{1}{222}\sum_{i=1}^{222}\xi_i$$

对相应的 Buffon 概率作统计估计的方差近似相等.

注意,在上述讨论中,无论是独立性条件的检验或是有效性分析,都是就 $l\le b$ 的情况展开的. 其实对于 $b\le l\le a$ 及 $a\le l\le(a^2+b^2)^{\frac{1}{2}}$ 两种情况同样可以进行讨论. 因为上述讨论中关键之点在于利用了 $P(A\cup B)$,即小针与网格相遇的概率.

4. 平行四边形网格

我们已知关于平行四边形网格的 Buffon 投针问题的完整的结果,因此前两段探讨的课题也可以就平行四边形网格情形展开讨论. 这里我们仅就独立性问题做一简短的讨论.

首先我们应当注意,在上文中导出的独立性条件 (4) 同样适用于现在的情形. 现在我们要问:怎样的平行四边形能使独立性条件 (4) 成立?

根据各种类型的平行四边形域的 $P(A\cup B)$ 的表达式,并利用条件 (4),不难回答这一问题. 此时

36

$$P(A) = \frac{2l}{\pi h_1}, P(B) = \frac{2l}{\pi h_2}$$

$$P(A \cup B) = \frac{2l(a+b) - l^2\left[1 + \left(\frac{\pi}{2} - \theta\right)\cot\theta\right]}{\pi ab\sin\theta}$$

$$= \frac{2l(h_1 + h_2) - l^2\left[\sin\theta + \left(\frac{\pi}{2} - \theta\right)\cos\theta\right]}{\pi h_1 h_2}$$

将这些表达式代入式(4)得

$$\sin\theta + \left(\frac{\pi}{2} - \theta\right)\cos\theta = \frac{4}{\pi}, \theta \approx 0.76605(弧度) \quad (19)$$

这时

$$P(A) = \frac{2}{\pi}\arccos\frac{h_1}{l} + \frac{2}{\pi h_1}[l - (l^2 - h_1^2)^{\frac{1}{2}}]$$

$$P(B) = \frac{2l}{\pi h_2}$$

$$P(A \cup B) = \frac{2ah_1\arccos\dfrac{h_1}{l} + 2al - 2a(l^2 - h_1^2)^{\frac{1}{2}} + h_1^2}{\pi ab\sin\theta}$$

$$= \frac{2h_1 h_2\arccos\dfrac{h_1}{l} + 2h_2 l - 2h_2(l^2 - h_1^2)^{\frac{1}{2}} + h_1^2\sin\theta}{\pi h_1 h_2}$$

将这些表达式代入式(4),得独立性成立的条件

$$\sin\theta = \frac{1}{\pi h_1^2}\left[2\pi lh_1 - 4lh_1\arccos\frac{h_1}{l} - 4l^2 + 4l(l^2 - h_1^2)^{\frac{1}{2}}\right] \quad (20)$$

令 $\dfrac{l}{h_1} = k$,则上式可改写为

$$\sin\theta = \frac{4k}{\pi}\left[\arcsin\frac{1}{k} - k + (k^2 - 1)^{\frac{1}{2}}\right] \quad (21)$$

例如,当 $k = 2$ 时,$\theta \approx 0.7089094(弧度) \approx 40.6°$.

§2　平面上的带集

1. 带集密度

若平面上两条平行直线之间的距离为 a,则它们之间以及它们上面的点所构成的闭集叫作一个宽度为 a 的带.

我们用字母 B 代表带. 一个带的位置可以用它的平行中线①来确定. 设 p,ϕ 为这样的线的坐标,则具有固定宽度的带(的)集(合)(图 1)的密度是

$$dB = dp \wedge d\phi \qquad (1)$$

若要求密度在平面运动群下不变,则除一个常数因子外,这个密度是唯一的.

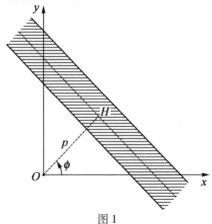

图 1

设 K 为有界凸集. 若 $B \cap K \neq \varnothing$,而 $K_{\frac{a}{2}}$ 为距 K 为 $\frac{a}{2}$ 的平行集,则 B 的平行中线同 $K_{\frac{a}{2}}$ 相交. 反过来,若 B

---

① 即同带的两界线平行而距离相等的直线.

的平行中线和 $K_{\frac{a}{2}}$ 相交, 则 B 和 K 相交. 因此, 可得:

同一个凸集 K 相交而宽度为 a 的带集的测度是

$$m(B; B \cap K \neq \varnothing) = \int_{B \cap K \neq \varnothing} \mathrm{d}B = L + \pi a \quad (2)$$

其中 L 为 K 的周长. 特殊地, 有以下结果:

（a）含一个固定点 P 在内的宽度为 a 的一切带的测度是

$$m(B; P \in B) = \pi a \qquad (3)$$

（b）同一条长度为 s 的线段相交而宽度为 a 的一切带的测度是

$$m(B; B \cap S \neq \varnothing) = 2s + \pi a \qquad (4)$$

（c）同一个连通但不一定凸的域相交而宽度为 a 的一切带的测度也用公式（2）确定, 但这时 L 表示域的凸包的周长.

含一个已给点集在内的带的集合测度比较复杂, 但若所给集 K 的直径 $D \leqslant a$, 则结果是简单的. 在此情况下, 所求测度等于式（2）中的测度减去一切其边界同 K 相交的带的测度, 而后一测度则是 $2L$. 故

$$m(B; K \subset B) = \pi a - L \qquad (5)$$

注意由于 $L \leqslant \pi D$, 而 $D \leqslant a$, 这个测度是非负的.

以上结果可用于几何概率如下:

（a）设 K_1 为含于凸集 K 内的凸集. 一个宽度为 a, 而同 K 相交的随机带也同 K_1 相交的概率是

$$p = \frac{L_1 + \pi a}{L + \pi a} \qquad (6)$$

其中 L_1 和 L 依次为 K_1 和 K 的周长.

若 K_1 的直径不超过 K 的直径, 则带 B 含 K_1 在内的概率是

$$p = \frac{\pi a - L_1}{\pi a + L} \tag{7}$$

若 K_1 缩成一点,则只需在式(7)中令 $L_1 = 0$,该式就适用.

(b)考虑有界凸集 K 内的 N 个凸集 K_i($i=1$,$2,\cdots,N$)(图2).设 L 为 K 的周长,L_i 为 K_i 的周长.若 n 为和带 B 相交的集 K_i 的个数(在图2里,$n=3$),则

$$\int_{B \cap K \neq \varnothing} n \mathrm{d}B = \sum_{i=1}^{N} m(B; B \cap K_i \neq \varnothing) = \sum_{i=1}^{N} L_i + \pi N a \tag{8}$$

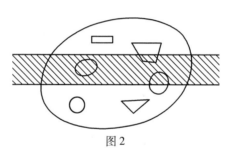

图 2

若一切 K_i 的周长都不超过 a,而 n_i 为含于带 B 内的 K_i 的个数,则从式(5)可得

$$\int_{B \cap K \neq \varnothing} n_i \mathrm{d}B = \pi N a - \sum_{i=1}^{N} L_i \tag{9}$$

由式(5)(8)和(9),得:

设 K_i($i=1,2,\cdots,N$)为含于有界凸集 K 内的 N 个凸集,而 B 为一个随机地同 K 相交而宽度为 a 的带.则同 B 相交的 K_i 的个数的平均值是

$$E(n) = \frac{\displaystyle\sum_{i=1}^{N} L_i + \pi N a}{L + \pi a} \tag{10}$$

40

若一切 K_i 的直径都不超过 a，则含于带内的 K_i 的个数的平均值是

$$E(n_i) = \frac{\pi Na - \sum_{i=1}^{N} L_i}{\pi a + L} \qquad (11)$$

2. Buffon 投针问题

假设 K 为幅度等于 D 的凸集，而 K_1 为含于 K 内的任意凸集. 我们曾经指出，幅度 $D_1 \le D$ 的任意凸集都可以含在 K 内. 一个和 K 相交而宽度为 a 的带 B 同时和 K_1 相交的概率由式(6)所确定. 我们原来假定 K 固定，而带 B 则是随机位置的，现在反过来，设想在整个平面上画上平行的带 B，其间的间隔是 D，然后把 K 和 K_1 一起随机地放上去(图3). 这样 K 肯定要和唯一的一个带相交(除非 K 同带相切，但这样位置的 K 的测度是零). 而 K_1 和一个带相交的概率由式(6)所确定；即，若令 $L = \pi D$，则有

$$p = \frac{L_1 + \pi a}{\pi(a + D)} \qquad (12)$$

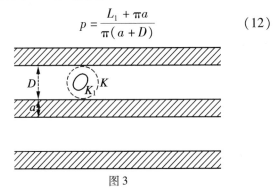

图 3

显然，不需要假定 K 集存在，因此，可以说，若一个幅度为 $D_1 \le D$，周长等于 L_1 的凸域 K_1 随机地放在平面上，则它和一个带相交的概率由式(12)所确定.

若 $a=0$，而 K_1 缩成一个长度为 l 的线段，则 $L_1 = 2L$，这时式（12）给出经典的 Buffon 投针问题：

若在整个平面上画上平行直线，其行距是 $D \geq l$，而把一根长度为 l 的针随机地放上去，则这根针和这些线之一相交的概率是 $p = \dfrac{2l}{\pi D}$.

注记 Buffon 在他的 *Essai d'Arithmétique Morale*（1777）里提出并解答了 Buffon 投针问题，这是几何概率论中最早的命题之一. 若在画上平行线的平面上把一根针随机地丢上去 N 次，则公式 $p = \dfrac{2L}{\pi D}$ 给出估计 π 的值的可能性. 若其中有 n 次这根针和一条直线相交，则 $p^* = \dfrac{n}{N}$ 是 p 的一个估计值，而 $\pi^* = \dfrac{2l}{p^* D}$ 是对 π 的对应的估计值. 由概率论，我们知道，N 次试投中，p 的标准误差是 $\left[\dfrac{p(1-p)}{N}\right]^{\frac{1}{2}}$. 由于 $\delta\pi^* = \left(\dfrac{2l}{p^2 D}\right)\delta p$，可见对于大的 N 值，π^* 的标准误差是 $\pi\left[\dfrac{(\pi D - 2l)}{2lN}\right]^{\frac{1}{2}}$，而这个公式表示，最大可能的 l 值，即 $l = D$，对应于较准确的 π 的估计值.

实验进行了多次，可参看 Kendall 与 Moran 的结果. 但是，如 Gridgeman 所指出，所有已发表的结果都比预期好. 这个作者指出，若概率是 95%，要准确到恰好有 d 位小数的 π 值，必须取 $N \sim 90.10^{24}$（假定 $D = l$）[①]，而这比已公布的实验的数值大很多（参看 Mantel

---

① 原文作 $D = 1$，疑误.

的结果).关于投针问题以及其他积分几何结果在设计模式辨认部件中的应用,参考 Novikoff 的工作.关于对曲线长的估计中的应用,Kac,Van Kampen 与 Wintner 对处理 Buffon 投针问题中所包含的假设进行了分析.

3.点,线与带构成的集合

设 D 为平面上一个域,它不一定是凸的(图4),它的面积是 F.若假定点 P 与带 B 是独立的,则元素偶 (P,B) 所构成的集的密度是 $\mathrm{d}P \wedge \mathrm{d}B$.于是满足 $P \in B \cap D$ 的 (P,B) 的测度是

$$m(P,B;P \in B \cap D) = \int_{P \in B \cap D} \mathrm{d}P \wedge \mathrm{d}B \quad (13)$$

图4

为了计算这个积分,先固定 P,然后利用式(3).其结果是

$$m(P,B;P \in B \cap D) = \pi a \int_{P \in D} \mathrm{d}P = \pi a F \quad (14)$$

其中 a 是 B 的宽.另外,若先固定 B 且令 f 为 $B \cap D$ 的面积,则

$$m(P,B;P \in B \cap D) = \int_{B \cap D \neq \varnothing} f\mathrm{d}B \qquad (15)$$

于是

$$\int_{B \cap D \neq \varnothing} f\mathrm{d}B = \pi aF \qquad (16)$$

设 L 为 D 的凸包的周长,则 $m(P;P \in D) = F$,而 $m(B;B \cap D \neq \varnothing) = L + \pi a$,故得:

若 P 与 B 是随机选取但满足条件 $P \in D$,$B \cap D \neq \varnothing$ 的,则 P 属于 $B \cap D$ 的概率是

$$p = \frac{\pi a}{L + \pi a} \qquad (17)$$

而交集 $B \cap D$ 的面积 f 的中值是

$$E(f) = \frac{\pi aF}{L + \pi a} \qquad (18)$$

设 K 为凸集并考虑元素偶 (G,B)(直线与带),其中 $G \cap B \cap K \neq \varnothing$. 这个集合的测度是在条件 $G \cap B \cap K \neq \varnothing$ 下 $\mathrm{d}G \wedge \mathrm{d}B$ 的积分. 计算这个积分可以先固定 G,然后对带 B 求积,也可以先固定 B,然后对直线 G 求积. 利用式(4),第一种方法给出

$$m(G,B;G \cap B \cap K \neq \varnothing) = \int_{G \cap K \neq \varnothing} (2\sigma + \pi a)\mathrm{d}G$$
$$= 2\pi F + \pi aL \qquad (19)$$

其中 σ 是弦 $G \cap K$ 的长. 第二种方法给出

$$m(G,B;G \cap B \cap K \neq \varnothing) = \int_{B \cap K \neq \varnothing} u\mathrm{d}B \qquad (20)$$

其中 u 表示 $B \cap K$ 的周长(图 5). 由式(19)和式(20)得

$$\int_{B \cap K \neq \varnothing} u\mathrm{d}B = 2\pi F + \pi aL \qquad (21)$$

44

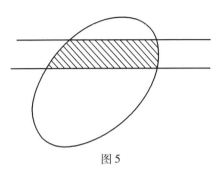

图 5

这些结果可以叙述如下:

设 G 是直线, B 是宽度为 a 的带,它们是随机选取的,但满足 $G \cap K \neq \varnothing$. 则 $G \cap B \cap K \neq \varnothing$ 的概率是

$$p = \frac{2\pi F + \pi a L}{L(L + \pi a)} \tag{22}$$

若 $a = 0$,则得: K 的两个随机弦相交于 K 内的概率是 $p = \frac{2\pi F}{L^2}$.

$B \cap K$ 的边界周长的中值是

$$E(u) = \frac{2\pi F + \pi a L}{L + \pi a} \tag{23}$$

两个独立的带 B_1, B_2 所构成的带偶的密度是 $\mathrm{d}B_1 \wedge \mathrm{d}B_2$,故满足 $B_1 \cap B_2 \cap K \neq \varnothing$ 的带偶 B_1, B_2 的测度是

$$m(B_1, B_2; B_1 \cap B_2 \cap K \neq \varnothing)$$

$$= \int_{B_1 \cap B_2 \cap K \neq \varnothing} \mathrm{d}B_1 \wedge \mathrm{d}B_2$$

$$= \int_{B_1 \cap K \neq \varnothing} (u_1 + \pi a_2) \mathrm{d}B_1$$

$$= 2\pi F + \pi a_1 L + \pi a_2 (L + \pi a_1) \tag{24}$$

其中我们利用了式(2)和式(21),而 a_1, a_2 则依次是

B_1, B_2 的宽. 于是有:

若 B_1, B_2 为与凸集 K 相交的两个随机带,则 $B_1 \cap B_2 \cap K \neq \varnothing$ 的概率是

$$p = \frac{2\pi F + \pi L(a_1 + a_2) + \pi^2 a_1 a_2}{(L + \pi a_1)(L + \pi a_2)} \qquad (25)$$

4. 一些中值

设 $B_i(i = 1, 2, \cdots, n)$ 是 n 个与一个凸集 K 相交的宽度等于 a 的随机带. 设 f_r 为 K 内被恰好 r 个带覆盖部分的面积,我们试求 f_r 的平均值. 考虑积分

$$I_r = \int dP \wedge dB_1 \wedge dB_2 \wedge \cdots \wedge dB_n \qquad (26)$$

其积分范围是:对于一切与 K 相交的带 B_i 和对于一切被恰好 r 个带覆盖的 P,我们有

$$I_r = \binom{n}{r} \int_{P \in B_i} dP \wedge dB_1 \wedge \cdots \wedge dB_r \int_{P \in B_h} dB_{r+1} \wedge \cdots \wedge dB_n \qquad (27)$$

其中 $i = 1, 2, \cdots, r$; $h = r + 1, \cdots, n$. 由于含 P 在内的带的测度是 πa,而不含 P 的带的测度是 $(L + \pi a) - \pi a = L$,我们就有

$$I_r = \binom{n}{r}(\pi a)^r L^{n-r} F \qquad (28)$$

另外,若在计算 I_r 时,先固定诸带 $B_1, B_2, \cdots, B_n$,则有

$$I_r = \int f_r dB_1 \wedge dB_2 \wedge \cdots \wedge dB_n \qquad (29)$$

积分范围是一切和 K 相交的 B_r. 由式(28)与式(29)得

$$\int f_r dB_1 \wedge dB_2 \wedge \cdots \wedge dB_n = \binom{n}{r}(\pi a)^r L^{n-r} F \quad (30)$$

由于和 K 相交的 n 带组的集合的测度是 $(L + \pi a)^n$，我们得：

已给 n 个和凸集 K 相交而宽度为 a 的带，则 K 内恰好被 r 个带覆盖的部分的平均面积是

$$E(f_r) = \frac{\binom{n}{r}(\pi a)^r L^{n-r} F}{(L + \pi a)^n}, r = 0, 1, 2, \cdots, n \quad (31)$$

若按照 $na = \alpha =$ 常数（即 n 个带的宽度总和等于常数 α）的规律令 $n \to \infty$，同时 $a \to 0$，则得

$$E(f_r) \to \frac{1}{r!}\left(\frac{\pi\alpha}{r}\right)^r F\exp\left(-\frac{\pi\alpha}{L}\right) \quad (32)$$

例如 K 内不被任何带覆盖的平均面积，其极限是

$$E(f_0) = F\exp\left(-\frac{\pi\alpha}{L}\right)$$

换句话说，这些结果可以写成下面的形式：

若假定 n 个宽度为 a 的带随机地和一个凸集 K 相交，则 K 的一点恰好属于 r 个带的概率是

$$p_r = \binom{n}{r}\frac{(\pi a)^r L^{n-r}}{(L + \pi a)^n}, r = 0, 1, 2, \cdots, n \quad (33)$$

若 $n \to \infty$，$a \to 0$，而 $na = \alpha$（常数），则

$$p_r \to \frac{1}{r!}\left(\frac{\pi\alpha}{L}\right)^r \exp\left(-\frac{\pi\alpha}{L}\right)$$

5. 注记

（a）Buffon 投针问题的推广. 假定针长 L 超过平行线之间的距离 D. 这时它同至少一条平行线相交的概率是

$$p = \frac{2}{\pi}\arccos\frac{D}{L} + \frac{2}{\pi D}\left[L - (L^2 - D^2)^{\frac{1}{2}}\right] \quad (34)$$

更具体些，若假定 $D = 1$，而 $L = n + L'(0 \leqslant L' \leqslant 1)$，

则这根针同恰好 h 条平行线($1 \le h \le n+1$）相交的概率是

$$p_h = \frac{2}{\pi}\left[(h+1)\alpha_{h+1} - 2h\alpha_h + (h-1)\alpha_{h-1}\right] +$$

$$\frac{2L}{\pi}(\cos\alpha_{h+1} - 2\cos\alpha_h + \cos\alpha_{h-1}) \qquad (35)$$

其中对于 $i = 1, 2, \cdots, n$，α_i 是 $L\sin\alpha_i = i$ 所确定的角，而 $\alpha_{n+1} = \dfrac{\pi}{2}$. 当 $h = n+1$ 时，有

$$p_{n+1} = 2L\pi^{-1}\cos\alpha_n + 2n\pi^{-1}\left(\alpha_n - \frac{\pi}{2}\right)$$

（b）关于折线的 Buffon 投针问题. 假定平面上画有平行直线，行距是 D. 把一条折线 $\gamma = BAC$ 随机地放上去，折线两边 AB，AC 的长是 $|AB| = a$，$|AC| = b$. 假定 $\triangle ABC$ 最长的一边小于 D，作为练习，证明 γ 同平行线有零个、一个或两个交点的概率依次是

$$p_0 = 1 - \frac{a+b+c}{\pi D}, \quad p_1 = \frac{2c}{\pi D}, \quad p_2 = \frac{a+b-c}{\pi D}$$

其中 $c = |BC|$（图 6）.

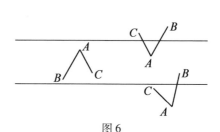

图 6

（c）黑白随机带. 设 K 为凸集，面积是 F，周长是 L，而且假定它是白色的. 假定用一个宽度为 a 的黑色带 B_1 随机地跨过 K. 那以后，用一个宽度同样为 a 的

48

白色带 B_2 随机地跨过 K, 而且把它和 B_1 相交部分的黑色抹掉. 继续这个过程, 随机而交替地画上黑带和白带 (图 7). 在画了 $n+1$ 个黑带和 n 个白带后, K 内黑色面积的平均值是

$$E(f_{2n+1}) = \frac{\pi a F}{L + \pi a} \left[1 + \left(\frac{L}{L + \pi a} \right)^2 + \left(\frac{L}{L + \pi a} \right)^4 + \cdots + \left(\frac{L}{L + \pi a} \right)^{2n} \right]$$

（36）

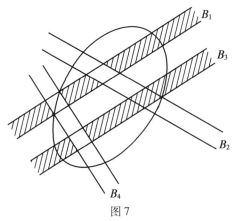

图 7

而在画了 $n+1$ 个黑带和 $n+1$ 个白带后, 平均值变成

$$E(f_{2n+2}) = \frac{\pi a F L}{(L + \pi a)^2} \left[1 + \left(\frac{L}{L + \pi a} \right)^2 + \left(\frac{L}{L + \pi a} \right)^4 + \cdots + \left(\frac{L}{L + \pi a} \right)^{2n} \right]$$

（37）

当 $n \to \infty$ 时, 得

$$E(f_{2n+1}) \to \frac{F(L + \pi a)}{2L + \pi a}, \quad E(f_{2n+2}) \to \frac{FL}{2L + \pi a} \quad （38）$$

49

几何概率问题

第 3 章

§1　聚焦中学数学中
几何概型的交汇性

几何概型,以其形象直观的特点,备受人们青睐,不仅可以用它来解决自古以来的约会问题,还可以解决现在的交通问题,使人们深切感受到数学的美和数学的实用价值.事实上,几何概型并不是孤立的,它可以与方程、不等式、平面几何、立体几何等知识交叉渗透,自然地交汇在一起,使数学问题的情景新颖别致,从而增强学生的采集信息、处理信息和综合运用数学知识分析、解决问题的能力.

1.几何概型与方程的交汇

例1　在区间 $(0,1)$ 上随机取两个数 u,v,求关于 x 的一元二次方程 $x^2 - \sqrt{v}x + u = 0$ 有实根的概率.

解　设事件 A 表示方程 $x^2 - \sqrt{v}x + u = 0$ 有实根,因为 u,v 是从 $(0,1)$ 中任意

50

取的两个数(图1),所以点(u,v)与正方形D内的点一一对应,其中

$$D = \{(u,v) \mid 0 < u < 1, 0 < v < 1\}$$

事件$A = \{(u,v) \mid v - 4u \geq 0, (u,v) \in D\}$,事件$A$的样本点区域为图1中的阴影部分.

所以,有

$$P(A) = \frac{S_A}{S_D} = \frac{1}{8}$$

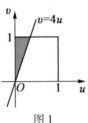

图1

评注　本题将概率与一元二次方程结合在一起,题型新颖. 由题意,利用一元二次方程的判别式得到的范围$v - 4u \geq 0$是解题的关键. 本题可以进一步推广:在区间$(0,1)$上随机取两个数u,v,求关于x的一元二次方程$x^2 - \sqrt{v}x + u = 0$有两个正根的概率.

2. 几何概型与不等式的交汇

例2　在一张打上方格的纸上投一枚直径为2的硬币,方格的边长为多少才能使硬币与线不相交的概率小于4%?

解　设事件A表示硬币与线不相交,如图2,取一个方格,设边长为x,显然,当$x \leq 2$时,$P(A) = 0$,当$x > 2$时,硬币与线不相交,圆心到线的距离应该超过1,即圆心只能在图中阴影部分内才能使硬币与边界不相交,则

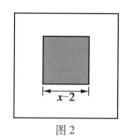

图 2

$$P(A) = \frac{\text{阴影面积}}{\text{方格面积}} = \frac{(x-2)^2}{x^2} < 4\%$$

即

$$\frac{x-2}{x} < \frac{2}{10}$$

即当边长 $2 < x < 2.5$ 时,才能使硬币与线不相交的概率小于 4%. 综上分析,当 $0 < x < 2.5$ 时,$P(A) < 4\%$.

评注 本题将概率与不等式进行巧妙结合,能找出硬币与线不相交所满足的条件是圆心在阴影内部,这是解决问题的关键,从而进一步考查考生的数形结合能力.

3. 几何概型与平面几何的交汇

例3 在面积为 S 的 $\triangle ABC$ 内任选一点 P,求 $\triangle PBC$ 的面积小于 $\dfrac{S}{2}$ 的概率.

解 如图 3 所示,EF 为 $\triangle ABC$ 的中位线,当点 P 位于四边形 $BEFC$ 内部时,$\triangle PBC$ 的面积小于 $\dfrac{S}{2}$,因为

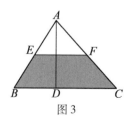

图 3

52

$$S_{\triangle AEF} = \frac{1}{4}S, S_{四边形BEFC} = \frac{3}{4}S$$

所以 $\triangle PBC$ 的面积小于 $\frac{S}{2}$ 的概率为

$$p = \frac{\dfrac{3S}{4}}{S} = \frac{3}{4}$$

评注 本题将概率与平面几何进行巧妙结合,事件 $\triangle PBC$ 的面积小于 $\frac{S}{2}$ 的概率就是四边形的面积与大三角形的面积之比.

4.几何概型与立体几何的交汇

例4 已知正方体 $ABCD - A_1 B_1 C_1 D_1$ 的棱长为1,在正方体内随机取点 M,求使四棱锥 $M - ABCD$ 的体积小于 $\frac{1}{6}$ 的概率.

解 设点 M 到面 $ABCD$ 的距离为 h,则

$$V_{M-ABCD} = \frac{1}{3}S_{面ABCD}h = \frac{h}{3} < \frac{1}{6}$$

所以 $\qquad\qquad h < \frac{1}{2}$

故只需点 M 到面 $ABCD$ 的距离小于 $\frac{1}{2}$ 即可,所有满足点 M 到面 $ABCD$ 的距离小于 $\frac{1}{2}$ 的点和平面 $ABCD$ 组成以 $ABCD$ 为底面,高为 $\frac{1}{2}$ 的长方体,其体积为 $\frac{1}{2}$.

所以使四棱锥 $M - ABCD$ 的体积小于 $\frac{1}{6}$ 的概率为

$$p = \frac{\dfrac{1}{2}}{1} = \frac{1}{2}.$$

评注 本题的测度为几何体的体积,解题的关键是对四棱锥 $M-ABCD$ 的高 h 的变化范围的探求.

5.几何概率与解析几何的交汇

例 5 一条线段长为 10,在线段上任取两点,把这条线段分成三段,求三条线段能构成三角形的概率.

解 设其中两段线段长分别为 x,y,则剩下的一段长为

$$10-x-y$$

其中

$$\begin{cases} 0<x<10 \\ 0<y<10 \\ 0<10-x-y<10 \end{cases}$$

即

$$\begin{cases} 0<x<10 \\ 0<y<10 \\ 0<x+y<10 \end{cases}$$

如图 4 所示,样本空间是边长为 10 的等腰直角三角形,被分得的三段可以构成三角形,必须满足

$$\begin{cases} 0<x<10 \\ 0<y<10 \\ x+y>10-x-y \\ x+(10-x-y)>y \\ y+(10-x-y)>x \end{cases}$$

即

$$\begin{cases} 0<x<5 \\ 0<y<5 \\ x+y>5 \end{cases}$$

其所表示区域为图中阴影部分面积.

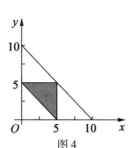

图 4

所以三条线段能构成三角形的概率为

$$p = \frac{\dfrac{1}{2} \times 5 \times 5}{\dfrac{1}{2} \times 10 \times 10} = \frac{1}{4}$$

评注 本题中涉及三个变量,但分析可知,只要设出其中的两个变量,就可以得到第三个变量. 从已知条件入手,寻找变量之间的关系,利用不等式所表示区域作出图形,从而解决问题. 在本题中运用了直线方程等解析几何的知识,本题的结论可以做进一步的推广:一条线段长为 a,在线段上任取两点,把这条线段分成三段,则这三条线段构成三角形的概率必定为 $\dfrac{1}{4}$.

6. 几何概型与生活实际的交汇

例 6 甲、乙两人相约于下午 1:00 ~ 2:00 之间到某车站乘公共汽车外出,他们到达车站的时间是随机的,设在 1:00 ~ 2:00 之间有四班客车开出,开车时间分别是 1:15,1:30,1:45,2:00,求他们在下述情况下同坐一班车的概率.

(a)约定见车就乘;

(b)约定最多等一班车.

解 设甲、乙到站时间分别是 x, y,则 $1 \leqslant x \leqslant 2$,

55

$1 \leq y \leq 2$,所表示的区域为图 5 中的 16 个小正方形.

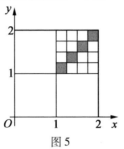

图 5

（a）约定见车就乘的事件所表示的区域如图 5 中 4 个黑的小方格所示,所求概率为 $\frac{1}{4}$.

（b）约定最多等一班车的事件所表示的区域如图 6 中 10 个黑的小方格所示,所求概率为 $\frac{5}{8}$.

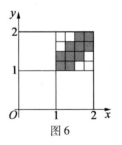

图 6

评注 本题是几何概型中的典型例题——约会问题的变形. 分别作出表示事件的所在区域,利用构造思想及数形结合思想,结合几何概型知识加以解决.

数学知识之间相互渗透、联系紧密,解决几何概型问题,一般都是先根据问题建立相应的数学模型,然后将样本空间所求概率的事件在一维,或二维,或三维空间中表示出来,即可求出相应区域的度量,由此得到所求概率.

§2　Buffon 投针问题的进一步推广

在平面上置放间隔为 D 的平行线网,将长度为 l ($l \leqslant D$) 的线段(小针)随机地投掷到平面上,求小针与平行线网相遇的概率 p. Buffon 于 1733 年首先提出并用积分学方法解决了这一问题,于 1777 年作为他的著作《自然史》的附录正式发表. 这一问题后人称之为 Buffon 投针问题或 Buffon 小针问题. Buffon 提供的解答是

$$p = \frac{2l}{\pi D} \qquad (1)$$

Buffon 投针问题是最早的一个几何概率问题,在一定意义上说,它也是一个最有代表性的影响最大的几何概率问题. Buffon 问题问世二百余年以来,已有各种推广研究,特别是积分几何的出现,使人们得以从全新的角度对这类问题予以洞察. 下面我们介绍 Buffon 问题的一种推广:将平行线网换成平行带网,同时以凸域代替小针.

设平面上置放一平行带网,带域的宽度为 a,相邻两带域间的间隔为 D. 又设 K_1 为直径小于 D 的凸域,其周长为 L_1. 将 K_1 随机地投掷于平面上,求 K_1 与平行带网相遇的概率 p.

为了解决这一问题,不妨换一种角度来思考:设想 K_1 在平面上位置固定,而将上述平行带网随机地投掷到平面上,求网与 K_1 相遇的概率. 因 K_1 的直径小于 D,故可作一直径为 D 的圆盘 K,使得 $K_1 \subset K$. 网的一个

57

积分几何中的 Buffon 投针问题

位置,对应于网中唯一一条带域与 K 相交的位置(K 碰巧与两相邻带域相切的情形可不考虑,因系零测度集). 这样,网的一切可能的位置,对应于与 K 相遇的带域之集,由式(2),其测度为 $\pi a + \pi D$. 另外,仍由式(2),与 K_1 相遇的带域集的测度为 $\pi a + L_1$. 因此所求概率为

$$p = \frac{\pi a + L_1}{\pi(a + D)} \tag{2}$$

当平行带网退化为平行线网($a = 0$),同时凸域 K_1 退化为长度为 l 的线段(看作是周长为 $2l$ 的凸域)时,则式(2)便给出经典的 Buffon 问题的解式(1).

在经典的 Buffon 投针问题中,限制小针长度不超过平行线间的间隔. 上述推广中亦有 K_1 的直径不超过 D 的限制. 现在我们取消这一限制,对 Buffon 投针问题做进一步推广.

引理 设 B 为宽度等于 D 的带域. 又设 K_1 为平面上有界闭凸域,其宽度函数为 $\omega(\phi)$. 函数 $\omega_D(\phi)$ 由下式定义

$$\omega_D(\phi) = \begin{cases} \omega(\phi), \omega(\phi) \leq D \\ D, \omega(\phi) > D \end{cases} \tag{3}$$

则含有 K_1 的带域 B 之集的测度为

$$m\{B : K_1 \subset B\} = \pi D - \int_0^\pi \omega_D(\phi)\,\mathrm{d}\phi \tag{4}$$

证明 因带域 B 的运动密度为

$$\mathrm{d}B = \mathrm{d}p \wedge \mathrm{d}\phi \tag{5}$$

故有

$$m\{B : K_1 \subset B\} = \int_{K_1 \subset B} \mathrm{d}p \wedge \mathrm{d}\phi$$

58

$$= \int_0^\pi [D - \omega_D(\phi)] \mathrm{d}\phi$$

$$= \pi D - \int_0^\pi \omega_D(\phi) \mathrm{d}\phi$$

当 K_1 的直径不超过 D 时,$\omega_D(\phi) \equiv \omega(\phi)$.

定理1　设平面上有间隔为 D 的平行带网,带域 B 的宽度为 a. 又设 K_1 为有界闭凸域,其宽度函数为 $\omega(\phi)$. 将 K_1 随机地投掷于平面上,K_1 与平行带网相遇的概率为

$$p = \frac{\pi a + \int_0^\pi \omega_D(\phi) \mathrm{d}\phi}{\pi(a + D)} \qquad (6)$$

其中函数 $\omega_D(\phi)$ 按式(3)定义.

证明　与本节开头做相同考虑,视凸集 K_1 固定于平面某一位置,将平行带网随机地投掷于平面上. 另外,在平面上作一直径为 D 的圆域 K(K 固定于平面上任何位置均可,其实上段的讨论中亦可不必要求 $K_1 \subset K$). 显然,平行带网一切可能位置之集的测度,等于与圆域 K 相交的带域 B 之集的测度. 后一测度为

$$m\{B : B \cap K \neq \varnothing\} = \pi a + \pi D = \pi(a + D) \qquad (7)$$

又,考虑平行带网的两相邻带域之间的区域,它是宽度为 D 的带域,记为 B_1. 由引理知

$$m\{B_1 : K_1 \subset B_1\} = \pi D - \int_0^\pi \omega_D(\phi) \mathrm{d}\phi \qquad (8)$$

从而,与 K_1 相遇的平行带网之集的测度是(7)与(8)两式所表达的测度之差,即

$$\pi(a + D) - \left(\pi D - \int_0^\pi \omega_D(\phi) \mathrm{d}\phi \right) = \pi a + \int_0^\pi \omega_D(\phi) \mathrm{d}\phi$$

$$(9)$$

由(7)和(9)两式立即得到式(6).

当 K_1 的直径不超过 D 时,式(6)就成为式(2).

特例 设 K_1 退化为长度为 l 的小针. 同时,为方便计算,设 $a=0$,即平行带网退化为平行线网. 在适当的参考系下,小针的宽度函数为

$$\omega(\phi) = l\sin\phi, 0 \leqslant \phi < \pi \qquad (10)$$

情形1 若 $l \leqslant D$,此时 $\omega_D(\phi) \equiv \omega(\phi)$. 公式(6)在此情形下给出经典的 Buffon 投针问题的解

$$p = \frac{2l}{\pi D}$$

情形2 若 $l > D$,此时

$$\omega_D(\phi) = \begin{cases} l\sin\phi, \text{当} 0 \leqslant \phi \leqslant \arcsin\dfrac{D}{l} \text{及} \pi - \arcsin\dfrac{D}{l} \leqslant \phi \leqslant \pi \\ D, \text{当} \arcsin\dfrac{D}{l} \leqslant \phi \leqslant \pi - \arcsin\dfrac{D}{l} \end{cases}$$

这时公式(6)给出

$$p = \frac{2}{\pi}\arccos\frac{D}{l} + \frac{2}{\pi D}\left[l - (l^2 - D^2)^{\frac{1}{2}}\right] \qquad (11)$$

这是著名的所谓关于长针的 Buffon 问题的解.

以下我们来讨论凸域恰好与网中 h 条带域相遇的概率. 关于平行带网及凸域 K_1 的假定同前.

令 $s_k = kD + (k-1)a$. 引入函数 $\omega_{(h)}(\phi)$ 如下

$$\omega_{(h)}(\phi) = \begin{cases} 0, \text{当} \omega(\phi) < s_{h-1} \\ \omega(\phi) - s_{h-1}, \text{当} s_{h-1} \leqslant \omega(\phi) < s_h \\ s_{h+1} - \omega(\phi), \text{当} s_h \leqslant \omega(\phi) < s_{h+1} \\ 0, \text{当} \omega(\phi) \geqslant s_{h+1} \end{cases} \qquad (12)$$

我们有下列结论:

定理2 平面上有间隔为 D 的平行带网,带域的宽度为 a. K_1 为有界闭凸域,宽度函数为 $\omega(\phi)$. 又,函数 $\omega_{(h)}(\phi)$ 如式(12)所定义. 随机地将 K_1 投掷于平面

上,则 K_1 恰好与网中 h 条带域相遇的概率为

$$p_h = \frac{1}{\pi(a+D)} \int_0^\pi \omega_{(h)}(\phi)\,\mathrm{d}\phi \qquad (13)$$

证明　仿照证明引理的方法不难证明,有 h 条带域与 K_1 相遇的平行带网之集的测度为

$$\int_0^\pi \omega_{(h)}(\phi)\,\mathrm{d}\phi$$

证明的细节请读者自行补足.

特例　设凸域 K_1 退化为长度等于 L 的线段 N. s_k 的意义同前,即 $s_k = kD + (k-1)a$. 假定 $s_n \leqslant L < s_{n+1}$. N 的宽度函数为 $\omega(\phi) = L\sin\phi, 0 \leqslant \phi < \pi$. 对于 $h = 1, 2, \cdots, n$,记 $\alpha_h = \arcsin \dfrac{s_h}{L}$. 又,规定 $\alpha_{n+1} = \dfrac{\pi}{2}$. 按式(12)规定 $\omega_{(h)}(\phi)$ 如下

$$\omega_{(h)}(\phi) = \begin{cases} 0, \text{当 } 0 \leqslant \phi < \alpha_{h-1} \\ L\sin\phi - s_{h-1}, \text{当 } \alpha_{h-1} \leqslant \phi < \alpha_h \\ s_{h+1} - L\sin\phi, \text{当 } \alpha_h \leqslant \phi < \alpha_{h+1} \\ 0, \text{当 } \alpha_{h+1} \leqslant \phi < \dfrac{\pi}{2} \end{cases} \qquad (14)$$

$$h = 1, 2, \cdots, n$$

上式仅给出当 $0 \leqslant \phi < \dfrac{\pi}{2}$ 时 $\omega_{(h)}(\phi)$ 的定义. 当 $\dfrac{\pi}{2} \leqslant \phi < \pi$ 时,$\omega_{(h)}(\phi) = \omega_{(h)}(\pi - \phi)$.

将式(14)代入式(13),得

$$p_h = \frac{1}{\pi(a+D)} \Big[2\int_{\alpha_{h-1}}^{\alpha_h} (L\sin\phi - s_{h-1})\,\mathrm{d}\phi +$$

$$2\int_{\alpha_h}^{\alpha_{h+1}} (s_{h+1} - L\sin\phi)\,\mathrm{d}\phi \Big]$$

$$= \frac{2}{\pi(a+D)} \big[s_{h+1}\alpha_{h+1} - (s_{h+1} + s_{h-1})\alpha_h + s_{h-1}\alpha_{h-1} \big] +$$

$$\frac{2L}{\pi(a+D)}(\cos \alpha_{h+1} - 2\cos \alpha_h + \cos \alpha_{h-1}) \quad (15)$$

$$h = 1, 2, \cdots, n$$

对于 $h = n+1$，这时 $\omega_{(n+1)}(\phi)$ 取如下形式

$$\omega_{(n+1)}(\phi) = \begin{cases} 0, & \text{当 } 0 \leqslant \phi < \alpha_n \\ L\sin \phi - s_n, & \text{当 } \alpha_n \leqslant \phi \leqslant \dfrac{\pi}{2} \end{cases} \quad (16)$$

从而有

$$p_{n+1} = \frac{2L}{\pi(a+D)}\cos \alpha_n + \frac{2s_n}{\pi(a+D)}\left(\alpha_n - \frac{\pi}{2}\right) (17)$$

当 $a = 0, D = 1$ 时，(15)和(17)两式成为下列形式

$$p_h = \frac{2}{\pi}\big[(h+1)\alpha_{h+1} - 2h\alpha_h + (h-1)\alpha_{h-1}\big] +$$

$$\frac{2L}{\pi}(\cos \alpha_{h+1} - 2\cos \alpha_h + \cos \alpha_{h-1}) \quad (18)$$

$$h = 1, 2, \cdots, n$$

$$p_{n+1} = 2L\pi^{-1}\cos \alpha_n + 2n\pi^{-1}\left(\alpha_n - \frac{\pi}{2}\right) \quad (19)$$

这种特殊情形是前人已有的结果，它仅是式(13)的一种非常特殊的应用.

　　最后，顺便指出，知道诸 p_h 后，则显然

$$\tilde{p}_k = \sum_{h=k}^{n+1} p_h \quad (20)$$

为凸域 K_1 至少与 k 条带域相遇的概率. 特别是当 $k = 1$ 时，即得 K_1 至少与一条带域相遇的概率，也就是前面我们讲的 K_1 与平行带网相遇的概率. 就(15)和(17)两式所表示的这种特殊情况而言，$\sum\limits_{h=1}^{n+1} p_h$（注意令 $a = 0$）正好就是式(11).

§3　运动测度 $m(l)$ 在几何概率问题中的应用

本节主要介绍如何利用测度 $m(l)$ 对 Buffon 投针问题做一系列推广.

1. Buffon 投针问题的 Laplace 推广

设平面上有两组互相正交的平行线网,一组的间隔为 a,另一组的间隔为 b. 如此形成的网格称为矩形网格. 以 a 和 b 为边的矩形叫作此网格的基本区域. 设 $b \leqslant a$. 今有小针 N,其长度 l 不超过矩形较短边之长(即 $l \leqslant b$),随机地投掷于平面上. 我们希望求出 N 与该矩形网格相遇的概率 p. 这一问题称为 Buffon 投针问题的 Laplace 推广.

现在我们来介绍这一问题的经典解法. 以 (x, y) 表示小针 N 的中点的坐标,$0 \leqslant x \leqslant a, 0 \leqslant y \leqslant b$;$\varphi$ 表示 N 与 Ox 轴之间的夹角,$-\dfrac{\pi}{2} \leqslant \varphi \leqslant \dfrac{\pi}{2}$. 从而,小针 N 的一切可能的位置,对应于边长为 a, b 及 π 的长方体中均匀分布的点 (x, y, φ). 此长方体的体积为 $V = \pi a b$. 含于长方形内的小针 N 的位置集的测度 V^* 可按下述步骤求出:V^* 亦可视为 (x, y, φ) 空间中一立体的体积. 固定 φ,$-\dfrac{\pi}{2} \leqslant \varphi \leqslant \dfrac{\pi}{2}$,此立体的截面面积为

$$F(\varphi) = (a - l\cos\varphi)(b - l|\sin\varphi|)$$

$$= ab - bl\cos\varphi - al|\sin\varphi| + \frac{1}{2}l^2|\sin 2\varphi| \quad (1)$$

于是有

$$V^* = \int_{-\frac{\pi}{2}}^{\frac{\pi}{2}} F(\varphi)\,\mathrm{d}\varphi = \pi ab - 2(a+b)l + l^2 \quad (2)$$

最后得到 N 与矩形网格相遇的概率 p

$$p = 1 - \frac{V^*}{V} = 1 - \frac{\pi ab - 2(a+b)l + l^2}{\pi ab} = \frac{2l(a+b) - l^2}{\pi ab}$$

$$(3)$$

以上解法中最关键的一步是求体积 V^*. 其实这里的 V^* 正是前面讲的运动测度 $m(l)$. 在刚才的问题中，网格的基本区域是矩形，且限制针长不超过矩形的较短边，因而上述解法并不显得十分复杂. 倘若基本区域是另外的多边形，且针长不受限制（即允许针长取不超过基本区域直径的一切正值），此时如果利用类似刚才求 V^* 的办法去解决相应的推广的 Buffon 投针问题，其繁杂的程度将令人难以忍受. 而上一节所述的求运动测度 $m(l)$ 的普遍公式，为解决这一类问题提供了统一而有效的方法.

2. 利用 $m(l)$ 讨论推广的 Buffon 投针问题

所谓区域格(lattice of regions)是指满足下列条件的一种全等区域序列 $\alpha_0, \alpha_1, \cdots$：

（a）平面上任一点 P 属于且仅属于某一个区域 α_i；

（b）对于任意指定的 α_k，存在运动 $u_k \in \mathfrak{M}$ 使 $u_k \alpha_k$ 重合于 α_0，与此同时 u_k 使得序列中每个区域重合于序列中另外的区域.

诸 α_i 称为此区域格的基本区域. 这些基本区域的边界组成的图形称为此区域格的网格.

今考虑这样的区域格，假定其基本区域全等于某凸域 K（有时我们称此区域格是以 K 作为基本区域所

64

形成的),对于这样的区域格的网格,可讨论相应的 Buffon 投针问题:将长度为 l 的小针 N 随机地投掷于平面上,试求 N 与该网格相遇的概率 p.

　　设 K 的面积为 F. 又若含于 K 内的定长线段 N 的运动测度为 $m(l)$,参照前面的讨论,不难看出

$$p = 1 - \frac{m(l)}{\pi F} \qquad (4)$$

仍以前面讨论过的矩形网格为例,此时 $F = ab$.

　　情形 1　设 $0 \leqslant l \leqslant b$,有

$$p = \frac{2l(a+b) - l^2}{\pi ab} \qquad (5)$$

自然,此式即前面的式(3). 在式(5)中,若令 $a \to \infty$,则得到 N 与间隔为 b 的平行线网相遇的概率(仍以 p 记之)

$$p = \frac{2l}{\pi b} \qquad (6)$$

这是经典的 Buffon 投针问题的解.

　　情形 2　设 $b \leqslant l \leqslant a$,有

$$p = \frac{2ab\arccos \dfrac{b}{l} + 2la - 2a(l^2 - b^2)^{\frac{1}{2}} + b^2}{\pi ab} \qquad (7)$$

值得一提的是,我们在 §2 中曾经提到过的长针 Buffon 投针问题的解(见 §2 中式(11)),实际上是式(7)的极限情形:在上式中令 $a \to \infty$,则有

$$p = \frac{2}{\pi}\arccos \frac{b}{l} + \frac{2}{\pi b}\left[l - (l^2 - b^2)^{\frac{1}{2}} \right] \qquad (8)$$

　　情形 3　设 $a \leqslant l \leqslant (a^2 + b^2)^{\frac{1}{2}}$. 由公式(4),有

$$p = \frac{1}{\pi ab}\left[\pi ab - 2a(l^2 - b^2)^{\frac{1}{2}} - 2b(l^2 - a^2)^{\frac{1}{2}} + a^2 + \right.$$

$$b^2 + l^2 - 2ab\arcsin\frac{a}{l} + 2ab\arccos\frac{b}{l}\Big] \qquad (9)$$

以上简短的讨论,显示了测度 $m(l)$ 在处理几何概率问题中的作用. 与经典的 Laplace 推广不同,在我们刚才的讨论中,对小针 N 的长度不必加以限制. 对于任意满足

$$0 \leqslant l \leqslant (a^2 + b^2)^{\frac{1}{2}}$$

的 l,我们都给出了解答(即(5)(7)及(9)三式),并且经典的 Buffon 投针问题和长针 Buffon 投针问题的解都作为极限情形被此解答所包含.

对于刚才的问题,也可以换一种方式进行推理. 取 n^2 个小矩形(基本区域)构成边长为 na 和 nb 的大矩形. 假定已知小针 N 落入大矩形内部,则 N 与此(有限)矩形网格相遇的概率为

$$p_n = \frac{q_1}{q_2} \qquad (10)$$

其中 q_1, q_2 由下列各式给出:

当 $0 \leqslant l \leqslant b$ 时,则

$$q_1 = \pi n^2 ab - 2n(a+b)l + l^2 - $$
$$n^2\big[\pi ab - 2(a+b)l + l^2\big] \qquad (11)$$
$$q_2 = \pi n^2 ab - 2n(a+b)l + l^2 \qquad (12)$$

当 $b \leqslant l \leqslant a$,且 n 足够大(至 $l \leqslant nb$)时,则

$$q_1 = \pi n^2 ab - 2n(a+b)l + l^2 - n^2\big[\pi ab - $$
$$2ab\arccos\frac{b}{l} - 2la + 2a(l^2 - b^2)^{\frac{1}{2}} - b^2\big] \quad (13)$$
$$q_2 = \pi n^2 ab - 2n(a+b)l + l^2 \qquad (14)$$

当 $a \leqslant l \leqslant (a^2 + b^2)^{\frac{1}{2}}$,且 n 足够大时,则

$$q_1 = \pi n^2 ab - 2n(a+b)l + l^2 - n^2 \left[2a(l^2 - b^2)^{\frac{1}{2}} + \right.$$

$$2b(l^2 - a^2)^{\frac{1}{2}} - a^2 - b^2 - l^2 + 2ab\arcsin\frac{a}{l} - $$

$$\left. 2ab\arccos\frac{b}{l} \right] \tag{15}$$

$$q_2 = \pi n^2 ab - 2n(a+b)l + l^2 \tag{16}$$

令 $n \to \infty$,则我们重新得到上述(5)(7)和(9)三式.

从应用的观点看,也许有限网格模型更有意义,因为无限网格在物理上是不可实现的(图7).

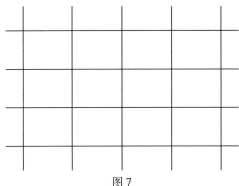

图 7

3. 某些凸多边形域的 $m(l)$ 及其应用

上一段详细地讨论了矩形网格的 Buffon 投针问题. 讨论的方法同样适用于其他各种凸多边形网格的情形. 张高勇和黎荣泽对某些凸多边形网格进行了讨论,得到一系列结果.

平行四边形:以 P 表示两邻边分别为 a 和 b,两邻边的夹角为 θ 的平行四边形. 不失一般性,可设 $b \leqslant a$, $0 \leqslant \theta \leqslant \dfrac{\pi}{2}$.

67

平行四边形的广义支撑函数是

$$p(\sigma,\varphi) = \begin{cases} \dfrac{a}{2}\cos\phi + \dfrac{1}{\sin\theta}\left(\sigma\cos\phi - \dfrac{b}{2}\sin\theta\right)\cos(\phi-\theta), \\[2mm] \quad \text{当} -\dfrac{\pi}{2} \leqslant \phi < -\dfrac{\pi}{2}+\theta \qquad\qquad (17) \\[4mm] \dfrac{a}{2}\cos\phi - \dfrac{1}{\sin\theta}\left(\sigma\cos\phi - \dfrac{b}{2}\sin\theta\right)\cos(\phi-\theta), \\[2mm] \quad \text{当} -\dfrac{\pi}{2}+\theta \leqslant \phi \leqslant \dfrac{\pi}{2} \qquad\qquad (18) \end{cases}$$

又，$d_1, d_2, h_1, h_2, \alpha$ 及 β 的意义如图 8 所示（对于确定的 a, b 及 θ，这些参数是完全确定的）. 平行四边形 P 的限弦函数如下：

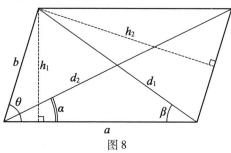

图 8

（a）当 $-\dfrac{\pi}{2} \leqslant \phi < -\dfrac{\pi}{2}+\alpha$ 时：

$r(l,\phi) = l$，当 $0 \leqslant l \leqslant a$ 及 $-\dfrac{\pi}{2} \leqslant \phi < -\dfrac{\pi}{2}+\alpha$ 时；

$r(l,\phi) = -\dfrac{h_2}{\cos(\phi-\theta)}$，当 $a \leqslant l \leqslant d_2$ 及 $-\dfrac{\pi}{2} \leqslant \phi <$ $\arccos\dfrac{h_2}{l}+\theta-\pi$ 时；

$r(l,\phi) = l$，当 $a \leqslant l \leqslant d_2$ 及 $\arccos\dfrac{h_2}{l}+\theta-\pi \leqslant \phi <$

$-\dfrac{\pi}{2}+\alpha$ 时.

（b）当 $-\dfrac{\pi}{2}+\alpha \leqslant \phi < \dfrac{\pi}{2}-\beta$ 时：

$r(l,\phi)=l$，当 $0 \leqslant l < h_1$ 及 $-\dfrac{\pi}{2}+\alpha \leqslant \phi < 0$ 时；

$r(l,\phi)=l$，当 $h_1 \leqslant l < d_1$ 及 $-\dfrac{\pi}{2}+\alpha \leqslant \phi < -\arccos\dfrac{h_1}{l}$ 时；

$r(l,\phi)=\dfrac{h_1}{\cos\phi}$，当 $h_1 \leqslant l < d_1$ 及 $-\arccos\dfrac{h_1}{l} \leqslant \phi < 0$ 时；

$r(l,\phi)=l$，当 $0 \leqslant l < h_1$ 及 $0 \leqslant \phi < \dfrac{\pi}{2}-\beta$ 时；

$r(l,\phi)=\dfrac{h_1}{\cos\phi}$，当 $h_1 \leqslant l < d_1$ 及 $0 \leqslant \phi < \arccos\dfrac{h_1}{l}$ 时；

$r(l,\phi)=l$，当 $h_1 \leqslant l < d_1$ 及 $\arccos\dfrac{h_1}{l} \leqslant \phi < \dfrac{\pi}{2}-\beta$ 时；

$r(l,\phi)=l$，当 $d_1 \leqslant l \leqslant d_2$ 及 $-\dfrac{\pi}{2}+\alpha \leqslant \phi < -\arccos\dfrac{h_1}{l}$ 时；

$r(l,\phi)=\dfrac{h_1}{\cos\phi}$，当 $d_1 \leqslant l \leqslant d_2$ 及 $-\arccos\dfrac{h_1}{l} \leqslant \phi < \dfrac{\pi}{2}-\beta$ 时；

（c）当 $\dfrac{\pi}{2}-\beta \leqslant \phi \leqslant \dfrac{\pi}{2}$ 时（分三种情况）：

积分几何中的 Buffon 投针问题

①若 $\theta + \beta < \dfrac{\pi}{2}$（此时必有 $a \geqslant d_1$）：

$r(l,\phi) = l$，当 $0 \leqslant l < h_2$ 及 $\dfrac{\pi}{2} - \beta \leqslant \phi \leqslant \dfrac{\pi}{2}$ 时；

$r(l,\phi) = l$，当 $h_2 \leqslant l \leqslant d_1$ 及 $\dfrac{\pi}{2} - \beta \leqslant \phi \leqslant \dfrac{\pi}{2}$ 时；

$r(l,\phi) = l$，当 $d_1 \leqslant l \leqslant a$ 及 $\dfrac{\pi}{2} - \beta \leqslant \phi < \theta - \arccos \dfrac{h_2}{l}$ 时；

$r(l,\phi) = \dfrac{h_2}{\cos(\phi - \theta)}$，当 $d_1 \leqslant l < a$ 及 $\theta - \arccos \dfrac{h_2}{l} \leqslant \phi < \theta + \arccos \dfrac{h_2}{l}$ 时；

$r(l,\phi) = l$，当 $d_1 \leqslant l < a$ 及 $\theta + \arccos \dfrac{h_2}{l} \leqslant \phi \leqslant \dfrac{\pi}{2}$ 时；

$r(l,\phi) = \dfrac{h_2}{\cos(\phi - \theta)}$，当 $a \leqslant l \leqslant d_2$ 及 $\dfrac{\pi}{2} - \beta \leqslant \phi \leqslant \dfrac{\pi}{2}$ 时.

②若 $\theta + \beta \geqslant \dfrac{\pi}{2}$ 且 $d_1 \leqslant a$：

$r(l,\phi) = l$，当 $0 \leqslant l \leqslant h_2$ 及 $\dfrac{\pi}{2} - \beta \leqslant \phi \leqslant \dfrac{\pi}{2}$ 时；

$r(l,\phi) = l$，当 $h_2 \leqslant l < d_1$ 及 $\dfrac{\pi}{2} - \beta \leqslant \phi < \theta - \arccos \dfrac{h_2}{l}$ 时；

$r(l,\phi) = \dfrac{h_2}{\cos(\phi - \theta)}$，当 $h_2 \leqslant l < d_1$ 及 $\theta - \arccos \dfrac{h_2}{l} \leqslant \phi < \theta + \arccos \dfrac{h_2}{l}$ 时；

$r(l,\phi) = l$，当 $h_2 \leq l < d_1$ 及 $\theta + \arccos \dfrac{h_2}{l} \leq \phi \leq \dfrac{\pi}{2}$ 时；

$r(l,\phi) = \dfrac{h_2}{\cos(\phi - \theta)}$，当 $d_1 \leq l < a$ 及 $\dfrac{\pi}{2} - \beta \leq \phi < \theta + \arccos \dfrac{h_2}{l}$ 时；

$r(l,\phi) = l$，当 $d_1 \leq l < a$ 及 $\theta + \arccos \dfrac{h_2}{l} \leq \phi \leq \dfrac{\pi}{2}$ 时；

$r(l,\phi) = \dfrac{h_2}{\cos(\phi - \theta)}$，当 $a \leq l \leq d_2$ 及 $\dfrac{\pi}{2} - \beta \leq \phi \leq \dfrac{\pi}{2}$ 时.

③若 $\theta + \beta \geq \dfrac{\pi}{2}$ 且 $d_1 \geq a$：

$r(l,\phi) = l$，当 $0 \leq l < h_2$ 及 $\dfrac{\pi}{2} - \beta \leq \phi \leq \dfrac{\pi}{2}$ 时；

$r(l,\phi) = l$，当 $h_2 \leq l < a$ 及 $\dfrac{\pi}{2} - \beta \leq \phi < \theta - \arccos \dfrac{h_2}{l}$ 时；

$r(l,\phi) = \dfrac{h_2}{\cos(\phi - \theta)}$，当 $h_2 \leq l < a$ 及 $\theta - \arccos \dfrac{h_2}{l} \leq \phi < \theta + \arccos \dfrac{h_2}{l}$ 时；

$r(l,\phi) = l$，当 $h_2 \leq l < a$ 及 $\theta + \arccos \dfrac{h_2}{l} \leq \phi \leq \dfrac{\pi}{2}$ 时；

$r(l,\phi) = l$，当 $a \leq l < d$ 及 $\dfrac{\pi}{2} - \beta \leq \phi < \theta - \arccos \dfrac{h_2}{l}$ 时；

$$r(l,\phi) = \frac{h_2}{\cos(\phi-\theta)},$$ 当 $a \leq l < d$ 及 $\theta - \arccos\dfrac{h_2}{l} \leq \phi \leq \dfrac{\pi}{2}$ 时;

$$r(l,\phi) = \frac{h_2}{\cos(\phi-\theta)},$$ 当 $d_1 \leq l \leq d_2$ 及 $\dfrac{\pi}{2} - \beta \leq \phi \leq \dfrac{\pi}{2}$ 时.

找出 P 的广义支撑函数和限弦函数以后,根据上一节的公式可以算出各种情况下 $m(l)$ 的表达式. 我们有

$$m(l) = \pi ab\sin\theta - 2\int_{-\frac{\pi}{2}}^{\frac{\pi}{2}}\mathrm{d}\phi\int_0^{r(l,\phi)} p(\sigma,\phi)\,\mathrm{d}\sigma$$

$$(19)$$

将上式右方出现的积分记为 I,即

$$I = \int_{-\frac{\pi}{2}}^{\frac{\pi}{2}}\mathrm{d}\phi\int_0^{r(l,\phi)} p(\sigma,\phi)\,\mathrm{d}\sigma \qquad (20)$$

且将 $\arccos\dfrac{h_1}{l}$ 记为 ϕ_1,$\arccos\dfrac{h_2}{l}$ 记为 ϕ_2. 在各种情形下,I 的计算结果如下:

A. 设 $0 \leq h_1 \leq b \leq h_2 \leq a \leq d_1 \leq d_2$.

A_1. 当 $0 \leq l < h_1$ 时,有

$$I = (a+b)l + \frac{l^2}{2}\left(\theta - \frac{\pi}{2}\right)\cot\theta - \frac{l^2}{2} \qquad (21)$$

A_2. 当 $h_1 \leq l < b$ 时,有

$$I = (a+b)l + ah_1\arccos\frac{h_1}{l} - \left(a + \frac{1}{2}bl\cos\theta\right)\sqrt{l^2 - h_1^2} - \frac{l^2}{2} - \frac{l^2}{2}\cot\theta\left(\frac{\pi}{2} - \theta - \arccos\frac{h_1}{l}\right) \qquad (22)$$

72

A_3. 当 $b \leqslant l < h_2$ 时, 有

$$I = ah_1 \arccos \frac{h_1}{l} + al - a \sqrt{l^2 - h_1^2} + \frac{1}{2}h_1^2 \quad (23)$$

A_4. 当 $h_2 \leqslant l < a$ 时, 有

$$I = ah_1 \arccos \frac{h_1}{l} + bh_2 \arccos \frac{h_2}{l} + al - a \sqrt{l^2 - h_1^2} -$$

$$\frac{a}{2}\cos \theta \sqrt{l^2 - h_2^2} + b\cos \theta \sqrt{l^2 - h_1^2} +$$

$$\frac{l^2}{2}\cot \theta \cdot \arccos \frac{h_2}{l} - \frac{1}{2}h_1^2 \quad (24)$$

A_5. 当 $a \leqslant l < d_1$ 时, 有

$$I = ah_1\phi_1 + bh_2\phi_2 + \frac{h_2^2}{2} - a \sqrt{l^2 - h_1^2} - b \sqrt{l^2 - h_2^2} +$$

$$\frac{l^2}{2}\left(\frac{\pi}{2} - \theta\right)\cot \theta + \frac{l^2}{2} + \frac{h_1^2}{2} \quad (25)$$

A_6. 当 $d_1 \leqslant l \leqslant d_2$ 时, 有

$$I = \frac{1}{2}ah_1(\theta + \phi_1 + \phi_2) + \frac{1}{2}al[\sin(\theta + \phi_2) - \sin \phi_1] -$$

$$\frac{1}{2}bl[\sin \phi_2 - \sin(\phi_1 + \theta)] + \frac{l^2}{4}\{\cot \theta[\pi - \phi_1 - \theta -$$

$$\phi_2 - \sin \phi_1\cos \phi_1 - \sin(\theta + \phi_2)\cos(\theta + \phi_2)] +$$

$$\cos^2(\theta + \phi_2) - \cos^2\phi_1\} \quad (26)$$

B. 设 $0 \leqslant h_1 \leqslant b \leqslant h_2 \leqslant d_1 \leqslant a \leqslant d_2$.

B_1. 当 $0 \leqslant l < h_1$ 时, 同 A_1.

B_2. 当 $h_1 \leqslant l < b$ 时, 同 A_2.

B_3. 当 $b \leqslant l < h_2$ 时, 同 A_3.

B_4. 当 $h_2 \leqslant l < d_1$ 时, 若 $\theta + \beta < \frac{\pi}{2}$, 同 A_3; 若 $\theta + \beta \geqslant \frac{\pi}{2}$, 同 A_4.

B_5. 当 $d_1 \leqslant l < a$ 时, 若 $\theta + \beta < \dfrac{\pi}{2}$, 同 A_4; 若 $\theta + \beta \geqslant$

$\dfrac{\pi}{2}$, 则

$$I = \frac{1}{2}ah_1(\theta + \phi_1 + \phi_2) + al[2 - \sin\phi_1 - \sin(\theta + \phi_2)] +$$

$$\frac{1}{4}l^2\{\cot\theta[\theta + \phi_2 - \phi_1 - \sin\phi_1\cos\phi_1 +$$

$$\sin(\theta + \phi_2)\cos(\theta + \phi_2)] - \cos^2\phi_1 - \cos^2(\theta + \phi_2)\} +$$

$$\frac{1}{2}bl[\sin(\theta + \phi_1) - \sin\phi_2] \tag{27}$$

B_6. 当 $d_1 \leqslant l \leqslant d_2$ 时, 同 A_6.

C. 设 $0 \leqslant h_1 \leqslant h_2 \leqslant b \leqslant a \leqslant d_1 \leqslant d_2$.

C_1. 当 $0 \leqslant l \leqslant h_1$ 时, 同 A_1.

C_2. 当 $h_1 \leqslant l \leqslant h_2$ 时, 同 A_2.

C_3. 当 $h_2 \leqslant l < b$ 时

$$I = al(1 - \sin\phi_1 - \cos\theta\sin\phi_2) + bl(1 - \sin\theta\cos\phi_1) +$$

$$\frac{1}{4}l^2\cot\theta(-\pi - \sin 2\theta + 2\theta + 2\phi_1 + 2\phi_2 + \sin 2\phi_1 +$$

$$\sin 2\theta\cos 2\phi_2) - \frac{1}{4}l^2(2\sin^2\theta - \sin 2\theta\sin 2\phi_2) \tag{28}$$

C_4. 当 $b \leqslant l < a$ 时, 同 A_4.

C_5. 当 $a \leqslant l < d_1$ 时, 同 A_5.

C_6. 当 $d_1 \leqslant l \leqslant d_2$ 时, 同 A_6.

D. 设 $0 \leqslant h_1 \leqslant h_2 \leqslant b \leqslant d_1 \leqslant a \leqslant d_2$.

D_1. 当 $0 \leqslant l < h_1$ 时, 同 A_1.

D_2. 当 $h_1 \leqslant l < h_2$ 时, 同 A_2.

D_3. 当 $h_2 \leqslant l < b$ 时, 若 $\theta + \beta < \dfrac{\pi}{2}$, 同 A_2; 若 $\theta + \beta \geqslant$

$\dfrac{\pi}{2}$, 同 C_3.

D_4. 当 $b \le l < a$ 时, 同 B_4.

D_5. 当 $a \le l < d_1$ 时, 同 B_5.

D_6. 当 $d_1 \le l \le d_2$ 时, 同 A_6.

E. 设 $0 \le h_1 \le h_2 \le d_1 \le b \le a \le d_2$.

E_1. 当 $0 \le l < h_1$ 时, 同 A_1.

E_2. 当 $h_1 \le l < h_2$ 时, 同 A_2.

E_3. 当 $h_2 \le l < d_1$ 时, 若 $\theta + \beta < \dfrac{\pi}{2}$, 同 A_2; 若 $\theta + \beta \ge \dfrac{\pi}{2}$, 同 C_3.

E_4. 当 $d_1 \le l < b$ 时, 若 $\theta + \beta < \dfrac{\pi}{2}$, 同 C_3; 若 $\theta + \beta \ge \dfrac{\pi}{2}$, 则

$$
\begin{aligned}
I = {} & \frac{1}{2} a h_1 (\theta + \phi_1 + \phi_2) + \\
& \frac{1}{2} a l [2 - \sin \phi_1 - \sin(\theta + \phi_2)] + \\
& \frac{1}{2} b l [2 - \sin \phi_2 - \sin(\theta + \phi_1)] - \\
& \frac{l^2}{4} [2\sin^2 \theta - \cos^2 \phi_1 + \cos^2(\theta + \phi_2)] - \\
& \frac{l^2}{4} \cot \theta \Big[\pi - 3\theta + \sin 2\theta - \phi_1 - \phi_2 - \\
& \frac{1}{2} \sin 2\phi_1 - \frac{1}{2} \sin 2(\theta + \phi_2) \Big]
\end{aligned}
\tag{29}
$$

E_5. 当 $b \le l < a$ 时, 同 B_5.

E_6. 当 $a \le l < d_2$ 时, 同 A_6.

三角形:对于任意三角形域,同样可算出具体结果. 这里仅就一重要特殊情形——正三角形域,求出其 $m(l)$ 的表达式.

边长为 a 的正三角形域的 $m(l)$ 如下:

当 $0 \leqslant l < \dfrac{\sqrt{3}}{2}a$ 时,有

$$m(l) = \frac{\sqrt{3}}{4}\pi a^2 - 3al + \frac{\sqrt{3}}{6}\pi l^2 + \frac{3}{4}l^2 \qquad (30)$$

当 $\dfrac{\sqrt{3}}{2}a \leqslant l \leqslant a$ 时,有

$$m(l) = \frac{\sqrt{3}}{4}\pi a^2 - 3al + \frac{9}{2}a\left(l^2 - \frac{3}{4}a^2\right)^{\frac{1}{2}} + \frac{\sqrt{3}}{6}\pi l^2 +$$
$$\frac{3}{4}l^2 - \left(\sqrt{3}l^2 + \frac{3\sqrt{3}}{2}a^2\right)\arccos\frac{\sqrt{3}a}{2l} \qquad (31)$$

正六边形:边长为 R 的正六边形域的 $m(l)$ 是:

当 $0 \leqslant l < R$ 时,有

$$m(l) = \frac{3\sqrt{3}}{2}\pi R^2 - 6Rl - \frac{\sqrt{3}\pi l^2}{6} + \frac{3}{2}l^2 \qquad (32)$$

当 $R \leqslant l < \sqrt{3}R$ 时,有

$$m(l) = \frac{5\sqrt{3}}{2}\pi R^2 + \frac{\sqrt{3}}{2}\pi l^2 - (3\sqrt{3}R^2 + 2\sqrt{3}l^2) \cdot$$
$$\arcsin\frac{\sqrt{3}R}{2l} - \frac{9R}{2}\sqrt{4l^2 - 3R^2} \qquad (33)$$

当 $\sqrt{3}R \leqslant l \leqslant 2R$ 时,有

$$m(l) = 2\sqrt{3}\pi R^2 + \frac{\sqrt{3}}{6}\pi l^2 - 9R^2 - \frac{3}{2}l^2 + 15R\sqrt{l^2 - 3R^2} -$$
$$(12\sqrt{3}R^2 + \sqrt{3}l^2)\arccos\frac{\sqrt{3}R}{l} \qquad (34)$$

　　有了以上的凸多边形域的 $m(l)$ 以后,我们立即能够将 Buffon 投针问题推广到相应的网格情形.

　　用边长为 a 的正三角形域作为基本区域构成三角形网格. 将长度等于 l 的小针 N 随机地投掷于平面上,则 N 与该三角形网格相遇的概率为:

　　当 $0 \leqslant l \leqslant \dfrac{\sqrt{3}}{2}a$ 时,有

$$p = \left(\pi \frac{\sqrt{3}}{4}a^2 \right)^{-1} \left(3al - \frac{3}{4}l^2 - \frac{\pi l^2}{2\sqrt{3}} \right) \qquad (35)$$

　　当 $\dfrac{\sqrt{3}}{2}a \leqslant l \leqslant a$ 时,有

$$p = \left(\pi \frac{\sqrt{3}}{4}a^2 \right)^{-1} \Big[3al - \frac{3}{4}l^2 - \frac{\pi l^2}{2\sqrt{3}} - \frac{9a}{4}(4l^2 - 3a^2)^{\frac{1}{2}} +$$

$$\left(\sqrt{3}\,l^2 + \frac{3\sqrt{3}}{2}a^2 \right)\arccos \frac{\sqrt{3}\,a}{2l} \Big] \qquad (36)$$

　　同样,用边长为 R 的正六边形域可构成一六边形网格. 将长度等于 l 的小针 N 随机地投掷于平面上,则 N 与该网格相遇的概率为

　　当 $0 \leqslant l \leqslant R$ 时,有

$$p = \frac{1}{3\sqrt{3}\,\pi R^2} \left(12Rl + \frac{\pi l^2}{\sqrt{3}} - 3l^2 \right) \qquad (37)$$

　　当 $R \leqslant l \leqslant \sqrt{3}R$ 时,有

$$p = \frac{1}{3\sqrt{3}\,\pi R^2} \Big[9R(4l^2 - 3R^2)^{\frac{1}{2}} - 2\sqrt{3}\,\pi R^2 - \sqrt{3}\,\pi l^2 +$$

$$(6\sqrt{3}R^2 + 4\sqrt{3}l^2)\arcsin \frac{\sqrt{3}R}{2l} \Big] \qquad (38)$$

　　当 $\sqrt{3}R \leqslant l \leqslant 2R$ 时,有

$$p = \frac{1}{3\sqrt{3}\,\pi R^2}\Big[18R^2 + 3l^2 - \sqrt{3}\,\pi R^2 -$$

$$\frac{\pi l^2}{\sqrt{3}} - 30R(l^2 - 3R^2)^{\frac{1}{2}} +$$

$$(24\sqrt{3}\,R^2 + 2\sqrt{3}\,l^2)\arccos\frac{\sqrt{3}\,R}{l}\Big] \tag{39}$$

对于用前面平行四边形域作为基本区域所构成的平行四边形网格,依照平行四边形的类型以及 l 的所属范围,可以得到各种情形下 Buffon 投针问题的解. 例如:

A_1 型

$$p = \frac{1}{\pi ab\sin\theta}\Big[2(a+b)l - l^2 - l^2\Big(\frac{\pi}{2} - \theta\Big)\cot\theta\Big] \tag{40}$$

A_2 型

$$p = \frac{1}{\pi ab\sin\theta}\Big[2(a+b)l + 2ah_1\arccos\frac{h_1}{l} -$$

$$(2a + bl\cos\theta)(l^2 - h_1^2)^{\frac{1}{2}} - l^2 -$$

$$l^2\cot\theta\Big(\frac{\pi}{2} - \theta - \arccos\frac{h_1}{l}\Big)\Big] \tag{41}$$

A_3 型

$$p = \frac{1}{\pi ab\sin\theta}\Big[2ah_1\arccos\frac{h_1}{l} + 2al -$$

$$2a(l^2 - h_1^2)^{\frac{1}{2}} + h_1^2\Big] \tag{42}$$

等等. 其余各种情形在此不复一一列举.

应当指出,以上的讨论仅仅是示范性质的. 与其说我们在这里提供了若干几何概率的结果,毋宁说我们提供了处理一类问题的方法.

附带指出,我们可以毫无困难地将 Buffon 投针问题推广到带状网格的情形. 另外,若将基本区域剖分成有限个小的凸域便形成新的网格,如果已将基本区域及诸小区域的 $m(l)$ 算出,那么 Buffon 投针问题便能推广到这个新形成的网格.

§4 凸体内定长线段的运动测度

1. E_n 中凸体内定长线段运动测度的一般公式

设 D 为 E_n 中有界闭凸体. D 的体积和表面积(D 的边界 ∂D 的 $n-1$ 维体积)分别记为 V 和 F. N 为 E_n 中长度为 l 的随机线段,取定正向的 N 记为 N^*. 含于凸体 D 内的 N 的运动测度记为 $m(l)$;对 N^*,相应地记为 $m^*(l)$. 显然有

$$m^*(l) = 2m(l) \qquad (1)$$

引理 1 设 $(p_0;e_1^0,\cdots,e_n^0)$ 为正交标准化固定标架,L_1 为 E_n 中的随机直线,$(p;e_1,\cdots,e_n)$ 为活动标架,其中 e_1 保持位于 L_1 上. 过 p_0 引垂直于 L_1 的 $n-1$ 维平面与 L_1 交于 H,p 到 H 的距离记为 s. 则 E_n 中特殊运动群的运动密度

$$\mathrm{d}K = \mathrm{d}L_1^* \wedge \mathrm{d}s \wedge \mathrm{d}K_{[1]} \qquad (1')$$

证明 注意到 $\omega_1 = \mathrm{d}p \cdot e_1 = \mathrm{d}s$,此结论是显然的.

引理 2 若 N^* 的起点 p_1 在 D 之外且与 ∂D 恰有两个交点的运动测度记为 $m_e^{(2)}(l)$,即

$$m_e^{(2)}(l) = m\{N^*: p_1 \notin D, N^* \text{ 与 } \partial D \text{ 恰有两个交点}\}$$

又,以 σ 表示 L_1 与 D 相截所形成的弦长,则有

$$m_e^{(2)}(l) = 2O_1 \cdots O_{n-2} \int\limits_{\substack{L_1 \cap D \neq \varnothing \\ (\sigma \leq l)}} (l - \sigma) \mathrm{d}L_1 \quad (2)$$

证明 将 N^* 附着于未定向的直线 L_1 上,有

$$m_e^{(2)}(l) = \int\limits_{\substack{L_1 \cap D \neq \varnothing \\ (\sigma \leq l)}} \mathrm{d}K = 2 \int\limits_{\substack{L_1 \cap D \neq \varnothing \\ (\sigma \leq l)}} \mathrm{d}L_1 \wedge \mathrm{d}s \wedge \mathrm{d}K_{[1]}$$

$$= 2O_1 \cdots O_{n-2} \int\limits_{\substack{L_1 \cap D \neq \varnothing \\ (\sigma \leq l)}} (l - \sigma) \mathrm{d}L_1$$

引理 3 与 D 相交的 N^* 的运动测度为

$$\int\limits_{N^* \cap D \neq \varnothing} \mathrm{d}K = O_1 \cdots O_{n-2} \left[O_{n-1} V + \frac{1}{n-1} O_{n-2} lF \right] \quad (3)$$

证明 本引理实际上是陈省身－严志达公式的一个特殊情形. 取 D 作为 D_0,N^* 作为 D_1,这时有

$$V_0 = V, V_1 = 0, M_0^0 = F$$

当 $h = 0, 1, \cdots, n - 3$ 时,有

$$M_n^1 = 0; M_{n-2}^1 = \frac{O_{n-2}}{n-1} l$$

将上述项计入便得到式(3).

引理 4 起点 p_1 在 D 之外而与 D 相交的运动测度记为 $m_e^*(l)$,则

$$m_e^*(l) = O_1 \cdots O_{n-2} \frac{O_{n-2}}{n-1} lF \quad (4)$$

证明 按 $m_e^*(l)$ 的定义,应有

$$m_e^*(l) = \int\limits_{N^* \cap D \neq \varnothing} \mathrm{d}K - \int\limits_{\substack{N^* \cap D \neq \varnothing \\ (p_1 \in D)}} \mathrm{d}K \quad (5)$$

另外,由 $\mathrm{d}K = \mathrm{d}p_1 \wedge \mathrm{d}K_{[0]}$,有

$$\int\limits_{\substack{N^* \cap D \neq \varnothing \\ (p_1 \in D)}} \mathrm{d}K = O_1 \cdots O_{n-1} V \quad (6)$$

将此式及式(3)代入式(5)则得到式(4).

顺便提一下,E_2 中周长为 L 的凸域相应的测度为

$$m_e^*(l) = 2lL$$

这是 Santaló 早期的著名结果. 公式(4)是这一结果到 E_n 的推广.

定理 1　设 D 为 E_n 中的有界闭凸体,体积和表面积依次为 V 和 F,N 为长度等于 l 的线段. 则含于 D 内的 N 的运动测度为

$$m(l) = \frac{1}{2}O_1\cdots O_{n-1}V - \frac{O_{n-2}}{4(n-1)}O_0 O_1\cdots O_{n-2}lF +$$
$$\frac{1}{2}O_0 O_1\cdots O_{n-2}\int_{\substack{L_1\cap D\neq\varnothing\\(\sigma\leq l)}}(l-\sigma)\mathrm{d}L_1 \tag{7}$$

其中 $\sigma = m(L_1\cap D)$ 为弦长.

证明　先求 $m^*(l)$. 关于 $m_e^{(2)}(l)$ 和 $m_e^*(l)$ 的定义见引理 2 和引理 4. 今再补充定义两个测度:起点 $p_1\in D$ 且与 ∂D 相交的 N^* 的运动测度记为 $m_i^*(l)$;起点 p_1 在 D 之外而与 ∂D 相交于一点的 N^* 的运动测度记为 $m_e^{(1)}(l)$. 显然有

$$m_i^*(l) = m_e^{(1)}(l), m_e^*(l) = m_e^{(1)}(l) + m_e^{(2)}(l) \tag{8}$$

从而有

$$m^*(l) = \int_{\substack{N^*\cap D\neq\varnothing\\(p_1\in D)}}\mathrm{d}K - m_i^*(l)$$
$$= \int_{\substack{N^*\cap D\neq\varnothing\\(p_1\in D)}}\mathrm{d}K - m_e^{(1)}(l)$$
$$= \int_{\substack{N^*\cap D\neq\varnothing\\(p_1\in D)}}\mathrm{d}K - m_e^*(l) + m_e^{(2)}(l) \tag{9}$$

将(2)(4)和(6)三式代入上式,则有

$$m^*(l) = O_1 \cdots O_{n-1} V - \frac{O_{n-2}}{n-1} O_1 \cdots O_{n-2} lF + $$

$$2 O_1 \cdots O_{n-2} \int_{\substack{L_1 \cap D \neq \varnothing \\ (\sigma \leqslant l)}} (l - \sigma) \mathrm{d}L_1$$

由式(1),则有

$$m(l) = \frac{1}{2} O_1 \cdots O_{n-1} V - \frac{O_{n-2}}{2(n-1)} O_1 \cdots O_{n-2} lF + $$

$$O_1 \cdots O_{n-2} \int_{\substack{L_1 \cap D \neq \varnothing \\ (\sigma \leqslant l)}} (l - \sigma) \mathrm{d}L_1$$

亦即式(7),改写为式(7)的形状是为了包容 $n = 2$ 的情形.

注意,公式(7)实际上对一切 $l \geqslant 0$ 均成立,故当 $l \geqslant d$(D 之直径)时有

$$\frac{1}{2} O_1 \cdots O_{n-2} \left\{ O_{n-1} V - \frac{O_{n-2}}{n-1} lF + 2 \int_{L_1 \cap D \neq \varnothing} (l - \sigma) \mathrm{d}L_1 \right\} = 0$$

从而有

$$\int_{L_1 \cap D \neq \varnothing} \mathrm{d}L_1 = \frac{1}{2(n-1)} O_{n-2} F \qquad (10)$$

以及

$$\int_{L_1 \cap D \neq \varnothing} \sigma \mathrm{d}L_1 = \frac{O_{n-1} V}{2} \qquad (11)$$

自然,(10)和(11)两式并非新结果,但它们同时蕴含于一个内容更丰富的公式之中.

2. 公式的变形

公式(7)表达出 E_n 中凸体内定长线段的运动测度,但在多数场合用它实际计算 $m(l)$ 是不便的. 下面

我们来介绍此公式的变形. 为此首先引进几个新概念.

定义 1　$n-1$ 维单位球面 U_{n-1} 上的点记为 u_{n-1}，不致混淆时简记为 u. 点 u 的矢径记为 $\boldsymbol{u}$，D 为 E_n 中的有界闭凸体. 所谓 D 沿方向 $\boldsymbol{u}$ 的最大弦长 $\sigma_M(u)$ 由下式定义

$$\sigma_M(u) = \max_{L_1}\{\sigma : \sigma = m(L_1 \cap \mathrm{int}\, D)\,; L_1 \,/\!/\, \boldsymbol{u}\} \quad (12)$$

又，函数

$$r(l,u) = \max\{l, \sigma_M(u)\},\ l \geqslant 0 \quad\quad (13)$$

称为 D 的限弦函数.

定义 2　设 $\boldsymbol{u}$ 为单位向量，$\sigma_M(u)$ 是凸体 D 沿方向 $\boldsymbol{u}$ 的最大弦长. 假定 σ 满足 $0 \leqslant \sigma \leqslant \sigma_M(u)$. 又，$\Sigma$ 为垂直于 $\boldsymbol{u}$ 的一个超平面. 考虑平行于 $\boldsymbol{u}$ 且在 D 的内部截出不小于 σ 的弦长的那些直线 L_1. 这些直线的集与 Σ 的交集的 $n-1$ 维体积记为 $A(\sigma,u)$. 函数 $A(\sigma,u)$ 称为 D 的限弦投影函数.

当 $\sigma = 0$ 时，$A(\sigma,u)$ 就是前面讲过的 D 在 Σ 上的正交投影，可写作

$$F = \frac{2(n-1)}{O_{n-2}} \int_{\frac{1}{2}U_{n-1}} A(0,u)\,\mathrm{d}u \quad\quad (14)$$

定理 2　设 D 为 E_n 中的有界闭凸体，$\sigma_M(u)$ 是 D 的最大弦长函数，$r(l,u)$ 为 D 的限弦函数，$A(\sigma,u)$ 为 D 的限弦投影函数. 则有

$$m(l) = \frac{1}{2}O_0 O_1 \cdots O_{n-2} \int_{\frac{1}{2}U_{n-1}} \mathrm{d}u \int_{r(l,u)}^{\sigma_M(u)} A(\sigma,u)\,\mathrm{d}\sigma$$

$$(15)$$

证明　将(10)和(11)两式代入公式(7)，并利用恒等关系

$$\frac{2\pi}{n-1}O_{n-2} = O_n, O_1 = 2\pi \qquad (16)$$

我们有

$$m(l) = \frac{1}{2}O_0 O_1 \cdots O_{n-2} \int_{\substack{L_1 \cap D \neq \varnothing \\ (\sigma \geq l)}} (\sigma - l) \mathrm{d}L_1 \quad (17)$$

对于任意给定的方向 $\boldsymbol{u}$，考虑平行于 $\boldsymbol{u}$ 的 L_1. 我们有

$$\mathrm{d}L_1 = \mathrm{d}a \wedge \mathrm{d}u \qquad (18)$$

其中 $\mathrm{d}a$ 为 Σ 在 $L_1 \cap \Sigma$ 处的体积元，而 $\mathrm{d}u$ 为 U_{n-1} 的体积元. 因此式(17)可改写为

$$m(l) = \frac{1}{2}O_0 O_1 \cdots O_{n-2} \int_{\frac{1}{2}U_{n-1}} \mathrm{d}u \int_{\substack{L_1 \cap D \neq \varnothing \\ (\sigma \geq l; L_1 /\!/ \boldsymbol{u})}} (\sigma - l) \mathrm{d}a$$

$$(19)$$

现在考虑下述积分

$$f(u) = \int_{\substack{L_1 \cap D \neq \varnothing \\ (\sigma \geq l; L_1 /\!/ \boldsymbol{u})}} (\sigma - l) \mathrm{d}a$$

$$= \int_{\substack{L_1 \cap D \neq \varnothing \\ (\sigma \geq l; L_1 /\!/ \boldsymbol{u})}} \sigma \mathrm{d}a - l \int_{\substack{L_1 \cap D \neq \varnothing \\ (\sigma \geq l; L_1 /\!/ \boldsymbol{u})}} \mathrm{d}a \qquad (20)$$

完成定理证明的关键在于揭示这一积分的几何意义. 当 $l \geq \sigma_M(u)$ 时，$f(u) = 0$. 当 $l < \sigma_M(u)$ 时，$f(u)$ 是两个体积之差："被减项"是 D 被 $\{L_1 : L_1 /\!/ \boldsymbol{u}, \sigma \geq l\}$ 截出的部分的体积，"减项"是以 $A(l, u)$ 为底、l 为高的柱体的体积. 因此有

$$f(u) = \int_{r(l, u)}^{\sigma_M(u)} A(\sigma, u) \mathrm{d}\sigma \qquad (21)$$

从而证明了公式(15).

从刚才对 $f(u)$ 的几何意义的分析中，附带地可得到凸体 D 的体积 V 的一种表达式

$$V = \int_0^{\sigma_M(u)} A(\sigma, u) \, \mathrm{d}\sigma \qquad (22)$$

据此又可将公式(15)改写为另一形式.

定理3 设 D 为 E_n 中的有界闭凸体,体积为 V,$r(l, u)$ 和 $A(\sigma, u)$ 分别是 D 的限弦函数和限弦投影函数. 则

$$m(l) = \frac{1}{2} O_1 \cdots O_{n-1} V -$$

$$\frac{1}{2} O_0 O_1 \cdots O_{n-2} \int_{\frac{1}{2} U_{n-1}} \mathrm{d}u \int_0^{r(l, u)} A(\sigma, u) \, \mathrm{d}\sigma \quad (23)$$

在多数情况中,求凸体体积较之求最大弦长函数容易一些,因此在实际计算中公式(23)用得多些.

例 求半径为 a 的 n 维球体的 $m(l)$.

显然有

$$\sigma_M(u) = 2a, r(l, u) = l \ (\text{设 } l \leqslant 2a)$$

$$A(\sigma, u) = \chi_{n-1} \left(a^2 - \frac{\sigma^2}{4} \right)^{\frac{n-1}{2}}$$

其中 χ_{n-1} 是 $n-1$ 维单位球体的体积,即

$$\chi_{n-1} = \frac{O_{n-2}}{n-1} = \frac{2\pi^{\frac{n-1}{2}}}{(n-1)\Gamma\left(\frac{n-1}{2}\right)} \qquad (24)$$

应用公式(15),得到

$$m(l) = \frac{1}{2} O_1 \cdots O_{n-1} \chi_{n-1} \int_l^{2a} \left(a^2 - \frac{\sigma^2}{4} \right)^{\frac{n-1}{2}} \mathrm{d}\sigma \quad (25)$$

若作变换 $\sigma = 2a\sin\theta$,则有

$$m(l) = O_1 \cdots O_{n-1} \chi_{n-1} a^n \int_{\arcsin\frac{l}{2a}}^{\frac{\pi}{2}} \cos^n\theta \mathrm{d}\theta \qquad (26)$$

3. 柱体情形

作为公式(15)或(23)的特殊情形,让我们来寻求

85

关于柱体的 $m(l)$ 公式.

D_n 表示 E_n 中的凸柱体, 其正截面 D_{n-1} 为 $n-1$ 维平坦凸体, 高为 H. D_n 的最大弦长函数、限弦函数和限弦投影函数依次记为 $\sigma_M(u_{n-1})$, $r(l,u_{n-1})$ 和 $A_n(\sigma, u_{n-1})$; 对于 D_{n-1}, 则相应地记为 $\sigma_M(u_{n-2})$, $r(l,u_{n-2})$ 和 $A_{n-1}(\sigma, u_{n-2})$. 设 N 是长度为 l 的线段. 含于 D_n 内的 N 的运动测度记为 $m_n(l)$, 含于 D_{n-1} 内的 N 的运动测度记为 $m_{n-1}(l)$.

下面的定理揭示了 $m_n(l)$ 与 $m_{n-1}(l)$ 之间的联系.

定理 4 D_n 为 E_n 中的柱体, 如上所述. 随机线段 N 与柱体母线间的夹角以 φ 表示, 并规定 $h(\varphi) = \max\{H - l\cos\varphi, 0\}$. 则有

$$m_n(l) = 2O_{n-2}\int_0^{\frac{\pi}{2}} m_{n-1}(l\sin\varphi)h(\varphi)\sin^{n-2}\varphi\,\mathrm{d}\varphi \quad (27)$$

证明 取坐标标架 $(0;e_1,\cdots,e_n)$, 并设 e_n 平行于柱体的母线. E_n 中点 $(x_1,\cdots,x_n)$ 的球坐标记为 $(r, \varphi_1,\cdots,\varphi_{n-1})$, 即

$$\begin{cases} x_1 = r\sin\varphi_1\cdots\sin\varphi_{n-1} \\ x_2 = r\sin\varphi_1\cdots\sin\varphi_{n-2}\cos\varphi_{n-1} \\ \vdots \\ x_{n-1} = r\sin\varphi_1\cos\varphi_2 \\ x_n = r\cos\varphi_1 \end{cases} \quad (28)$$

$0 \leqslant r < +\infty$, $0 \leqslant \varphi_1 \leqslant \pi, \cdots, 0 \leqslant \varphi_{n-2} \leqslant \pi, 0 \leqslant \varphi_{n-1} \leqslant 2\pi$. 当 $r = 1$ 时, $(1,\varphi_1,\cdots,\varphi_{n-1})$ 表示 $n-1$ 维单位球面 U_{n-1} 上的点. U_{n-1} 上点的体积元为

$$\mathrm{d}u_{n-1} = \sin^{n-2}\varphi_1\sin^{n-3}\varphi_2\cdots\sin\varphi_{n-2}\,\mathrm{d}\varphi_1 \wedge \cdots \wedge \mathrm{d}\varphi_{n-2}$$

$$(29)$$

在式 (28) 中, 置 $r = 1$ 和 $\varphi_1 = \dfrac{\pi}{2}$, 便得到 U_{n-1} 在超平面 $x_n = 0$ 上的投影——$n-2$ 维单位球面 U_{n-2}, 其体积元为

$$\mathrm{d}u_{n-2} = \sin^{n-3}\varphi_2 \cdots \sin\varphi_{n-2}\mathrm{d}\varphi_2 \wedge \cdots \wedge \mathrm{d}\varphi_{n-2} \quad (30)$$

由 $(29)(30)$ 两式, 有

$$\mathrm{d}u_{n-1} = \sin^{n-2}\varphi_1 \mathrm{d}\varphi_1 \wedge \mathrm{d}u_{n-2} \quad (31)$$

设 N 的方向由 $\boldsymbol{u}_{n-1}$ 确定. 考虑沿此方向的投影. 记

$$f_k(u_{k-1}, l) = \int_{r(l,u_{k-1})}^{\sigma_M(u_{k-1})} A(\sigma, u_{k-1})\mathrm{d}\sigma$$

则有

$$m(l) = \frac{1}{2}O_0 O_1 \cdots O_{n-2} \int_{\frac{1}{2}U_{n-1}} f_n(u_{n-1}, l)\mathrm{d}u_{n-1} \quad (32)$$

N 在 e_n 上的投影为 $l\cos\varphi_1$. 若 $H \leqslant l\cos\varphi_1$, N 不可能含于 D_n 内, 则 $f_n(u_{n-1}, l) = 0$; 若 $H > l\cos\varphi_1$, 由 $f_k(u_{k-1}, l)$ 的几何意义, 有

$$f_n(u_{n-1}, l) = f_{n-1}(u_{n-2}, l\sin\varphi_1)(H - l\cos\varphi_1)$$

综合起来, 有

$$f_n(u_{n-1}, l) = f_{n-1}(u_{n-2}, l\sin\varphi_1)h(\varphi_1) \quad (33)$$

由 $(31)(32)$ 及 (33) 三式, 我们有

$$m(l) = \frac{1}{2}O_0 O_1 \cdots O_{n-2} \int_{\frac{1}{2}U_{n-1}} f_n(u_{n-1}, l)\mathrm{d}u_{n-1}$$

$$= \frac{1}{2}O_0 O_1 \cdots O_{n-2} \int_0^{\frac{\pi}{2}} \left\{ \int_{U_{n-2}} f_{n-1}(u_{n-2}, l\sin\varphi_1)\mathrm{d}u_{n-2} \right\} \cdot$$

$$h(\varphi_1)\sin^{n-2}\varphi_1 \mathrm{d}\varphi_1$$

$$= 2O_{n-2} \int_0^{\frac{\pi}{2}} m_{n-1}(l\sin\varphi_1)h(\varphi_1)\sin^{n-2}\varphi_1 \mathrm{d}\varphi_1$$

对于 $n=3$ 的情形,有

$$m_3(l) = 4\pi \int_0^{\frac{\pi}{2}} m_2(l\sin\varphi)h(\varphi)\sin\varphi\mathrm{d}\varphi \quad (34)$$

或者,作变换 $l\sin\varphi=t, 0 \leqslant t \leqslant l$,则有

$$m_3(l) = \frac{4\pi}{l} \int_0^l m_2(t)\max(H - \sqrt{l^2 - t^2}, 0)\frac{t}{\sqrt{l^2 - t^2}}\mathrm{d}t$$

$$(35)$$

本段的定理提供了一种计算柱体的 $m(l)$ 的有效方法. 在实际应用中许多常见的几何形体实际上是柱体,所以公式(27)或其三维特殊形式(34)和(35),是很有用的公式.

4. E_3 中长方体的 $m(l)$ 与 Buffon 投针问题

设 D_3 为 E_3 中的长方体,边长为 a, b 和 $c, c \leqslant b \leqslant a, N$ 为长度等于 l 的线段. D_3 内定长线段 N 的运动测度记为 $m_3(l)$. 利用式(35),可具体算出这一测度.

(a)当 $0 \leqslant l \leqslant c$ 时,有

$$m_3(l) = 4\pi\Big[\pi abc - \frac{\pi l}{2}(ab + bc + ca) +$$

$$\frac{2}{3}l^2(a + b + c) - \frac{l^3}{4}\Big] \quad (36)$$

(b)当 $c \leqslant l \leqslant b$ 时,有

$$m_3(l) = \frac{4\pi}{l}\Big\{\frac{\pi}{2}abc^2 - \frac{1}{12}c^4 + \frac{1}{2}c^2l^2 +$$

$$(a + b)\Big[\frac{2}{3}l^3 + l^2(l^2 - c^4)^{\frac{1}{2}} +$$

$$\frac{1}{3}(l^2 - c^2)^{\frac{3}{2}} - cl^2\arcsin\frac{c}{l}\Big]\Big\} \quad (37)$$

(c)当 $b \leqslant l \leqslant \min\{\sqrt{b^2 + c^2}, a\}$ 时,有

$$m_3(l) = \frac{4\pi}{l}\Big[\frac{\pi}{2}abc(b+c-2l) - \frac{\pi}{2}bcl^2 +$$

$$bl^2(a+c)\arccos\frac{b}{l} + cl^2(a+b)\arccos\frac{c}{l} -$$

$$\frac{1}{12}(b^4+c^4) + \frac{1}{2}l^2(b^2+c^2) + \frac{2}{3}al^3 + \frac{1}{4}l^4 -$$

$$\frac{1}{3}(a+c)(b^2+2l^2)(l^2-b^2)^{\frac{1}{2}} -$$

$$\frac{1}{3}(a+b)(c^2+2l^2)(l^2-c^2)^{\frac{1}{2}}\Big] \tag{38}$$

(d) 当 $a \leqslant l \leqslant \sqrt{b^2+c^2}$ 时,有

$$m_3(l) = \frac{4\pi}{l}\Big[\frac{\pi}{2}(a^2bc + ab^2c + abc^2 - 4abcl) +$$

$$al^2(b+c)\arccos\frac{a}{l} + bl^2(c+a)\arccos\frac{b}{l} +$$

$$cl^2(a+b)\arccos\frac{c}{l} - \frac{1}{12}(a^4+b^4+c^4) +$$

$$\frac{1}{2}l^2(a^2+b^2+c^2-l^2) -$$

$$\frac{1}{3}(b+c)(a^2+2l^2)(l^2-a^2)^{\frac{1}{2}} -$$

$$\frac{1}{3}(c+a)(b^2+2l^2)(l^2-b^2)^{\frac{1}{2}} -$$

$$\frac{1}{3}(a+b)(c^2+2l^2)(l^2-c^2)^{\frac{1}{2}}\Big] \tag{39}$$

(e) 当 $\sqrt{b^2+c^2} \leqslant l \leqslant a$ 时,有

$$m_3(l) = \frac{4\pi}{l}\Big[\frac{\pi}{2}abc(b+c-2l) + \frac{2}{3}al^2 - \frac{1}{2}b^2c^2 +$$

$$al^2(\sqrt{l^2-b^2-c^2} - \sqrt{l^2-b^2} - \sqrt{l^2-c^2}) +$$

89

积分几何中的 Buffon 投针问题

$$\frac{a}{3}(l^2 - b^2)^{\frac{3}{2}} + \frac{a}{3}(l^2 - c^2)^{\frac{3}{2}} -$$

$$\frac{a}{3}(l^2 - b^2 - c^2)^{\frac{3}{2}} + abl^2 \arccos\frac{b}{l} +$$

$$acl^2 \arccos\frac{c}{l} - ab(l^2 + c^2)\arccos\frac{b}{\sqrt{l^2 - c^2}} -$$

$$ac(l^2 + b^2)\arccos\frac{c}{\sqrt{l^2 - b^2}} +$$

$$2abcl\arctan\frac{l\sqrt{l^2 - b^2 - c^2}}{bc} \Big] \tag{40}$$

（f）当 $\max\{\sqrt{b^2 + c^2}, a\} \leqslant l \leqslant \sqrt{c^2 + a^2}$ 时，有

$$m_3(l) = \frac{4\pi}{l}\Big[\frac{\pi}{2}abc(a + b + c - 4l) +$$

$$\frac{\pi}{2}l^2(ab + bc + ca) -$$

$$\frac{1}{12}a^4 + \frac{1}{2}b^2c^2 + \frac{1}{2}a^2l^2 + \frac{1}{4}l^4 -$$

$$\frac{1}{3}(b + c)(a^2 + 2l^2)(l^2 - a^2)^{\frac{1}{2}} +$$

$$al^2(l^2 - b^2 - c^2)^{\frac{1}{2}} - al^2(l^2 - b^2)^{\frac{1}{2}} -$$

$$al^2(l^2 - c^2)^{\frac{1}{2}} + \frac{a}{3}(l^2 - b^2)^{\frac{3}{2}} +$$

$$\frac{a}{3}(l^2 - c^2)^{\frac{3}{2}} - \frac{a}{3}(l^2 - b^2 - c^2)^{\frac{3}{2}} -$$

$$ab(l^2 + c^2)\arccos\frac{b}{\sqrt{l^2 - c^2}} -$$

$$ac(l^2 + b^2)\arccos\frac{c}{\sqrt{l^2 - b^2}} -$$

$$al^2(b+c)\arcsin\frac{a}{l} + abl^2\arccos\frac{b}{l} +$$

$$acl^2\arccos\frac{c}{l} + 2abcl\arctan\frac{l\sqrt{l^2-b^2-c^2}}{bc}\Big]$$

$$(41)$$

（g）当 $\sqrt{c^2+a^2} \leqslant l \leqslant \sqrt{a^2+b^2+c^2}$ 时,有

$$m_3(l) = \frac{4\pi}{l}\Big\{\frac{\pi}{2}bc(l-a)^2 + \frac{\pi}{2}ac(l-b)^2 + \frac{1}{12}c^4 -$$

$$\frac{1}{2}c^2(a^2+b^2+l^2) + al^2\big[(l^2-b^2-c^2)^{\frac{1}{2}} -$$

$$(l^2-b^2)^{\frac{1}{2}}\big] + bl^2\big[(l^2-a^2-c^2)^{\frac{1}{2}} -$$

$$(l^2-a^2)^{\frac{1}{2}}\big] + \frac{a}{3}(l^2-b^2)^{\frac{3}{2}} - \frac{a}{3}(l^2-b^2-c^2)^{\frac{3}{2}} +$$

$$\frac{b}{3}(l^2-a^2)^{\frac{3}{2}} - \frac{b}{3}(l^2-a^2-c^2)^{\frac{3}{2}} +$$

$$abl^2\arccos\frac{b}{l} - abl^2\arcsin\frac{a}{l} +$$

$$ab(l^2+c^2)\arcsin\frac{a}{\sqrt{l^2-c^2}} -$$

$$ab(l^2+c^2)\arccos\frac{b}{\sqrt{l^2-c^2}} -$$

$$bc(l^2+a^2)\arccos\frac{c}{\sqrt{l^2-a^2}} -$$

$$ac(l^2+b^2)\arccos\frac{c}{\sqrt{l^2-b^2}} +$$

$$2abcl\arctan\frac{l\sqrt{l^2-a^2-c^2}}{ac} +$$

$$2abcl\arctan\frac{l\sqrt{l^2-b^2-c^2}}{bc}\Big\}$$

$$(42)$$

算出 E_3 中长方体的 $m(l)$，立即可以得到 E_3 中推广的 Buffon 问题的解.

设 D_3 和前面一样是边长为 a,b 和 c 的长方体，$c \leqslant b \leqslant a$. 以 D_3 作为基本区域在 E_3 中构成网格. 或者换一个说法，此网格由三组等间隔平行平面族构成，这三组平面族两两正交. 以 H 表示此网格，N 为长度等于 l 的线段，随机投掷于 E_3 中，试求 N 与网格 H 相遇的概率.

处理问题的方法完全类似于平面网格的情形.

取 n^3 个长方体（基本区域），构成有限网格 H_n. H_n 的外缘是边长为 na,nb 和 nc 的长方体. 假定 n 足够大，致使 $l < nc$，那么含于此大长方体内的 N 的运动测度为

$$\eta = 4\pi \Big[\pi n^3 abc - \frac{1}{2}\pi n^2 l(ab + bc + ca) +$$
$$\frac{2}{3}nl^2(a + b + c) - \frac{l^2}{4} \Big] \qquad (43)$$

若已知 N 位于此大长方体内，则 N 与网格 H_n 相遇的概率为

$$p_n^{(3)} = \frac{1}{\eta} \Big\{ 4\pi \Big[\pi n^3 abc - \frac{\pi}{2}n^2 l(ab + bc + ca) +$$
$$\frac{2}{3}nl^2(a + b + c) - \frac{l^2}{4} \Big] - n^3 m(l) \Big\} \qquad (44)$$

其中 $m(l)$ 为含于 D_3 内的 N 的运动测度. 令 $n \to \infty$，得 N 与网格 H 相遇的概率

$$p^{(3)} = \frac{4\pi^2 abc - m(l)}{4\pi^2 abc} \qquad (45)$$

根据 l 的范围，选用 $m(l)$ 的相应表达式 (36) ~ (42) 之一代入式 (45)，则得到具体结果. 例如，若 l 满足

$0 \leqslant l \leqslant c$，则

$$p^{(3)} = \frac{1}{12\pi abc}\Big[6\pi l(ab + bc + ca) - $$
$$8l^2(a + b + c) + 3l^3\Big] \tag{46}$$

自然，当 l 在其他范围时亦可立即写出相应的结果,在此不需一一列出.

作为公式(46)的推论,还可由此引出另外的结果. 式(46)中令 $a \to \infty$,则有

$$p^{(2)} = \frac{3\pi l(b + c) - 4l^2}{6\pi bc} \tag{47}$$

$p^{(2)}$ 是 N 与两组相互正交的等间隔平面族网格相遇的概率. 若进一步,在式(47)中令 $b \to \infty$,便得到 N 与间隔为 c 的平行平面族相遇的概率为

$$p^{(1)} = \frac{l}{2c} \tag{48}$$

对于满足 $c \leqslant l \leqslant b$ 的 l ,有如下结果

$$p^{(3)} = (\pi abcl)^{-1}\Big\{\pi abcl - \frac{\pi}{2}abc^2 + \frac{1}{12}c^4 - \frac{1}{2}c^2 l^2 - $$
$$(a + b)\Big[\frac{2}{3}l^3 + l^2(l^2 - c^2)^{\frac{1}{2}} + \frac{1}{3}(l^2 - c^2)^{\frac{3}{2}} - $$
$$cl^2\arcsin\frac{c}{l}\Big]\Big\} \tag{49}$$

$$p^{(2)} = (\pi bcl)^{-1}\Big[\pi bcl - \frac{\pi}{2}bc^2 - \frac{2}{3}l^3 - l^2(l^2 - c^2)^{\frac{1}{2}} - $$
$$\frac{1}{3}(l^2 - c^2)^{\frac{3}{2}} + cl^2\arcsin\frac{c}{l}\Big] \tag{50}$$

$$p^{(1)} = 1 - \frac{c}{2l} \tag{51}$$

注意公式(51)给出的是长针 Buffon 投针问题的解.

5. E_n 中长方体的 $m(l)$ 与 Buffon 投针问题

设 I 为 E_n 中的长方体,边长为 $a_1, a_2, \cdots, a_n$ 且满足 $a_1 \leqslant a_2 \leqslant \cdots \leqslant a_n$,$N$ 为长度等于 l 的线段. 利用递推关系(27)不难得出含于 I 内的 N 的运动测度. 置

$$\begin{cases} h_1 = \max\{a_1 - l\cos\varphi_1, 0\} \\ h_i = \max\{a_i - l\sin\varphi_1 \cdots \sin\varphi_{i-1}, 0\}, 2 \leqslant i \leqslant n-1 \\ h_n = \max\{a_n - l\sin\varphi_1 \cdots \sin\varphi_{n-2}\cos\varphi_{n-1}, 0\} \end{cases} \quad (52)$$

则有

$$\begin{aligned} m(l) &= m\{N \subset I\} \\ &= \frac{1}{2} O_0 O_1 \cdots O_{n-2} \int_{\frac{1}{2}U_{n-1}} h_1 \cdots h_n \mathrm{d}u_{n-1} \end{aligned} \quad (53)$$

其中

$$\mathrm{d}u_{n-1} = \sin^{n-2}\varphi_1 \sin^{n-3}\varphi_2 \cdots \sin\varphi_{n-2}\mathrm{d}\varphi_1 \wedge \cdots \wedge \mathrm{d}\varphi_{n-2} \quad (54)$$

以 I 作为基本区域可构成 E_n 中的网格. 与上一段一样,我们可以讨论小针 N 与此网格相遇的概率. 我们有

$$p^{(n)} = 1 - \frac{2}{O_{n-1}a_1 \cdots a_n} \int_{\frac{1}{2}U_{n-1}} h_1 \cdots h_n \mathrm{d}u_{n-1} \quad (55)$$

令 $a_2, \cdots, a_n \to \infty$,则有

$$p^{(1)} = 1 - \frac{2O_{n-2}}{O_{n-1}} \left\{ \int_0^{\frac{\pi}{2}} \sin^{n-2}\varphi_1 \mathrm{d}\varphi_1 - \frac{l}{(n-1)a_1} \right\}, l \leqslant a_1 \quad (56)$$

$$\begin{aligned} p^{(1)} &= 1 - \frac{2}{O_{n-1}a_1} \int_{\frac{1}{2}U_{n-1}} h_1 \mathrm{d}u_{n-1} \\ &= 1 - \frac{2O_{n-2}}{O_{n-1}} \left\{ \int_{\arccos\frac{a_1}{l}}^{\frac{\pi}{2}} \sin^{n-2}\varphi_1 \mathrm{d}\varphi_1 - \right. \end{aligned}$$

94

$$\frac{l}{(n-1)a_1}\Big[1-\Big(1-\frac{a_1^2}{l^2}\Big)^{\frac{n-1}{2}}\Big]\Big\},l>a_1 \quad (57)$$

根据式(31),有

$$O_{n-1}=2O_{n-2}\int_0^{\frac{\pi}{2}}\sin^{n-2}\varphi_1\mathrm{d}\varphi_1$$

于是式(56)变成

$$p^{(1)}=\frac{2O_{n-2}l}{(n-1)O_{n-1}a_1},l\leqslant a_1 \quad (58)$$

又,直接计算可知式(57)可写成下列形式

$$p^{(1)}=1-\frac{2O_{n-2}}{O_{n-1}}\Big\{\frac{a_1}{l}\sum_{k=0}^{\frac{n-4}{2}}\frac{(n-1-2k)!!}{(n-2-2k)!!}\Big(1-\frac{a_1^2}{l^2}\Big)^{\frac{n-3-2k}{2}}+$$

$$\frac{(n-3)!!}{(n-2)!!}\arcsin\frac{a_1}{l}-\frac{l}{(n-1)a_1}\cdot$$

$$\Big[1-\Big(1-\frac{a_1^2}{l^2}\Big)^{\frac{n-1}{2}}\Big]\Big\},l>a_1,n\ 为偶数 \quad (59)$$

$$p^{(1)}=1-\frac{2O_{n-2}}{O_{n-1}}\Big\{\frac{a_1}{l}\sum_{k=0}^{\frac{n-5}{2}}\frac{(n-1-2k)!!}{(n-2-2k)!!}\Big(1-\frac{a_1^2}{l^2}\Big)^{\frac{n-3-2k}{2}}+$$

$$\frac{(n-3)!!}{(n-2)!!}\cdot\frac{a_1}{l}-\frac{l}{(n-1)a_1}\Big[1-\Big(1-\frac{a_1^2}{l^2}\Big)^{\frac{n-1}{2}}\Big]\Big\}$$

$$l>a_1,n\ 为奇数 \quad (60)$$

第二编

对 Buffon 投针问题的若干讨论

Buffon 针问题不同结果及其内在联系[①]

第4章

军事经济学院的姚楠、黄金明两位教授1999年指出:从不同角度考查Buffon针问题,会得到完全不同的结果,其原因是出发点的改变引起了概率空间的改变,其对应的随机变量的分布也会发生相应的变化.

1. Buffon 针问题及其解法

Buffon 针问题 平面上画有间距为 $2a$ 的平行线,向此平面随机地投放一长度为 $2l(l<a)$ 的针,求此针与任一平行线相交的概率.

解法1 以 x 表示针的中点 M 到最近一条平行线的距离,以 φ 表示该针与平行线的夹角.针与平行线的关系如图1,则有:$0\leqslant x\leqslant a,0\leqslant\varphi\leqslant\pi$,由它们所围成的矩形区域记为 G_1.针与平行线相交的充要条件是:$0\leqslant x\leqslant l\sin\varphi$,记满足这

① 摘自《常德师范学院学报(自然科学版)》,1999年,第11卷,第3期.

个关系的区域为 g_1 (图 2 中的阴影部分). 则所求概率为

$$P_1 = \frac{g_1 \text{ 的面积}}{G_1 \text{ 的面积}} = \frac{\int_0^\pi l \sin \varphi \mathrm{d}\varphi}{a\pi} = \frac{2l}{\pi a}$$

图 1　针与平行线的关系　　图 2　满足针与平行线相交的关系图

解法 2　以 x 表示针的中点 M 到最近一条平行线的距离，y 表示该针在此平行线上投影的长度，如图 3 所示. 易知 x 和 y 的取值范围是 $0 \leqslant x \leqslant a, 0 \leqslant y \leqslant 2l$.

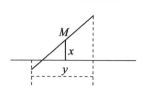

图 3　针与平行线的关系及针在近平行线上的投影图

这两个不等式确定了 xOy 平面上的矩形区域 G_2，针与平行线相交的充要条件是

$$\left(\frac{y}{2}\right)^2 + x^2 \leqslant l^2$$

该不等式确定了矩形区域 G_2（图 4）中的区域 g_2，从而所求概率为

$$P_2 = \frac{g_2 \text{ 的面积}}{G_2 \text{ 的面积}} = \frac{\frac{1}{4} \cdot l \cdot 2l \cdot \pi}{2l \cdot a} = \frac{l\pi}{4a}$$

100

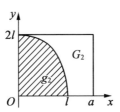

图 4　满足针与平行线相交条件的矩形区域

解法 3　作垂直于平行线的直线,在该直线上选定一方向为正向,用 z_1,z_2 分别表示针头与针尾关于某平行线的纵坐标(图 5),该平行线的选取应使 $|z_1 + z_2| \leqslant 2a$. 注意到 z_1,z_2 满足 $|z_1 - z_2| \leqslant 2l$,则在平面 $z_1 O z_2$ 上确定了矩形区域 G_3. 要使针与平行线相交,必须有 $z_1 \cdot z_2 \leqslant 0$,这又确定了区域 G_3 中的子集 g_3(图 6),因此,所求概率为

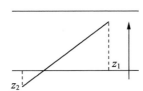

图 5　针与平行线关系及针头、针尾的纵坐标

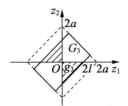

图 6　由针与平行线相交条件确定的矩形区域

$$P_3 = \frac{g_3\ 的面积}{G_3\ 的面积} = \frac{(2l)^2}{2\sqrt{2}\,a \cdot 2\sqrt{2}\,l} = \frac{l}{2a}$$

2.矛盾产生的原因

三种解法得出三种完全不同的结果,直观上看,是由于它们所用的随机变量不同,但本质上,则是由于它们选择的假设条件不同.

解法①依据的假设:

假设 1 针的中点到平行线的距离 X 和针与平行线的夹角 Φ 所构成的二维随机向量 (X,Φ) 服从 G_1 上的均匀分布;

解法②依据的假设:

假设 2 针的中点到平行线的距离 X 和针在平行线上的投影长度 Y 所构成的二维随机向量 (X,Y) 服从 G_2 上的均匀分布;

解法③依据的假设:

假设 3 针的两个端点到平行线的距离 Z_1,Z_2 构成的二维随机向量 (Z_1,Z_2) 服从 G_3 上的均匀分布.

上述三种假设是不能同时成立的.这可由以下几个命题看出.

命题 1 若随机向量 (X,Φ) 服从 $[0,a]\times[0,\pi]$ 上的均匀分布,则:

(1) 随机向量 $(X,Y)=(X,2l\cos\Phi)$ 的分布密度函数为

$$P_1(x,y)=\begin{cases}\dfrac{1}{a\pi}\cdot\dfrac{1}{\sqrt{4l^2-y^2}}, x\in[0,a], y\in[-2l,2l]\\ 0,其他\end{cases}$$

(1)

(2)随机向量 $(Z_1,Z_2)=(X+l\sin\Phi,X-l\sin\Phi)$ 的分布密度函数为

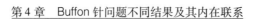

$$P_2(z_1,z_2) = \begin{cases} \dfrac{1}{a\pi} \dfrac{1}{\sqrt{4l^2 - (z_1 - z_2)^2}}, \\ |z_1 - z_2| \leqslant 2l, |z_1 + z_2| < 2a \\ 0,其他 \end{cases} \quad (2)$$

命题 2　若随机向量 (X, Y) 服从 $[0, a] \times [-2l, 2l]$ 上的均匀分布,则:

(1)随机向量 $(X, \varPhi) = \left(X, \arccos \dfrac{Y}{2l}\right)$ 的分布密度函数为

$$P_3(x,\varphi) = \begin{cases} \dfrac{\sin \varphi}{2a}, x \in [0, a], \varphi \in [0, \pi] \\ 0,其他 \end{cases} \quad (3)$$

(2)随机向量 $(Z_1, Z_2) = \left(X + l\sqrt{1 - \left(\dfrac{Y}{2l}\right)^2}\right.,$

$x - l\sqrt{1 - \left(\dfrac{Y}{2l}\right)^2}\Bigg)$ 的分布密度函数为

$$P_4(z_1,z_2) = \begin{cases} \dfrac{1}{4la} \dfrac{(z_1 - z_2)}{\sqrt{4l^2 - (z_1 - z_2)^2}}, \\ |z_1 - z_2| \leqslant 2l, |z_1 + z_2| < 2a \\ 0,其他 \end{cases} \quad (4)$$

命题 3　若随机向量 (Z_1, Z_2) 服从区域 $G_3: |z_1 - z_2| \leqslant 2l, |z_1 + z_2| < 2a$ 上的均匀分布,则:

(1)随机向量 $(X, \varPhi) = \left(\dfrac{Z_1 + Z_2}{2}, \arcsin \dfrac{Z_1 - Z_2}{2l}\right)$ 的分布密度函数为

$$P_5(x,\varphi) = \begin{cases} \dfrac{\cos \varphi}{4a} & x \in [-a, a], \varphi \in \left[-\dfrac{\pi}{2}, \dfrac{\pi}{2}\right] \\ 0,其他 \end{cases}$$

$$(5)$$

（2）随机向量 $(X,Y) = \left(\dfrac{Z_1 + Z_2}{2}, \sqrt{4l^2 - (Z_1 - Z_2)^2} \right)$ 的

分布密度函数为

$$P_6(x,y) = \begin{cases} \dfrac{1 \cdot |y|}{8la \cdot \sqrt{4l^2 - y^2}}, & x \in [-a,a], y \in [-2l, 2l] \\ 0, & \text{其他} \end{cases}$$

（6）

也就是说，在假设 1 成立时，随机向量 (X,Y) 和 (Z_1, Z_2) 已不再服从均匀分布，而是分别服从密度函数为（1）和（2）的分布；在假设 2 成立时，随机向量 (X,Φ) 和 (Z_1, Z_2) 分别服从密度函数为（3）和（4）的分布；在假设 3 成立时，随机向量 (X,Φ) 和 (X,Y) 分别服从密度函数为（5）和（6）的分布.

3. 各种解法的联系

对同一问题，在相同的假设条件下，使用不同的方法求解，所得到的结果应该是一致的. 对 Buffon 问题也不例外，因此，我们断言：

（1）在假设 1 成立的条件下，用随机向量 (X,Y) 或 (Z_1, Z_2) 求解 Buffon 问题，所得到的结果与解法 1 相同；

（2）在假设 2 成立的条件下，用随机向量 (X,Φ) 或 (Z_1, Z_2) 求解 Buffon 问题，所得到的结果与解法 2 相同；

（3）在假设 3 成立的条件下，用随机向量 (X,Φ) 或 (X,Y) 求解 Buffon 问题，所得到的结果与解法 3 相同.

下面只给出断言（1）的证明，其余类似. 为叙述方便，把断言（1）改述成如下两个问题.

问题 1　设随机向量 (X,Φ) 服从 $[0,a]\times[0,\pi]$ 上的均匀分布,并且 $(X,Y)=(X,2l\cos\Phi)(l<a)$,求证

$$P\left(\left(\frac{Y}{2}\right)^2+X^2\leqslant l^2\right)=\frac{2l}{\pi a}$$

证明　由命题 1 可知,随机向量 (X,Y) 的密度函数为式(1).通过积分计算得

$$\begin{aligned}
P\left(\left(\frac{Y}{2}\right)^2+X^2\leqslant l^2\right)&=\iint\limits_{(y/2)^2+x^2\leqslant l^2}P_1(x,y)\mathrm{d}x\mathrm{d}y\\
&=\int_0^l\frac{1}{\pi a}\mathrm{d}x\int_{-2\sqrt{l^2-x^2}}^{2\sqrt{l^2-x^2}}\frac{1}{\sqrt{4l^2-y^2}}\mathrm{d}y\\
&=\frac{2l}{\pi a}
\end{aligned}$$

证毕.

问题 2　设随机向量 (X,Φ) 服从 $[0,a]\times[0,\pi]$ 上的均匀分布,并且 $(Z_1,Z_2)=(X+l\sin\Phi,X-l\sin\Phi)$ $(l<a)$,求证

$$P(Z_1Z_2\leqslant 0)=\frac{2l}{\pi a}$$

证明　由命题 1 可知,随机向量 (Z_1,Z_2) 的密度函数为式(2),通过积分计算得

$$\begin{aligned}
P(Z_1Z_2\leqslant 0)&=\iint\limits_{x_1x_2\leqslant 0}P_2(z_1,z_2)\mathrm{d}z_1\mathrm{d}z_2\\
&=\int_{-2l}^{0}\frac{1}{a\pi}\mathrm{d}z_1\int_0^{2l+z_1}\frac{\mathrm{d}z_2}{\sqrt{4l^2-(z_1-z_2)^2}}+\\
&\quad\int_0^{2l}\frac{1}{a\pi}\mathrm{d}z_1\int_{z_1-2l}^{0}\frac{\mathrm{d}z_2}{\sqrt{4l^2-(z_1-z_2)^2}}\\
&=\frac{2l}{\pi a}
\end{aligned}$$

证毕.

参 考 文 献

［1］ NEUTS M F, PURDUE P. Buffon in the round［J］. Mathematics Magazine, 1971,44(2):81-89.

［2］ 复旦大学. 概率论［M］. 北京:人民教育出版社,1979.

［3］ 姚楠,黄金明. 蒲丰针问题悖论［J］. 军事经济学院学报,1999(2):8-10.

Buffon 投针问题研究[①]

第 5 章

§1 引　言

　　1777 年,法国科学家 Buffon 提出了著名的 Buffon 投针问题:平面上画有等距离 $l(l>0)$ 的平行线,向平面任意投掷一根长为 $a(a<l)$ 的针,则针与平行线相交的概率为 $P=\dfrac{2a}{\pi l}$[1,2]. 而当 $a \geqslant l$ 时,针与平行线相交的概率为

$$P=\frac{\left[2(a-\sqrt{a^2-l^2})+l\left(\pi-2\arcsin\left(\dfrac{a}{l}\right)\right)\right]}{\pi l}^{[2]}$$

这是一个典型的几何模型. 在 Buffon 投针问题中,投掷物针可以看作是一维的线段,而针的落点是一组平行线构成的平面. 文献[3]从不同的角度考查了 Buffon 投针的问题,并指出了其内在联系.

　　① 《摘自集美大学学报(自然科学版)》,2005 年,第 10 卷,第 4 期.

集美大学理学院的黄朝霞教授 2005 年对投掷物的形状分别进行变换,即把投掷物由一维的针推广到二维的凸曲线,三维的正四面体、正六面体,或者把 Buffon 问题中的投掷物用硬币来替代,这就得到更为广泛的 Buffon 问题,并就 $a < l$ 的情形进行了探讨. 其中 $P(a)$ 表示 a 与平行线相交的概率,$P(ab)$ 表示 a,b 同时与平行线相交的概率,其余符号依此类推.

§2 二维空间中的 Buffon 投针问题

1. 把针替换成三角形时的 Buffon 问题

设平面上画有等距离 $l(l > 0)$ 的平行线,向平面上任意投掷一个以 a,b,c 为边长的三角形,且 $a < l, b < l, c < l$ 时,求三角形与平行线相交的概率.

解 (1)当三角形与平行线相交时,有下列 4 种情形:

①三角形只有一个顶点在一条平行线上,即三角形与平行线只有 1 个交点(图 1(a));

②三角形有两条边分别与平行线相交,交点有 2 个(图 1(b));

③三角形的某一个顶点在一条平行线上,其对应边与同一条平行线相交(图 1(c));

④三角形的某一条边与一条平行线重合,此时认为三角形与平行线的交点有无穷多个(图 1(d)).

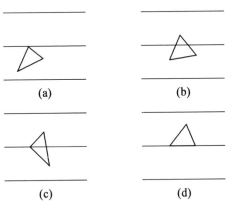

图 1　三角形与平行线相交的情形

（2）由于三角形的三个顶点及三条边所占用的区域的面积为零，在几何概率中，其概率也为零. 因此，三角形与平行线相交的概率在数值上等于三角形中有两条边与平行线相交时的概率，即

$$P_3 = P(ab) + P(bc) + P(ac)$$

（3）考虑三角形中有两条边与平行线相交的情况.

①投掷三角形时，若只考虑三角形的 a 边与平行线是否相交，则 a 与平行线相交的概率仍然符合 Buffon 投针问题，故三角形的 a 边与平行线相交的概率为 $P(a) = \dfrac{2a}{\pi l}$. 同理有 $P(b) = \dfrac{2b}{\pi l}$；$P(c) = \dfrac{2c}{\pi l}$.

②由假设，三角形中有两条边与平行线相交. 所以，当三角形的 a 边与平行线相交时，必然导致 b 边或 c 边与平行线相交，即

$$P(a) = P(ab) + P(ac) \tag{1}$$

同理有

$$P(b) = P(ab) + P(bc) \qquad (2)$$
$$P(c) = P(ac) + P(bc) \qquad (3)$$

式(1) + 式(2) + 式(3),得

$$P(a) + P(b) + P(c) = 2[P(ab) + P(ac) + P(bc)]$$

所以

$$
\begin{aligned}
P_3 &= P(ab) + P(bc) + P(ac) \\
&= \frac{[P(a) + P(b) + P(c)]}{2} \\
&= (a + b + c)/(\pi l)
\end{aligned}
$$

2. 把针替换成四边形时的 Buffon 问题

平面上画有等距离 $l(l > 0)$ 的平行线,向平面上任意投掷一个以 a,b,c,d 为边长的四边形,此四边形的两条对角线分别为 e,f 且设 a,b,c,d,e,f 均小于 l,求此四边形与平行线相交的概率.

解 (1)和三角形与平行线相交的讨论相似,四边形与平行线相交有 5 种情形:

①四边形只有一个顶点在一条平行线上(1 个交点)(图 2(a));

②四边形有两条边分别与平行线相交(2 个交点)(图 2(b));

③平行线过四边形的对角线(2 个交点)(图 2(c));

④四边形的某一顶点恰好在平行线上,其对应的某一边与同一条平行线相交(2 个交点)(图 2(d));

⑤四边形的某一条边与平行线重合(无穷多个交点)(图 2(e)).

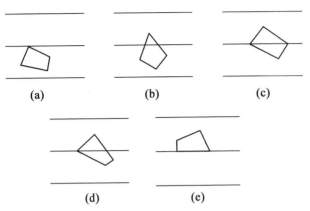

图 2　四边形与平行线相交的情形

　　因为四边形的四个顶点及四条边所占用的区域的面积为零,在几何概率中,其概率也为零. 因此,四边形与平行线相交的概率在数值上等于四边形中有两条边与平行线相交的概率, 即 $P_4 = P(ab) + P(ac) + P(ad) + P(bc) + P(bd) + P(cd)$.

　　(2)对四边形的每一条边进行单独考虑,并假设四边形与平行线相交时,四边形有两条边与平行线相交. 由 Buffon 投针问题可得

$$P(a) = \frac{2a}{\pi l} = P(ab) + P(ac) + P(ad) \qquad (4)$$

$$P(b) = \frac{2b}{\pi l} = P(ab) + P(bc) + P(bd) \qquad (5)$$

$$P(c) = \frac{2c}{\pi l} = P(ac) + P(bc) + P(cd) \qquad (6)$$

$$P(d) = \frac{2d}{\pi l} = P(ad) + P(bd) + P(cd) \qquad (7)$$

式(4) + 式(5) + 式(6) + 式(7),得

$$P_4 = P(ab) + P(ac) + P(ad) + P(bc) + P(bd) + P(cd)$$

$$= \frac{a+b+c+d}{\pi l}$$

3. 把针替换成硬币时的 Buffon 问题

平面上画有等距离 $l(l>0)$ 的平行线,向平面上任意投掷一个半径为 $r\left(r<\dfrac{l}{2}\right)$ 的硬币时,求硬币与平行线相交的概率.

解 硬币是否与平行线相交,由硬币的圆心到离它最近的平行线的距离 R 是否小于 r 来决定,当 $R>r$ 时,硬币与平行线不相交;当 $R\leqslant r$ 时,硬币与平行线相交. 而硬币的圆心到最近的一条平行线的距离在 0 到 $\dfrac{l}{2}$ 之间变化,设 $\varOmega=\left\{R\,\middle|\,0\leqslant R\leqslant\dfrac{l}{2}\right\}$, $G=\{R\,|\,0\leqslant R\leqslant r\}$,则由几何概率公式得硬币与平行线相交的概率 $P_0=\dfrac{m(G)}{m(\varOmega)}=\dfrac{r}{\dfrac{l}{2}}=\dfrac{2r}{l}$. 因此,以 $r\left(r<\dfrac{l}{2}\right)$ 为半径的硬币与间距为 l 的平行线相交的概率为 $P_0=\dfrac{2r}{l}$.

4. 主要结论

在 Buffon 投针问题中,如果把一维的针想象成二维的"针条",针条的长为 a,宽为 ε,且 ε 足够小,即 $\varepsilon\to0$,根据前面讨论的四边形与平行线相交的概率公式,可得针条与平行线相交的概率为 $P_1=\dfrac{2a+2\varepsilon}{\pi l}$. 若以 c_1 表示针条的周长,则 $c_1=2a+2\varepsilon$. 因为 $\varepsilon\to0$,所以 $c_1\to2a$,从而 $P_1=\dfrac{2a+2\varepsilon}{\pi l}\to\dfrac{2a}{\pi l}$.

可以看出,这一结果与 Buffon 投针问题所得的结果是相同的. 同样的方法,在考虑一个以 a,b,c 为边长

的三角形或一个以 a,b,c,d 为边长的四边形与间距为 l 的平行线相交的概率时,如果假设三角形和四边形的周长分别为 c_3 和 c_4,那么 $c_3 = a + b + c, c_4 = a + b + c + d$,其概率结果可以改写成

$$P_3 = \frac{a + b + c}{\pi l} = \frac{c_3}{\pi l}, P_4 = \frac{a + b + c + d}{\pi l} = \frac{c_4}{\pi l}$$

在考虑一个以 $r\left(r < \dfrac{l}{2}\right)$ 为半径的硬币与平面上画有间距为 l 的平行线相交的概率时,假设硬币的周长为 c, $c = 2\pi r$,则其概率结果可以改写成:$P_0 = \dfrac{2r}{l} = \dfrac{2\pi r}{\pi l} = \dfrac{c}{\pi l}$.

从上面的结果发现,它们的形式是一样的,都是周长除以 πl 的形式,笔者从中得到启发:在 Buffon 问题中,对投掷一个一般的凸多边形来说,它与平行线相交的概率可能与这个凸多边形的周长密切相关. 结合上面的讨论得到如下结论:

定理 1　平面上画有等距离 $l(l > 0)$ 的平行线,向平面上任意投掷一个以 $a_1, a_2, \cdots, a_n (n \geqslant 3)$ 为边长的凸 n 边形,且要求此凸 n 边形的边长和对角线均小于 l,则凸 n 边形与平行线相交的概率为

$$P_n = \frac{a_1 + a_2 + a_3 + \cdots + a_n}{\pi l} = \frac{周长}{\pi l}$$

证明　若凸 n 边形与平行线相交,则有 5 种情形:

(1)凸 n 边形只有某一顶点在一条平行线上,即与平行线的交点只有 1 个;

(2)凸 n 边形有两条边分别与平行线相交,与平行线的交点有 2 个;

(3)平行线过凸 n 边形的某一条对角线(2 个交点);

（4）凸 n 边形的某一顶点恰好在平行线上，其对应的某一边与平行线相交（2 个交点）；

（5）凸 n 边形的某一条边与一条平行线重合，交点为无穷多个.

但在第一种和第三、四、五种情形下，它占用区域的面积是零，在几何概率中，其概率也为零. 因此，凸 n 边形与平行线相交的概率在数值上等于凸 n 边形中有两条边与平行线相交时的概率，即

$$P_n = \sum_{i<j} p(a_i a_j), i = 1,2,3,\cdots,n$$

它是 C_n^2 项的累加.

若对凸 n 边形的每一条边进行单独考虑，则它与平行线相交的概率仍然满足 Buffon 投针问题，即

$$P(a_i) = \frac{2a_i}{\pi l}, i = 1,2,\cdots,n$$

而一旦 a_i 与平行线相交，必然导致凸 n 边形的另一边 $a_j(j\neq i)$ 也与平行线相交，即有

$$P(a_i) = \sum_{\substack{j=1\\j\neq i}}^{n} P(a_i a_j), i = 1,2,\cdots,n$$

则

$$\sum_{i=1}^{n} P(a_i) = \sum_{i=1}^{n} \sum_{\substack{j=1\\j\neq i}}^{n} P(a_i a_j) = 2\sum_{i<j} P(a_i a_j)$$

所以

$$P_n = \sum_{i<j} P(a_i a_j) = \frac{1}{2}\sum_{i=1}^{n} P(a_i) = \sum_{i=1}^{n} \frac{a_i}{\pi l} = \frac{周长}{\pi l}$$

5. 当投掷物是一般的平面凸曲线时的 Buffon 问题

平面内任何一个凸曲线，都可以由一列凸多边形来逼近（当凸多边形的边数趋于无穷大时），在这列凸

多边形中取极限的过程,就可得到凸曲线.例如,圆可以由正 n 边形来逼近($n \to \infty$).因此,可以不加证明地指出:平面凸曲线的 Buffon 问题与凸多边形的 Buffon 问题有相同的结果,也就是说,平面上画有等距离 $l(l>0)$ 的平行线,向平面内任意投掷一个直径为 $d(d<l)$ 的二维凸曲线,设凸曲线周长为 c,则凸曲线与平行线相交的概率为 $P = \dfrac{c}{\pi l}$.

§3　Buffon 投针问题在三维空间中的初步推广

1. 把针替换成正四面体时的 Buffon 问题

平面上画有等距离 $l(l>0)$ 的平行线,向平面上任意投掷一个以 a 为棱长的正四面体,且 $a<l$.求正四面体与平行线相交的概率.

投掷一个正四面体,落到由平行线构成的平面上时,总有且只有一个面与之接触.又因为正四面体的四个面是全等的等边三角形,因此不管是正四面体的哪一个面与平面接触,正四面体与平行线相交的概率在数值上等于正四面体的任一个面与平行线相交的概率.由前面的讨论知,在 Buffon 问题中,以 a 为边长的等边三角形与平行线相交的概率为 $P_3 = \dfrac{3a}{\pi l}$.因此,

$$P_{正4} = P_3 = \frac{3a}{\pi l} = \frac{6a}{2\pi l} = \frac{\text{正四面体的棱长}}{2\pi l}.$$

2. 把针替换成正方体时的 Buffon 问题

平面上画有等距离 $l(l>0)$ 的平行线,向平面上任

意投掷一个以 a 为棱长的正方体,且 $a < \dfrac{\sqrt{2}l}{2}$. 求正方体与平行线相交的概率.

投掷正方体时,正方体与平行线构成的平面接触的总是正方体的某一个面,而正方体的每一个面均是全等的正方形,因此不管是正方体的哪一个面与平面接触,正方体与平行线相交的概率在数值上等于正方体的任一个面与平行线相交的概率. 由前面的讨论知,以 a 为边长的正方形与平行线相交的概率为 $P_4 = \dfrac{4a}{\pi l}$,

因此 $P_{正6} = P_4 = \dfrac{4a}{\pi l} = \dfrac{12a}{3\pi l} = \dfrac{\text{正方体的棱长}}{3\pi l}$.

参 考 文 献

[1] 缪铨生. 概率与数理统计[M]. 上海:华东师范大学出版社,1989.

[2] 张顺燕. 数学的思想、方法和应用[M]. 北京:北京大学出版社, 1997.

[3] 姚楠,黄金明. 蒲丰针问题不同结果及其内在联系[J]. 常德师范学院学报(自然科学版),1999,11(3):1-3.

平行四边形的弦长分布[①]

1.引言及基本定义

弦长分布函数在许多研究领域都有广泛的应用,如在化学领域,徐耀等人应用弦长分布函数来研究中孔分子筛的精细结构[1];在建筑领域,依据弦长分布函数,提出了水泥基复合材料邻近集料间浆体厚度分布的定量估计方法[2];在反应堆物理学中弦长分布函数也是一个很重要的工具. 关于弦长分布函数,在 20 世纪 80 年代 Stoyan,Serra 和 Cabo 等人开始了相关研究,在这方面,Gille 也做了大量卓有成效的研究.1988 年 Gille 得到了矩形的弦长分布函数[3];2009 年 Gille 的学生 Ohanyan 计算出了正多边形域的弦长分布函数[4];2011 年李德宜等人从积分几何的角度出发也得到了矩形域的弦长分布函数[5].本章将给出平行四边形域弦长分布函数的解析式.

① 摘自《数学杂志》,2013 年,第 33 卷,第 4 期.

设 K 为平面上具有非空内部的紧凸集，G 为直线，用 $\lambda_i(E)$ 表示点集 E 的 i 维测度，σ 为 G 与 K 相交时截得的弦长. 当 G 仅与 ∂K 相交时（包括 $G \cap \partial K$ 为线段），约定 $\sigma = 0$. $G = G(p, \varphi)$ 为平面中的直线，其广义法式方程[6]为 $x\cos\varphi + y\sin\varphi - p = 0$，$(p, \varphi)$ 为直线 G 的广义法式坐标.

定义 1 设 K 为平面上具有非空内部的紧凸集，直线 G 的广义法式坐标为 (p, φ). 对任意给定的 $\sigma \geq 0$，称 $p(\sigma, \varphi) = \sup\limits_{G}\{p : G \cap \operatorname{int} K = \sigma\}$ 为凸域 K 的广义支撑函数[6,7].

定义 2 以 $\sigma_M(\varphi)$ 表示垂直于 φ 方向的直线 G 与凸域 K 相交截得的弦长的最大值，即

$$\sigma_M(\varphi) = \sup\limits_{G}\{\sigma : \sigma = \lambda_i[G(p, \varphi) \cap \operatorname{int} K]\}$$

对任意给定的 $l(l \geq 0)$ 及 $\varphi(0 \leq \varphi \leq 2\pi)$，令 $r(l, \varphi) = \min\{l, \sigma_M(\varphi)\}$，称二元函数 $r(l, \varphi)$ 为凸域 K 的限弦函数[6,7].

2. 凸体的弦长分布函数

定义 3 K 为平面凸体，G 为与 K 相交的随机直线，截得的弦长为 σ，弦长分布函数[8] $F(y)$ 定义为

$$F(y) = \frac{\displaystyle\int_{\substack{G \cap K \neq \varnothing \\ (\sigma \leq y)}} \mathrm{d}G}{\displaystyle\int_{G \cap K \neq \varnothing} \mathrm{d}G}$$

引理 1 设 K 为周长等于 L 的凸体，G 为随机直线，则有 $\displaystyle\int_{G \cap K \neq \varnothing} \mathrm{d}G = L$.

根据定义 3 和引理 1 可以得到下述结论：

引理 2　设 K 为周长等于 L 的平面凸体，它的限弦函数和广义支撑函数分别为 $r(L,\varphi)$ 和 $p(\sigma,\varphi)$，若 K 的边界没有平行边，则有 $F(y) = \dfrac{1}{L} \displaystyle\int_{\substack{G \cap K \neq \varnothing \\ (\sigma \leq y)}} \mathrm{d}G.$

3. 平行四边形的弦长分布函数

对于没有平行边的凸体，由引理 1 即可求得它的弦长分布函数，而对于含有平行边的凸体，则需要单独计算 φ 且能取得最大弦长的所有弦.

设平面上一平行四边形的两邻边长分别是 a, b，其夹角为 θ，不妨设 $a > b, 0 \leq \theta \leq \dfrac{\pi}{2}$. 为了便于后面计算积分上、下限，不妨假设 $0 \leq h_1 \leq b \leq h_2 \leq a \leq d_1 \leq d_2$，其中 h_1, h_2 为两边的高，d_1, d_2 为两对角线. 如图 1 建立坐标系，由对称性，可以仅考虑 $-\dfrac{\pi}{2} \leq \varphi \leq \dfrac{\pi}{2}$ 的情形.

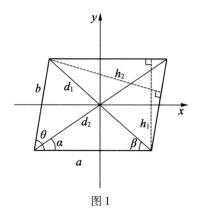

图 1

平行四边形的限弦函数为

$$r(l,\varphi) = \begin{cases} l, 0 \leq l \leq h_1, -\dfrac{\pi}{2} \leq \varphi \leq \dfrac{\pi}{2} \\[2mm] l, 0 \leq h_1 \leq b, -\dfrac{\pi}{2} \leq -\arccos\dfrac{h_1}{l}, \\[2mm] \qquad -\arccos\dfrac{h_1}{l} \leq \varphi \leq \dfrac{\pi}{2} \\[2mm] \dfrac{h_1}{\cos\varphi}, 0 \leq h_1 \leq b, -\arccos\dfrac{h_1}{l} \leq \varphi \leq \arccos\dfrac{h_1}{l} \\[2mm] l, b \leq l \leq h_2, -\dfrac{\pi}{2} \leq \varphi \leq -\arccos\dfrac{h_1}{l}, \\[2mm] \qquad -\arccos\dfrac{h_1}{l} \leq \varphi \leq \dfrac{\pi}{2} \\[2mm] \dfrac{h_1}{\cos\varphi}, b \leq l \leq h_2, -\arccos\dfrac{h_1}{l} \leq \varphi \leq \arccos\dfrac{h_1}{l} \\[2mm] l, h_2 \leq l \leq a, -\dfrac{\pi}{2} \leq \varphi \leq -\arccos\dfrac{h_1}{l}, \\[2mm] \qquad -\arccos\dfrac{h_1}{l} \leq \varphi \leq \theta - \arccos\dfrac{h_2}{l}, \\[2mm] \qquad \theta + \arccos\dfrac{h_2}{l} \leq \varphi \leq \dfrac{\pi}{2} \\[2mm] \dfrac{h_1}{\cos\varphi}, h_2 \leq l \leq a, -\arccos\dfrac{h_1}{l} \leq \varphi \leq \arccos\dfrac{h_1}{l} \\[2mm] \dfrac{h_1}{\cos(\varphi-\theta)}, h_2 \leq l \leq a, \theta - \arccos\dfrac{h_2}{l} \leq \\[2mm] \qquad \varphi \leq \theta + \arccos\dfrac{h_2}{l} \\[2mm] l, a \leq l \leq d_1, \arccos\dfrac{h_2}{l} + \theta - \pi \leq \varphi \leq -\arccos\dfrac{h_1}{l}, \\[2mm] \qquad \arccos\dfrac{h_1}{l} \leq \varphi \leq \theta - \arccos\dfrac{h_2}{l} \\[2mm] \dfrac{-h_2}{\cos(\varphi-\theta)}, a \leq l \leq d_1, -\dfrac{\pi}{2} \leq \varphi \leq \arccos\dfrac{h_2}{l} + \theta - \pi \end{cases}$$

$$r(l,\varphi)=\begin{cases}\dfrac{h_1}{\cos\varphi},a\leqslant l\leqslant d_1,\ -\arccos\dfrac{h_1}{l}\leqslant\varphi\leqslant\arccos\dfrac{h_1}{l}\\[3mm]\dfrac{h_2}{\cos(\varphi-\theta)},a\leqslant l\leqslant d_1,\theta-\arccos\dfrac{h_2}{l}\leqslant\varphi\leqslant\dfrac{\pi}{2}\\[3mm]l,d_1\leqslant d_2,\arccos\dfrac{h_2}{l}+\theta-\pi\leqslant\varphi\leqslant-\arccos\dfrac{h_1}{l}\\[3mm]\dfrac{-h_2}{\cos(\varphi-\theta)},d_1\leqslant d_2,-\dfrac{\pi}{2}\leqslant\varphi\leqslant\arccos\dfrac{h_2}{l}+\theta-\pi\\[3mm]\dfrac{h_1}{\cos\varphi},d_1\leqslant d_2,-\arccos\dfrac{h_1}{l}\leqslant\varphi\leqslant\dfrac{\pi}{2}-\beta\\[3mm]\dfrac{h_2}{\cos(\varphi-\theta)},d_1\leqslant d_2,\dfrac{\pi}{2}-\beta\leqslant\varphi\leqslant\dfrac{\pi}{2}\end{cases}$$

平行四边形的最大弦长函数为

$$\sigma_M(\varphi)=\begin{cases}\dfrac{h_2}{\cos(\varphi-\theta)},\ -\dfrac{\pi}{2}\leqslant\varphi\leqslant-\dfrac{\pi}{2}+\alpha\\[3mm]\dfrac{h_1}{\cos\varphi},\ -\dfrac{\pi}{2}+\alpha\leqslant\varphi\leqslant\dfrac{\pi}{2}-\beta\\[3mm]\dfrac{h_2}{\cos(\varphi-\theta)},\dfrac{\pi}{2}-\beta\leqslant\varphi\leqslant\dfrac{\pi}{2}\end{cases}$$

平行四边形的广义支撑函数[9] 为

$P(\sigma,\varphi)$

$$=\begin{cases}-\dfrac{b}{2}\cos(\theta-\varphi)+\dfrac{a}{2}\cos\varphi+\sigma\dfrac{\cos\varphi\cos(\theta-\varphi)}{\sin\theta}=p_1,\\[3mm]-\dfrac{\pi}{2}\leqslant\varphi\leqslant-\dfrac{\pi}{2}+\theta\\[3mm]\dfrac{b}{2}\cos(\theta-\varphi)+\dfrac{a}{2}\cos\varphi-\sigma\dfrac{\cos\varphi\cos(\theta-\varphi)}{\sin\theta}=p_2,\\[3mm]-\dfrac{\pi}{2}+\theta\leqslant\varphi\leqslant\dfrac{\pi}{2}\end{cases}$$

121

求平行四边形的弦长分布函数主要是求出积分

$$\int_{G\cap K\neq\varnothing,\,(\sigma\leq y)} \mathrm{d}G,$$ 其分区间计算如下:

设 $\varphi_1 = \arccos\dfrac{h_1}{y}, \varphi_2 = \arccos\dfrac{h_2}{y}.$ 当 $0 \leqslant y \leqslant h_1$ 时,

有

$$
\begin{aligned}
I_1 &= \int_{-\frac{\pi}{2}}^{\frac{\pi}{2}} \mathrm{d}\varphi \int_y^0 \frac{\partial p}{\partial\sigma}\mathrm{d}\sigma \\
&= \int_{-\frac{\pi}{2}}^{-\frac{\pi}{2}+\theta} \mathrm{d}\varphi \int_y^0 \frac{\partial p_1}{\partial\sigma}\mathrm{d}\sigma + \int_{-\frac{\pi}{2}+\theta}^{\frac{\pi}{2}} \mathrm{d}\varphi \int_y^0 \frac{\partial p_2}{\partial\sigma}\mathrm{d}\sigma \\
&= \frac{y}{\sin\theta}\Big(\frac{\pi}{2}\cos\theta + \sin\theta - \theta\cos\theta\Big)
\end{aligned}
$$

当 $h_1 \leqslant y \leqslant b$ 时,有

$$
\begin{aligned}
I_2 &= \int_{-\frac{\pi}{2}}^{-\frac{\pi}{2}+\theta} \mathrm{d}\varphi \int_y^0 \frac{\partial p_1}{\partial\sigma}\mathrm{d}\sigma + \int_{-\frac{\pi}{2}+\theta}^{-\varphi_1} \mathrm{d}\varphi \int_y^0 \frac{\partial p_2}{\partial\sigma}\mathrm{d}\sigma + \\
&\quad \int_{\varphi_1}^{\frac{\pi}{2}} \mathrm{d}\varphi \int_y^0 \frac{\partial p_2}{\partial\sigma}\mathrm{d}\sigma + \int_{-\varphi_1}^{\varphi_1} \mathrm{d}\varphi \int_{\frac{h_1}{\cos\varphi}}^0 \frac{\partial p_2}{\partial\sigma}\mathrm{d}\sigma + \\
&\quad \int_{-\varphi_1}^{\varphi_1} p_2\Big(\frac{h_1}{\cos\varphi},\varphi\Big)\mathrm{d}\sigma \\
&= \frac{y}{\sin\varphi}\big(\sin\theta - \theta\cos\theta - \varphi_1\cos\theta + \\
&\quad \frac{\pi}{2}\cos\theta - \frac{\sin 2\varphi_1}{2}\cos\theta + a\sin\varphi_1\big)
\end{aligned}
$$

当 $b \leqslant y \leqslant h_2$ 时,有

$$
\begin{aligned}
I_3 &= \int_{-\frac{\pi}{2}}^{-\varphi_1} \mathrm{d}\varphi \int_y^0 \frac{\partial p_1}{\partial\sigma}\mathrm{d}\sigma + \int_{\varphi_1}^{\frac{\pi}{2}} \mathrm{d}\varphi \int_y^0 \frac{\partial p_2}{\partial\sigma}\mathrm{d}\sigma + \\
&\quad \int_{-\varphi_1}^{-\frac{\pi}{2}+\theta} \mathrm{d}\varphi \int_{\frac{h_1}{\cos\varphi}}^0 \frac{\partial p_1}{\partial\sigma}\mathrm{d}\sigma + \int_{-\frac{\pi}{2}+\theta}^{\varphi_1} \mathrm{d}\varphi \int_{\frac{h_1}{\cos\varphi}}^0 \frac{\partial p_2}{\partial\sigma}\mathrm{d}\sigma +
\end{aligned}
$$

$$\int_{-\varphi_1}^{-\frac{\pi}{2}+\theta} p_1\left(\frac{h_1}{\cos\varphi},\varphi\right)\mathrm{d}\varphi + \int_{-\frac{\pi}{2}+\theta}^{\varphi_1} p_2\left(\frac{h_1}{\cos\varphi},\varphi\right)\mathrm{d}\varphi$$

$$= \frac{y}{\sin\theta}\left(\frac{\sin\theta}{2}\cos 2\varphi_1 + \frac{\sin\theta}{2}\right) +$$

$$b(1-\sin\theta\cos\varphi_1) + a\sin\varphi_1$$

当 $h_2 \leqslant y \leqslant 1$ 时,有

$$I_4 = \int_{-\frac{\pi}{2}}^{-\varphi_1}\mathrm{d}\varphi\int_y^0\frac{\partial p_1}{\partial\sigma}\mathrm{d}\sigma + \int_{\varphi_1}^{\theta-\varphi_1}\mathrm{d}\varphi\int_y^0\frac{\partial p_2}{\partial\sigma}\mathrm{d}\sigma + \int_{\theta+\varphi_2}^{\frac{\pi}{2}}\mathrm{d}\varphi\int_y^0\frac{\partial p_2}{\partial\sigma}\mathrm{d}\sigma +$$

$$\int_{-\varphi_1}^{-\frac{\pi}{2}+\theta}\mathrm{d}\varphi\int_{\frac{h_1}{\cos\varphi}}^0\frac{\partial p_1}{\partial\sigma}\mathrm{d}\sigma + \int_{-\frac{\pi}{2}+\theta}^{\varphi_1}\mathrm{d}\varphi\int_{\frac{h_1}{\cos\varphi}}^0\frac{\partial p_2}{\partial\sigma}\mathrm{d}\sigma +$$

$$\int_{\theta-\varphi_2}^{\theta+\varphi_2}\mathrm{d}\varphi\int_{\frac{h_1}{\cos\varphi}}^0\frac{\partial p_2}{\partial\sigma}\mathrm{d}\sigma + \int_{-\varphi_1}^{-\frac{\pi}{2}+\theta}p_1\left(\frac{h_1}{\cos\varphi},\varphi\right)\mathrm{d}\varphi +$$

$$\int_{-\frac{\pi}{2}+\theta}^{\varphi_1}p_2\left(\frac{h_1}{\cos\varphi},\varphi\right)\mathrm{d}\varphi + \int_{\theta-\varphi_2}^{\theta+\varphi_2}p_2\left(\frac{h_1}{\cos\varphi},\varphi\right)\mathrm{d}\varphi +$$

$$\int_{-\varphi_1}^{-\frac{\pi}{2}+\theta}p_1\left(\frac{h_1}{\cos\varphi},\varphi\right)\mathrm{d}\varphi + \int_{-\frac{\pi}{2}+\theta}^{\varphi_1}p_2\left(\frac{h_1}{\cos\varphi},\varphi\right)\mathrm{d}\varphi$$

$$= \frac{y}{\sin\theta}\left(\frac{\sin\theta\cos 2\varphi_1}{2} - \frac{\sin 2\varphi_2\cos 2\theta}{2} - \varphi_2\cos\theta + \frac{\sin\theta}{2}\right) +$$

$$b(1+\sin\varphi_2 - \sin\theta\cos\varphi_1) + a(\sin\varphi_1 + \sin\varphi_2\cos\theta)$$

当 $a \leqslant y \leqslant d_1$ 时,有

$$I_5 = \int_{\varphi_2+\theta-\pi}^{-\varphi_1}\mathrm{d}\varphi\int_y^0\frac{\partial p_1}{\partial\sigma}\mathrm{d}\sigma + \int_{\varphi_1}^{\theta-\varphi_2}\mathrm{d}\varphi\int_y^0\frac{\partial p_2}{\partial\sigma}\mathrm{d}\sigma +$$

$$\int_{-\frac{\pi}{2}}^{\varphi_2+\theta-\pi}\mathrm{d}\varphi\int_{\frac{-h_2}{\cos(\varphi-\theta)}}^0\frac{\partial p_1}{\partial\sigma}\mathrm{d}\sigma + \int_{-\varphi_1}^{-\frac{\pi}{2}+\theta}\mathrm{d}\varphi\int_{\frac{h_1}{\cos\varphi}}^0\frac{\partial p_1}{\partial\sigma}\mathrm{d}\sigma +$$

$$\int_{-\frac{\pi}{2}+\theta}^{\varphi_1}\mathrm{d}\varphi\int_{\frac{h_1}{\cos\varphi}}^0\frac{\partial p_2}{\partial\sigma}\mathrm{d}\sigma + \int_{\theta-\varphi_2}^{\frac{\pi}{2}}\mathrm{d}\varphi\int_{\frac{h_2}{\cos(\varphi-\theta)}}^0\frac{\partial p_2}{\partial\sigma}\mathrm{d}\sigma +$$

$$\int_{-\frac{\pi}{2}}^{\varphi_2+\theta-\pi}p_1\left(\frac{-h_2}{\cos(\varphi-\theta)},\varphi\right)\mathrm{d}\varphi +$$

$$\int_{-\varphi_1}^{-\frac{\pi}{2}+\theta} p_1\left(\frac{h_1}{\cos\varphi},\varphi\right)\mathrm{d}\varphi + \int_{-\frac{\pi}{2}+\theta}^{\varphi_1} p_2\left(\frac{h_1}{\cos\varphi},\varphi\right)\mathrm{d}\varphi +$$

$$\int_{\theta-\varphi_2}^{\frac{\pi}{2}} p_2\left(\frac{h_2}{\cos(\varphi-\theta)},\varphi\right)\mathrm{d}\varphi$$

$$= \frac{y}{\sin\theta}\left(\frac{\sin\theta\cos2\varphi_2}{2} - \frac{\sin\theta\cos2\varphi_1}{2} - \frac{2\theta-\pi}{2}\cos\theta\right) +$$

$$b(\sin\varphi_2 + 1 - \sin\theta\cos\varphi_1) +$$

$$a(\sin\varphi_1 + 1 - \sin\theta\cos\varphi_2)$$

当 $d_1 \leqslant y \leqslant d_2$ 时,有

$$I_6 = \int_{\varphi_2+\theta-\pi}^{-\varphi_1}\mathrm{d}\varphi\int_{y}^{0}\frac{\partial p_1}{\partial\sigma}\mathrm{d}\sigma + \int_{-\frac{\pi}{2}}^{\varphi_2+\theta-\pi}\mathrm{d}\varphi\int_{\frac{-h_2}{\cos(\varphi-\theta)}}^{0}\frac{\partial p_1}{\partial\sigma}\mathrm{d}\sigma +$$

$$\int_{\varphi_1}^{\frac{\pi}{2}+\theta}\mathrm{d}\varphi\int_{\frac{h_1}{\cos\varphi}}^{0}\frac{\partial p_1}{\partial\sigma}\mathrm{d}\sigma + \int_{-\frac{\pi}{2}+\theta}^{\frac{\pi}{2}-\beta}\mathrm{d}\varphi\int_{\frac{h_1}{\cos(\varphi-\theta)}}^{0}\frac{\partial p_2}{\partial\sigma}\mathrm{d}\sigma +$$

$$\int_{\frac{\pi}{2}-\beta}^{\frac{\pi}{2}}\mathrm{d}\varphi\int_{\frac{h_2}{\cos(\varphi-\theta)}}^{0}\frac{\partial p_2}{\partial\sigma}\mathrm{d}\sigma +$$

$$\int_{-\frac{\pi}{2}}^{\varphi_2+\theta-\pi} p_1\left(\frac{-h_2}{\cos(\varphi-\theta)},\varphi\right)\mathrm{d}\varphi + \int_{-\varphi_1}^{-\frac{\pi}{2}+\theta} p_1\left(\frac{h_1}{\cos\varphi},\varphi\right)\mathrm{d}\varphi +$$

$$\int_{-\frac{\pi}{2}+\theta}^{\frac{\pi}{2}-\beta} p_2\left(\frac{h_1}{\cos\varphi},\varphi\right)\mathrm{d}\varphi + \int_{\frac{\pi}{2}-\beta}^{\frac{\pi}{2}} p_2\left(\frac{h_2}{\cos(\varphi-\theta)},\varphi\right)\mathrm{d}\varphi$$

$$= \frac{y}{\sin\theta}\left(\frac{\sin(\theta+2\varphi_1)}{4} - \frac{\varphi_1+\varphi_2+\theta-\pi}{2}\cos\theta - \frac{\sin(\theta+2\varphi_1)}{4}\right) +$$

$$\frac{b}{2}(2+\sin\varphi_2 - \sin(\varphi_1+\theta)) + \frac{a}{2}(2+\sin\varphi_1 - \sin(\varphi_2+\theta))$$

这样我们就得到平行四边形的弦长分布函数是

$$F(y) = \begin{cases} 0, y \leq 0 \\ \dfrac{I_1}{a+b}, 0 \leq y \leq h_1 \\ \dfrac{I_2}{a+b}, h_1 \leq y \leq b \\ \dfrac{I_3}{a+b}, b \leq y \leq h_2 \\ \dfrac{I_4}{a+b}, h_2 \leq y \leq a \\ \dfrac{I_5}{a+b}, a \leq y \leq d_1 \\ \dfrac{I_6}{a+b}, d_1 \leq y \leq d_2 \\ 1, d_2 \leq y \end{cases}$$

4. 结论

定理 1　设平面上任一平行四边形的两邻边长分别为 a,b 且 $a \geq b$,其夹角 $\theta \in \left[0, \dfrac{\pi}{2}\right]$,我们可以把这样的平行四边形分为如下五类

A. $0 \leq h_1 \leq b \leq h_2 \leq a \leq d_1 \leq d_2$

B. $0 \leq h_1 \leq b \leq h_2 \leq d_1 \leq a \leq d_2$

C. $0 \leq h_1 \leq h_2 \leq b \leq a \leq d_1 \leq d_2$

D. $0 \leq h_1 \leq h_2 \leq b \leq d_1 \leq a \leq d_2$

E. $0 \leq h_1 \leq h_2 \leq d_1 \leq b \leq a \leq d_2$

就 A 类而言它的弦长分布函数为

$$F(y) = \begin{cases} 0, y \leqslant 0 \\ \dfrac{I_1}{a+b}, 0 \leqslant y \leqslant h_1 \\ \dfrac{I_2}{a+b}, h_1 \leqslant y \leqslant b \\ \dfrac{I_3}{a+b}, b \leqslant y \leqslant h_2 \\ \dfrac{I_4}{a+b}, h_2 \leqslant y \leqslant a \\ \dfrac{I_5}{a+b}, a \leqslant y \leqslant d_1 \\ \dfrac{I_6}{a+b}, d_1 \leqslant y \leqslant d_2 \\ 1, d_2 \leqslant y \end{cases}$$

其他类型的平行四边形也可照此方法得出其弦长分布函数.

推论[5]　边长为 a 和 $b(b<a)$ 的矩形的弦长分布函数 $F(y)$ 为

$$F(y) = \begin{cases} 0, y \leqslant 0 \\ \dfrac{y}{a+b}, 0 \leqslant y \leqslant b \\ \dfrac{b}{a+b} + \dfrac{a\sqrt{y^2-b^2}}{(a+b)y}, b \leqslant y \leqslant a \\ 1 - \dfrac{y}{a+b} + \dfrac{a\sqrt{y^2-b^2}+b\sqrt{y^2-a^2}}{(a+b)y}, a \leqslant y \leqslant \sqrt{a^2+b^2} \\ 1, d_1 \leqslant y \leqslant \sqrt{a^2+b^2} \end{cases}$$

参 考 文 献

［1］　徐耀,吴东,孙予军,等.应用弦长度分布函数研究中孔分子筛的

精细结构[J].化学学报,2007,65(16):1533-1538.

[2]　陈惠苏,孙伟.水泥基复合材料浆体厚度分布的定量表达[J].硅酸盐学报,2007,12(3):207-217.

[3]　GILLE W. The chord length distribution of parallelpipeds with their limiting cases[J]. Exp. Techn. Phys. ,1988,36:197-208.

[4]　OHANYAN V K, AHARONYAN N G. Tomography of bounded convex domains[J]. International Journal of Mathematical Science Education, 2009,2(1):1-12.

[5]　李德宜,杨佩佩,李婷.矩形的弦长分布[J].武汉科技大学学报,2011,34(5):381-383.

[6]　任德麟.积分几何引论[M].上海:上海科学技术出版社,1988.

[7]　REN D L. Topics in integral geometry[M]. Singapore:World Scientific,1994.

[8]　SANTALO L A.积分几何与几何概率[M].吴大任,译.天津:南开大学出版社,1991.

[9]　赵静,李德宜,王现.美凸域内弦的平均长度[J].数学杂志,2007,27(3):291-294.

[10]　黎荣泽,张高勇.某些凸多边形内定长线段的运动测度公式及其在几何概率中的应用[J].武汉钢铁学院学报,1984,1(1):106-113.

平面上的运动群和运动密度

1. 平面上的运动群

我们曾经要求平面上的点密度和线密度在运动群下不变. 这个运动群以后用 $\mathfrak{M}$ 表示. 现在, 我们要具体地讨论这个群 $\mathfrak{M}$.

设在欧氏平面上建立了直角坐标系. 一个运动是一个变换 $u, P(x,y) \to P'(x',y')$, 它用方程组

$$\begin{cases} x' = x\cos\phi - y\sin\phi + a \\ y' = x\sin\phi + y\cos\phi + b \end{cases} \quad (1)$$

表示, 其中 a, b, ϕ 是参数, 它们的范围依次是

$$-\infty < a < \infty, \ -\infty < b < \infty, 0 \leqslant \phi \leqslant 2\pi \quad (2)$$

若 K 为一个点集而 $K' = uK$ 为在 u 下 K 的象, 我们就说, K 和 K' 全等①.

容易给出参数 a, b, ϕ 的几何意义. 设 $(O; x, y)$ 表示原点 O 和 x 轴、y 轴所构

---

① 在这里, 运动不包括对平面上一条直线的反射. 因而全等不包括一般"对称".

成的直角标架(图 1). 假定经过运动 $\boldsymbol{u}$，标架 $(O;x,y)$ 的象是标架 $(O';x',y')$，则 a,b 为 O' 在 $(O;x,y)$ 里的坐标，而 ϕ 为从 x 轴到 x' 轴的角.

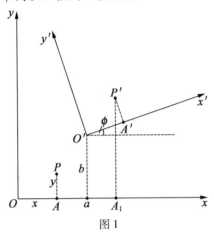

图 1

群的幺元是恒等变换 $a=0,b=0,\phi=0.$ 有时利用方阵

$$\boldsymbol{u}=\begin{pmatrix} \cos\phi & -\sin\phi & a \\ \sin\phi & \cos\phi & b \\ 0 & 0 & 1 \end{pmatrix} \qquad (3)$$

来表示运动 $\boldsymbol{u}$ 以代替方程组(1).

这样，运动 $\boldsymbol{u}_2\boldsymbol{u}_1$ 就用方阵积 $\boldsymbol{u}_2\boldsymbol{u}_1$ 表示. 而逆运动 $\boldsymbol{u}^{-1}$ 则用逆方阵

$$\boldsymbol{u}^{-1}=\begin{pmatrix} \cos\phi & \sin\phi & -a\cos\phi-b\sin\phi \\ -\sin\phi & \cos\phi & a\sin\phi-b\cos\phi \\ 0 & 0 & 1 \end{pmatrix} \quad (4)$$

表示.

因此，运动群 $\mathfrak{M}$ 可以看作是具有形状(3)的方阵群，其元素的合成规律是普通的方阵积. 我们将用同一

个记号来表示一个运动和其对应方阵.

每一个运动可以用三维空间内一点 (a, b, ϕ) 来确定. 这个空间, 附上等价关系 $(a, b, \phi) \sim (a, b, \phi + 2k\pi)$ (k 为任意整数), 是群 $\mathfrak{M}$ 的空间, 也用同一个字母 $\mathfrak{M}$ 表示.

每一个运动 $s \in \mathfrak{M}$ 确定 $\mathfrak{M}$ 的两个自同态:

左移

$$L_s : u \to su \tag{5}$$

右移

$$R_s : u \to us \tag{6}$$

例如, 若

$$s = \begin{pmatrix} \cos \phi_0 & -\sin \phi_0 & a_0 \\ \sin \phi_0 & \cos \phi_0 & b_0 \\ 0 & 0 & 1 \end{pmatrix} \tag{7}$$

则

$$L_s : \begin{pmatrix} \cos \phi & -\sin \phi & a \\ \sin \phi & \cos \phi & b \\ 0 & 0 & 1 \end{pmatrix} \to$$

$$\begin{pmatrix} \cos(\phi + \phi_0) & -\sin(\phi + \phi_0) & a\cos \phi_0 - b\sin \phi_0 + a_0 \\ \sin(\phi + \phi_0) & \cos(\phi + \phi_0) & a\sin \phi_0 + b\cos \phi_0 + b_0 \\ 0 & 0 & 1 \end{pmatrix} \tag{8}$$

而这可以写成

$$L_s \begin{cases} a \to a\cos \phi_0 - b\sin \phi_0 + a_0 \\ b \to a\sin \phi_0 + b\cos \phi_0 + b_0 \\ \phi \to \phi + \phi_0 \end{cases} \tag{9}$$

同样

130

$$R_s \begin{cases} a \to a_0 \cos \phi - b_0 \sin \phi + a \\ b \to a_0 \sin \phi + b_0 \cos \phi + b \\ \phi \to \phi_0 + \phi \end{cases} \quad (10)$$

2. $\mathfrak{M}$ 上的微分齐式

$\mathfrak{M}$ 上一个一次微分齐式或一次式（或 Pfaffian 齐式）是任意一个具有形状

$$\omega(u) = \alpha(u) da + \beta(u) db + \gamma(u) d\phi \quad (11)$$

的式,其中 $\alpha(u)$, $\beta(u)$, $\gamma(u)$ 是在空间 $\mathfrak{M}$ 内确定的,属于 C^∞ 类的函数,即含 $\mathfrak{M}$ 内点 u 的坐标 a, b, ϕ 的无限次可微的函数.

在 $\mathfrak{M}$ 上,一切在点 u 的一次微分齐式,附以自然确定的加法和同纯量的乘法

$$\omega_1(u) + \omega_2(u) = (\alpha_1 + \alpha_2) da + (\beta_1 + \beta_2) db + (\gamma_1 + \gamma_2) d\phi$$

$$\lambda \omega(u) = \lambda \alpha da + \lambda \beta db + \lambda \gamma d\phi$$

构成一个三维矢空间,称为在 u 的一次式矢空间（或 $\mathfrak{M}$ 在点 u 的余切空间）,并用 T_u^* 表示. 一次齐式 da, db, $d\phi$,或者它们的任意一组三个独立的线性组合构成 T_u^* 的一个底. 左移 L_s 和右移 R_s 在 T_u^* 上导出映象

$$L_s^* : \omega(u) \to \omega(su), \quad R_s^* : \omega(u) \to \omega(us) \quad (12)$$

利用式(9)和(10),可以写出 $\omega(su)$ 和 $\omega(us)$ 的显式,其结果是变换方程

$$L_s^* \begin{cases} da \to \cos \phi_0 da - \sin \phi_0 db \\ db \to \sin \phi_0 da + \cos \phi_0 db \\ d\phi \to d\phi \end{cases} \quad (13)$$

$$R_s^* \begin{cases} da \to -(a_0 \sin \phi + b_0 \cos \phi) d\phi + da \\ db \to (a_0 \cos \phi - b_0 \sin \phi) d\phi + db \\ d\phi \to d\phi \end{cases} \quad (14)$$

一个重要的命题是求$\mathfrak{M}$上一切分别在L_s^*下和在R_s^*下不变的一次式. 它们依次称为左不变一次式和右不变一次式. 为此,我们注意方阵

$$\boldsymbol{\Omega}_L = \boldsymbol{u}^{-1}\mathrm{d}\boldsymbol{u} \tag{15}$$

在左移下是不变的,这是因为

$$L_u^* \boldsymbol{\Omega}_L = (\boldsymbol{su})^{-1}\mathrm{d}(\boldsymbol{su}) = \boldsymbol{u}^{-1}\boldsymbol{s}^{-1}\boldsymbol{s}\mathrm{d}\boldsymbol{u} = \boldsymbol{u}^{-1}\mathrm{d}\boldsymbol{u} = \boldsymbol{\Omega}_L$$

$$\tag{16}$$

故$\boldsymbol{\Omega}_L$的元素是左不变一次式. 由式(3)和式(4),得

$$\boldsymbol{\Omega}_L = \boldsymbol{u}^{-1}\mathrm{d}\boldsymbol{u} = \begin{pmatrix} 0 & -\mathrm{d}\phi & \cos\phi\, da + \sin\phi\, db \\ \mathrm{d}\phi & 0 & -\sin\phi\, da + \cos\phi\, db \\ 0 & 0 & 0 \end{pmatrix} \tag{17}$$

故一次齐式

$$\begin{cases} \omega_1 = \cos\phi\, da + \sin\phi\, db \\ \omega_2 = -\sin\phi\, da + \cos\phi\, db \\ \omega_3 = \mathrm{d}\phi \end{cases} \tag{18}$$

是左不变一次式.

显然,$\omega_1,\omega_2,\omega_3$的任意一个常系数线性组合在$L_s^*$下也是不变一次式[①]. 我们将要证明:逆命题也是正确的,即$\mathfrak{M}$的任意一个左不变式是一次式(18)的常系数线性组合.

为了证明这个事实,我们指出:$\omega_1,\omega_2,\omega_3$是独立

---

① 原文作:另一方面,$\omega_1,\omega_2,\omega_3$是独立齐式(因为$da,db,d\phi$的系数行列式不等于零),因此它们的每一个常系数线性组合在L_s^*下也是不变一次式. 由于$\omega_1,\omega_2,\omega_3$的独立并不是这里结论的必要条件,故这里的译文做了删减,而把$\omega_1,\omega_2,\omega_3$独立性的根据移注于下面的证明中.

的(因为作为 $da, db, d\phi$ 的线性组合,它们的系数行列式不等于零),因此,它们构成 T_s^* 的底,而每一个一次式 $\omega(\boldsymbol{u})$ 可以写成

$$\omega(\boldsymbol{u}) = \alpha(\boldsymbol{u})\omega_1 + \beta(\boldsymbol{u})\omega_2 + \gamma(\boldsymbol{u})\omega_3$$

若 ω 在 L_s^* 下不变,则

$$\omega(s\boldsymbol{u}) = \alpha(s\boldsymbol{u})\omega_1(s\boldsymbol{u}) + \beta(s\boldsymbol{u})\omega_2(s\boldsymbol{u}) + \gamma(s\boldsymbol{u})\omega_3(s\boldsymbol{u})$$

但 $\omega_i(s\boldsymbol{u}) = \omega_i(\boldsymbol{u})(i = 1, 2, 3)$,故

$$(\alpha(s\boldsymbol{u}) - \alpha(\boldsymbol{u}))\omega_1(\boldsymbol{u}) + (\beta(s\boldsymbol{u}) - \beta(\boldsymbol{u}))\omega_2(\boldsymbol{u}) +$$
$$(\gamma(s\boldsymbol{u}) - \gamma(\boldsymbol{u}))\omega_3(\boldsymbol{u}) = 0$$

根据 $\omega_1, \omega_2, \omega_3$ 的独立性,由此可知

$$\alpha(s\boldsymbol{u}) = \alpha(\boldsymbol{u}), \beta(s\boldsymbol{u}) = \beta(\boldsymbol{u}), \gamma(s\boldsymbol{u}) = \gamma(\boldsymbol{u})$$

这表明(因为 s 是 $\mathfrak{M}$ 的任意点),α, β, γ 是常数. 这样,我们就解决了求 $\mathfrak{M}$ 的一切左不变一次式问题.

为了求右不变一次式,我们取方阵

$$\boldsymbol{\Omega}_R = d\boldsymbol{u}\boldsymbol{u}^{-1} \tag{19}$$

它是在 R_s^* 下不变的,因为

$$R_s^* \boldsymbol{\Omega}_R = d(\boldsymbol{u}s)(\boldsymbol{u}s)^{-1} = d\boldsymbol{u}s s^{-1} \boldsymbol{u}^{-1} = d\boldsymbol{u}\boldsymbol{u}^{-1} = \boldsymbol{\Omega}_R$$

根据式(3)和式(4),可得

$$\boldsymbol{\Omega}_R = \begin{pmatrix} 0 & d\phi & bd\phi + da \\ d\phi & 0 & -ad\phi + db \\ 0 & 0 & 0 \end{pmatrix} \tag{20}$$

故有下列右不变一次式

$$\omega^1 = bd\phi + da, \omega^2 = -ad\phi + db, \omega^3 = d\phi \tag{21}$$

$\omega^1, \omega^2, \omega^3$ 的任意一个常系数线性组合是右不变一次式,而通过和上面相同的证明,可以看出,倒转过来,$\mathfrak{M}$ 的任意一个右不变一次式是一次式(21)的常系数线性组合.

最后,把恒等式 $uu^{-1} = e =$ 幺方阵微分,我们得 $\mathrm{d}uu^{-1}u\mathrm{d}u^{-1} = 0$,因此

$$\mathrm{d}u^{-1} = -u^{-1}\mathrm{d}uu^{-1} \qquad (22)$$

由这个等式以及式(15)(19),得

$$\boldsymbol{\Omega}_L(\boldsymbol{u}^{-1}) = -\boldsymbol{\Omega}_R(\boldsymbol{u}) \qquad (23)$$

这是一个以后有用的一个重要关系.

3. 运动密度

由于 $\omega_1, \omega_2, \omega_3$ 是左不变一次式,故外积

$$\mathrm{d}K = \omega_1 \wedge \omega_2 \wedge \omega_3 = \mathrm{d}a \wedge \mathrm{d}b \wedge \mathrm{d}\phi \qquad (24)$$

是左不变三次式. 不但如此,除一个常数因子外,$\mathrm{d}K$ 还是 $\mathfrak{M}$ 上唯一的左不变三次式. 证明如下.

若

$$\psi = f(a, b, \phi)\mathrm{d}a \wedge \mathrm{d}b \wedge \mathrm{d}\phi = f(\boldsymbol{u})\omega_1 \wedge \omega_2 \wedge \omega_3$$

是一个左不变三次式,则

$$f(s\boldsymbol{u})\omega_1(s\boldsymbol{u}) \wedge \omega_2(s\boldsymbol{u}) \wedge \omega_3(s\boldsymbol{u}) = f(\boldsymbol{u})\omega_1 \wedge \omega_2 \wedge \omega_3$$

而由于 $\omega_i(s\boldsymbol{u}) = \omega_i(\boldsymbol{u})$ $(i = 1, 2, 3)$,可知 $f(s\boldsymbol{u}) = f(\boldsymbol{u})$. 由于任意的 u 可以通过一个适当的左移 s 变成任意的 $s\boldsymbol{u}$[①],函数 f 在 $\mathfrak{M}$ 的一切点有相同的值,即它是常数.

由式(21)可知

$$\omega^1 \wedge \omega^2 \wedge \omega^3 = \mathrm{d}a \wedge \mathrm{d}b \wedge \mathrm{d}\phi = \mathrm{d}K \qquad (25)$$

即微分齐式 $\mathrm{d}K$ 也是右不变式. 根据与上面相同的论

---

① 这句话的意思也就是:若 $\boldsymbol{u}, \boldsymbol{v}$ 为 $\mathfrak{M}$ 的任意两点,令 $s = \boldsymbol{v}\boldsymbol{u}^{-1}$ 就得 $s\boldsymbol{u} = \boldsymbol{v}$.

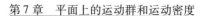

证可知,除一个常数因子外,它是在右移下唯一的不变三次式. 最后,由式(23)①,可知

$$dK(\boldsymbol{u}^{-1}) = -dK(\boldsymbol{u}) \qquad (26)$$

即:除一个符号外,在运动逆转(即取运动 $\boldsymbol{u}$ 的逆运动 $\boldsymbol{u}^{-1}$)中,dK 也是不变式. 由于我们对于密度总是取绝对值,式(26)里的变号是不起作用的,于是可以断言:三次式(24)在左移和右移下,以及在运动逆转中,都是不变的. 它叫作平面上运动群的运动密度.

　　运动密度 dK 是运动群 $\mathfrak{M}$ 的空间的不变体积元素. 在 $\mathfrak{M}$ 上一个域内取 dK 的积分,就得其对应的运动集合的测度(运动测度). 现在我们举几个例子来说明运动测度的几何意义及其不变性.

　　取一个长方形 $K = OABC$ 和一个固定的域 K_0,如图 2 所示. 设运动 $\boldsymbol{u}$,令 $\boldsymbol{u}K \cap K_0 \neq \varnothing$,试考虑一切这样的运动 $\boldsymbol{u}$ 所构成的集合的测度. 上述集合也就是把 K 移动到和 K_0 相交的位置的运动的集合. 所考虑的测度等于 $dK = da \wedge db \wedge d\phi$ 的一个积分,积分范围是使 $\boldsymbol{u}K \cap K_0 \neq \varnothing$ 的点 $O'(a,b)$ 和角 ϕ. 这个测度的左不变性表示,我们可以用 K_0 在运动 s 下的象 sK_0 来代替 K_0,因为这样做并不影响测度. 换句话说,对于任意固定的 s,令 $\boldsymbol{u}K \cap K_0 \neq \varnothing$ 的运动的测度等于令 $\boldsymbol{u}K \cap sK_0 \neq \varnothing$ 的测度.

---

①　原文作式(22),疑误. 由式(23)以及(17)(18)(20)(21)可知,$\boldsymbol{\Omega}_L(\boldsymbol{u}^{-1})$ 的元素 $\omega_1(\boldsymbol{u}^{-1})$,$\omega_2(\boldsymbol{u}^{-1})$,$\omega_3(\boldsymbol{u}^{-1})$ 依次等于 $-\boldsymbol{\Omega}_R(\boldsymbol{u})$ 的对应元素 $-\omega^1(\boldsymbol{u})$,$-\omega^2(\boldsymbol{u})$,$-\omega^3(\boldsymbol{u})$,故由式(24)和式(25)得式(26).

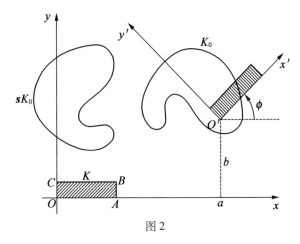

图 2

测度的右不变性表示,我们可以取 sK 来代替 K,而令 $u(sK) \cap K_0 \neq \varnothing$ 的运动测度与前相同. 由此可见,运动测度与 K 或 K_0 的初始位置无关,因而求上述运动集合的测度问题可代以求"同域 K_0 有公共点,而和 K 全等的长方形的测度"问题. 这种以"全等图形集合"为基础的提法与以"运动集合"为基础的提法相比,显然是等价的,有时却更直观.

取运动的逆而 $\mathrm{d}K$ 不变,这表明令 $uK \cap K_0 \neq \varnothing$ 的运动 u 的集合的测度等于令 $K \cap u'K_0 \neq \varnothing$ 的运动 $u' = u^{-1}$ 的测度. 例如,若 K 缩成一点 $P_0(0,0)$,而令 $uP_0 = P(a,b)$,则

$$
\begin{aligned}
m(u;uP_0 \in K_0) &= \int_{uP_0 \in K_0} \mathrm{d}a \wedge \mathrm{d}b \wedge \mathrm{d}\phi \\
&= 2\pi \int_{uP_0 \in K_0} \mathrm{d}a \wedge \mathrm{d}b \\
&= 2\pi F_0
\end{aligned}
\tag{27}
$$

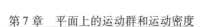

第7章　平面上的运动群和运动密度

其中 F_0 是 K_0 的面积. 若考虑 $P_0 \in \boldsymbol{u}' K_0$ 的逆运动 $\boldsymbol{u}'$, 其结果应相同, 故

$$m(\boldsymbol{u}'; P_0 \in \boldsymbol{u}' K_0) = \int_{P_0 \in \boldsymbol{u}' K_0} \mathrm{d} K_0 = 2\pi F_0 \qquad (28)$$

其中我们用 $\mathrm{d} K_0$ 表示在运动中的图形是 K_0. 方程(28) 是一个简单而有用的公式.

　　注记　根据上面的分析, 可见在计算一个图形 K 的全等图形位置的集合测度时, 必须选取一个固定在 K 内的标架 $(O'; x', y')$ (动标), 然后在那个集合范围内积分 $\mathrm{d} K = \mathrm{d} a \wedge \mathrm{d} b \wedge \mathrm{d}\phi$, 其中 a, b 是 O' 在固定标架 $(O; x, y)$ (定标) 里的坐标, 而 ϕ 是由 x 轴到 x' 轴的角 (图3).

　　动标的选择是任意的. 事实上, 若选取动标 $(O_1; x_1, y_1)$ 来代替 $(O'; x', y')$, 并设 a_0, b_0 为 O'_1 在标架 $(O'; x', y')$ 里的坐标, 而 ϕ_0 为 $O'x'$ 到 $O'_1 x'_1$ 的角, 则

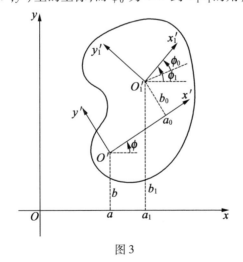

图3

137

$$\begin{cases} a_1 = a + a_0\cos\phi - b_0\sin\phi \\ b_1 = b + a_0\sin\phi + b_0\cos\phi \\ \phi_1 = \phi + \phi_0 \end{cases} \tag{29}$$

而这正是右移式（10）的变换方程,因此运动密度不变. 换句话说, $\mathrm{d}K$ 的右不变性等价于在动标变更下的不变性. 这个性质使我们可以在每一个具体实例中选取较适当的动标.

运动密度的其他表达形式如下. 设 $(P;x',y')$ 为动标,其原点在 $P(a,b)$,而由 x 轴到 x' 轴的角是 ϕ（图4）. 若用新的坐标来确定这个动标,就会获得 $\mathrm{d}K$ 新的表达式. 例如,设用 $G(p,\theta)$ 表示直线 Px',而用 H 表示从 O 到 G 的垂足,并令 $t = PH$,就可以用 G 和 t 确定 $(P;x',y')$. 变换公式是

$$a = p\cos\theta + t\sin\theta, b = p\sin\theta - t\cos\theta, \phi = \theta - \frac{\pi}{2}$$

故 $\mathrm{d}K = \mathrm{d}a \wedge \mathrm{d}b \wedge \mathrm{d}\phi = \mathrm{d}p \wedge \mathrm{d}\theta \wedge \mathrm{d}t$,或者

$$\mathrm{d}K = \mathrm{d}G^* \wedge \mathrm{d}t \tag{30}$$

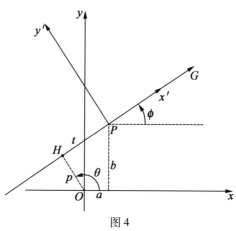

图4

138

其中我们用 G^* 来标明 G 必须看作有向直线, 因为动标 $(P;x',y')$ 随着 G 的方向改变而改变. 每一条无向直线对应于两条有向直线.

若令 $\mathrm{d}P = \mathrm{d}a \wedge \mathrm{d}b$, 则式(30)可以写成

$$\mathrm{d}P \wedge \mathrm{d}\phi = \mathrm{d}G^* \wedge \mathrm{d}t \qquad (31)$$

下面是 $\mathrm{d}K$ 的另一种表达式. 平面上平移取决于两个参数 a,b, 因而在运动群中, 平移的集合的测度是零. 因此在讨论运动集合的测度时, 可以把平移排除在外. 除平移外, 每一个运动 $\boldsymbol{u}$ 是绕一个定点 Q 的转动, Q 称为 $\boldsymbol{u}$ 的转动中心. 设 ξ,η 为 Q 的坐标, ϕ 为转动角, 并设转动 $\boldsymbol{u}$ 把标架 $(O;x,y)$ 变成 $(O';x',y')$. 则坐标 a,b,ϕ 和 ξ,η,ϕ 之间的关系是

$$a = (1 - \cos\phi)\xi + \sin(\phi)\eta$$
$$b = -\sin(\phi)\xi + (1 - \cos\phi)\eta$$

这可以在方程组(1)中令 $x = x' = \xi, y = y' = \eta$ 得到. 由上面的变换公式, 容易算出

$$\mathrm{d}K = 4\sin^2\left(\frac{\phi}{2}\right)\mathrm{d}\xi \wedge \mathrm{d}\eta \wedge \mathrm{d}\phi \qquad (32)$$

这个表达式不能用于平移, 因为对于平移, Q 是一个无穷远点.

4. 线段集合

设 K_0 为固定凸集, 面积是 F_0, 周长是 L_0. 设 K 为长度等于 l 的有向线段. 我们要计算同 K_0 相交而和 K 全等的线段集合的测度(图 5). 选取运动密度的表达式(30), 令 G 为含线段 K 在内的直线, σ 为弦 $G \cap K_0$ 的长, 则

$$\begin{aligned} m(K; K \cap K_0 \neq \varnothing) &= \int_{K \cap K_0 \neq \varnothing} \mathrm{d}G^* \wedge \mathrm{d}t \\ &= \int_{G \cap K_0 \neq \varnothing} (\sigma + l)\mathrm{d}G^* \end{aligned}$$

$$= 2\pi F_0 + 2lL_0 \qquad (33)$$

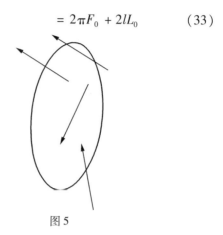

图 5

因此,若一个凸集的面积为 F_0,周长为 L_0,则一切长度等于 l 而和该凸集有公共点的有向线段的测度为 $2\pi F_0 + 2lL_0$.

关于求含于 K_0 内的定长线段的测度问题,没有简单答案,其结果同 K_0 的形状密切相关. 对于直径等于 $D \geqslant l$ 的圆 C,通过直接计算可得

$$m(K;K \subset C) = \frac{\pi}{2} \Big[\pi D^2 - 2D^2 \arcsin\left(\frac{l}{D}\right) -$$

$$2l(D^2 - l^2)^{\frac{1}{2}} \Big] \qquad (34)$$

而对于边长等于 $a,b(l \leqslant a, l \leqslant b)$ 的长方形 R,则有

$$m(K;K \subset R) = 2(\pi ab - 2(a+b)l + l^2) \qquad (35)$$

在 l 满足某些条件下,对于一个凸多边形,其相应测度将在下面式(44)中给出.

若 K_0 缩成长度为 l_0 的线段,则测度(33)化为 $4ll_0$. 若 K_0 为总长等于 L_0 的折线,则对于 K_0 的每边计算这个测度,然后对一切边相加,就得

$$\int_{K \cap K_0 \neq \varnothing} n \mathrm{d}K = 4lL_0 \qquad (36)$$

其中 n 表示在线段 K 各个位置上, K_0 同 K 有公共点的边数(图6).

现在,我们计算同一个角 A 的两边都相交而长度为 l 的有向线段 K 的测度. 我们用 A 同时表示角的顶点与角的大小,用 σ 表示角 A 从 K 所在的直角 G 截下的弦(图7),则

$$m(K; K \cap AB \neq \varnothing, K \cap AC \neq \varnothing) = \int \mathrm{d}G^* \wedge \mathrm{d}t$$

$$= 2 \int_{\sigma \leqslant l} (l - \sigma)\mathrm{d}G$$

$$(37)$$

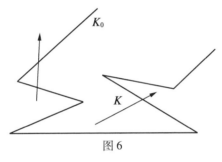

图6

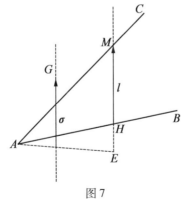

图7

积分几何中的 Buffon 投针问题

又

$$\int_{\sigma < l} l \mathrm{d}G = l \int_{\sigma < l} \mathrm{d}pn\mathrm{d}\phi$$

$$= l \int \mid AE \mid \mathrm{d}\phi$$

$$= 2 \int_{0}^{\pi - A} T\mathrm{d}\phi \qquad (38)$$

其中 T 是由垂直于方向 ϕ 而具有长度 l 的弦 HM 所确定的 $\triangle AHM$ 的面积.

另外

$$\int_{\sigma \leq l} \sigma \mathrm{d}G = \int_{\sigma \leq l} \sigma \mathrm{d}p \cap \mathrm{d}\phi = \int_{0}^{\pi - A} T\mathrm{d}\phi \qquad (39)$$

因此

$$m(K; K \cap AB \neq \varnothing, K \cap AC \neq \varnothing) = 2 \int_{0}^{\pi - A} T\mathrm{d}\phi$$

$$(40)$$

为了计算这个积分,注意

$$2T = \left(\frac{l^2}{\sin A}\right) \sin \phi \sin(A + \phi) \qquad (41)$$

故

$$m = \frac{l^2}{\sin A} \int_{0}^{\pi - A} \sin \phi \sin(A + \phi) \mathrm{d}\phi$$

$$= \frac{l^2}{2} [1 + (\pi - A) \cot A] \qquad (42)$$

于是,一切同一个角 A 两边都相交而长度为 l 的有向线段的测度如式(42)所示.

(1)在一个已给凸多边形内部的线段集合. 设 K_0 为一个凸多边形而 K 为一个有向线段,假定 K 的长度 l 限定它不能同两条不相邻的边都相交.

142

设 m_i($i = 0,1,2$)为同 K_0 的边界恰好有 i 个公共点的一切 K 的位置的测度(m_0 是在 K_0 内部的一切线段 K 的测度). 公式(33)(36)和(42)依次可以写作[①]

$$m_0 + m_1 + m_2 = 2\pi F_0 + 2lL_0$$

$$m_1 + 2m_2 = 4lL_0$$

$$m_2 = \frac{l^2}{2} \sum_{A_i} \left[1 + (\pi - A_i)\cot A_i \right] \qquad (43)$$

因而

$$m_0 = 2\pi F_0 - 2lL_0 + \frac{l^2}{2} \sum_{A_i} \left[1 + (\pi - A_i)\cot A_i \right]$$

$$m_1 = 4lL_0 - l^2 \sum_{A_i} \left[1 + (\pi - A_i)\cot A_i \right]$$

$$m_2 = \frac{l^2}{2} \sum_{A_i} \left[1 + (\pi - A_i)\cot A_i \right] \qquad (44)$$

对于无向线段, 这些结果都应除以 2.

(2)同一个已给凸集相交的凸集. 设 K_0 为具有面积 F_0 和周长 L_0 的凸集, 而 K_1 为具有面积 F_1 和周长 L_1 的凸集. 我们将计算同 K_0 有公共点的一切与 K_1 全等的凸集的测度, 也就是同 K_0 相交的一切 K_1 的位置的测度. K_1 的位置决定于 K_1 中一点 P_1 的坐标(x_1, y_1)以及固定在 K_1 内的一个方向 P_1A 同固定在平面上的一个方向 P_0x 所作的角(图 8).

运动测度 $\mathrm{d}K_1 = \mathrm{d}x_1 \wedge \mathrm{d}y_1 \wedge \mathrm{d}\phi$, 其中我们用 $\mathrm{d}K_1$ (代替 $\mathrm{d}K$)来表示它属于运动中的 K_1. 我们要计算

---

① 公式里的 A_i 指 K_0 边界上的角, 其下标与 m_i 的下标无关.

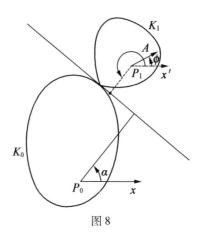

图 8

$$m(K_1; K_1 \cap K_0 \neq \varnothing) = \int_{K_1 \cap K_0 \neq \varnothing} dK_1$$

$$= \int_{K_1 \cap K_0 \neq \varnothing} dP_1 \wedge d\phi \qquad (45)$$

设 $p_0(\alpha)$ 和 $p_1(\alpha)$ 依次为 K_0 和 K_1 的支撑函数,依次相对于原点 $P_0(x_0, y_0) \in K_0$, $P_1(x_1, y_1) \in K_1$ 和平行的 x 轴、x' 轴. 若固定 ϕ 而将 K_1 平移,使它和 K_0 外切(图 8),则 P_1 在平移中描出一条新的曲线,它是支撑函数

$$p(\alpha) = p_0(\alpha) + p_1(\alpha + \pi) \qquad (46)$$

所确定的凸集的边界.

$p_1(\alpha + \pi)$ 是把 K_1 对点 P_1 作反射所得的凸集 K_1^* 的支撑函数,因此,以 $p(\alpha)$ 为支撑函数的凸集的面积是 $F_0 + F_1 + 2F_{01}^*$,其中 F_{01}^* 是 K_0 和 K_1^* 的混合面积. 所以,使 $K_0 \cap K_1 \neq \varnothing$ 的一切 K_1 的平移的测度是 $F_0 + F_1 + 2F_{01}^*$. 这是把式(45)对 dP_1 积分的结果.

再对 $d\phi$ 积分,得

$$m(K_1; K_1 \cap K_0 \neq \varnothing) = \int_0^{2\pi} (F_0 + F_1 + 2F_{01}^*) d\phi$$

144

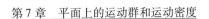

$$= 2\pi(F_0 + F_1) + L_0 L_1 \quad (47)$$

注意 K_1 和 K_1^* 有相同的周长. 于是证明了:

一个凸集 K_1 同一个已给凸集 K_0 相交的一切位置的测度是

$$m(K_1; K_1 \cap K_0 \neq \varnothing) = \int_{K_1 \cap K_0 \neq \varnothing} dK_1$$

$$= 2\pi(F_0 + F_1) + L_0 L_1 \quad (48)$$

特殊 1 若 K_1 为长度等于 l 的线段,则 $F_1 = 0$,$L_1 = 2l$,式(48)化为式(33).

特殊 2 若 K_1 为半径等于 R 的圆,可以选取 K_1 的中心为 P_1,于是 $\int dK_1 = 2\pi \int dP_1$. 公式(48)化为

$$\int_{K_0 \cap K_1 \neq \varnothing} dP_1 = F_0 + L_0 R + \pi R^2 \quad (49)$$

(3)含在一个已给凸集内的凸集. 一个凸集 K_1 含在一个固定凸集 K_0 的位置的测度,一般没有简单的表达式. 但是,在 ∂K_1 和 ∂K_0 有连续的曲率半径,而且 ∂K_1 的最大曲率半径不大于 ∂K_0 的最小曲率半径的假设下,其答案是简单的. 事实上,沿用上面的记号,若把 K_1 平移,使它总是含在 K_0 内,则这样所得到的 P_1 的位置的集合是一个凸集,其支撑函数是

$$p(\alpha) = p_0(\alpha) - p_1(\alpha) \quad (50)$$

注意由于 $p + p'' = (p_0 + p_0'') - (p_1' + p_1'') > 0$,$p(\alpha)$ 的确是一个凸集的支撑函数,这个凸集的面积是

$$\frac{1}{2} \int_0^{2\pi} (p^2 - p'^2) d\phi = F_0 + F_1 - 2F_{01} \quad (51)$$

在 K_1 的一切转动范围内积分,就得

$$m(K_1; K_1 \subset K_0) = 2\pi(F_0 + F_1) - L_0 L_1 \quad (52)$$

于是得:

若 K_0 和 K_1 为有界凸集,其边界 ∂K_0 和 ∂K_1 有连续的曲率半径,而且 ∂K_1 的最大曲率半径不大于 ∂K_0 的最小曲率半径,则含在 K_0 内而和 K_1 全等的一切凸集的测度由式(52)决定. 若只考虑 K_1 的平移,则其相应测度由式(51)决定.

若 ρ_m 是 ∂K_0 的最小曲率半径而 K_1 是半径为 $R(R \leqslant \rho_m)$ 的圆,并取 K_1 的中心为 P_1,则由式(52)可知,含在 K_0 内的 K_1 的中心所构成的区域的面积,即距 K_0 为 R 的平行凸集的面积是

$$(2\pi)^{-1} m(K_1; K_1 \subset K_0) = F - LR + \pi R^2 \quad (53)$$

若 ρ_M 为 ∂K_0 的最大曲率半径而 K_1 为半径等于 R $(R \geqslant \rho_M)$ 的圆,则式(53)给出含整个 K_0 在内的圆 K_1 的中心所构成的区域的面积.

5. 一些积分公式

(a)设 K_0, K_1 为两个平面域,它们不一定是凸的,其面积依次为 F_0, F_1. 假定 K_0 固定而 K_1 在运动. 设 $\mathrm{d}K_1$ 为 K_1 的密度,设 $P(x, y)$ 为平面上一点而 $\mathrm{d}P = \mathrm{d}x \wedge \mathrm{d}y$ 为其密度. 考虑积分

$$I = m(P, K_1; P \in K_0 \cap K_1)$$
$$= \int_{P \in K_0 \cap K_1} \mathrm{d}P \wedge \mathrm{d}K_1 \quad (54)$$

其积分范围是满足 $P \in K_0 \cap K_1$ 的 P_1 和 K_1 的一切位置. 若先令 P 固定并利用式(28),就得

$$I = \int_{P \in K_0} \mathrm{d}P \int_{P \in K_1} \mathrm{d}K_1$$
$$= 2\pi F_1 \int_{P \in K_0} \mathrm{d}P$$
$$= 2\pi F_0 F_1 \quad (55)$$

若先令 K_1 固定, 就得

$$
\begin{aligned}
I &= \int\limits_{K_1 \cap K_0 \neq \varnothing} \mathrm{d}K_1 \int\limits_{P \in K_1 \cap K_0} \mathrm{d}P \\
&= \int\limits_{K_1 \cap K_0 \neq \varnothing} f_{01} \mathrm{d}K_1 \qquad (56)
\end{aligned}
$$

其中 f_{01} 表示 $K_1 \cap K_0$ 的面积(图 9). 由式(55)和(56)得

$$
\int\limits_{K_1 \cap K_0 \neq \varnothing} f_{01} \mathrm{d}K_1 = 2\pi F_0 F_1 \qquad (57)
$$

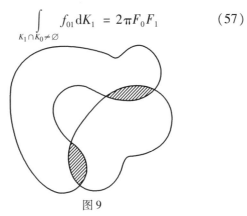

图 9

(b)设 K_0, K_1 为平面区域, 其面积依次为 F_0, F_1, 而且它们的边界为可求长曲线, 其长为 L_0, L_1. 设 $A(s_0)$ 为 ∂K_0 上一点(s_0 表示弧长), 并考虑

$$
J_1 = \int\limits_{A \in K_1} \mathrm{d}s_0 \wedge \mathrm{d}K_1
$$

若先令 A 固定, 则得

$$
J_1 = \int\limits_{\partial K_0} \mathrm{d}s_0 \int\limits_{A \in K_1} \mathrm{d}K_1 = 2\pi F_1 L_0 \qquad (58)
$$

若先令 K_1 固定而用 l_{01} 表示 ∂K_0 在 K_1 内部分的弧长, 则得

$$
J_1 = \int\limits_{K_1 \cap K_0 \neq \varnothing} \mathrm{d}K_1 \int\limits_{A \in K_1} \mathrm{d}s_0 = \int\limits_{K_1 \cap K_0 \neq \varnothing} l_{01} \mathrm{d}K_1 \quad (59)
$$

147

由式(58)和(59),就得(图 10)

$$\int_{K_1 \cap K_0 \neq \varnothing} l_{01} \mathrm{d}K_1 = 2\pi F_1 L_0 \qquad (60)$$

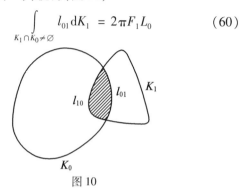

图 10

若 l_{10} 表示 ∂K_1 在 K_0 内部分的弧长,则根据运动测度在运动逆转中的不变性,与式(60)类似,得

$$\int_{K_0 \cap K_1 \neq \varnothing} l_{10} \mathrm{d}K_1 = 2\pi F_0 L_1 \qquad (61)$$

把式(60)和(61)相加,得

$$\int_{K_0 \cap K_1 \neq \varnothing} L_{01} \mathrm{d}K_1 = 2\pi (F_1 L_0 + F_0 L_1) \qquad (62)$$

其中 L_{01} 是 $K_0 \cap K_1$ 的边界长.

(c)设 K_0, K_1, K_2 为平面上三个有界凸集. 假定 K_0 固定而 K_1, K_2 在运动,其运动密度依次为 $\mathrm{d}K_1, \mathrm{d}K_2$. 连续应用式(48),得

$$m(K_1, K_2; K_0 \cap K_1 \cap K_2 \neq \varnothing)$$

$$= \int_{K_0 \cap K_1 \cap K_2 \neq \varnothing} \mathrm{d}K_1 \wedge \mathrm{d}K_2$$

$$= \int_{K_0 \cap K_1 \neq \varnothing} [2(F_2 + f_{01}) + L_2 L_{01}] \mathrm{d}K_1$$

$$= (2\pi)^2 (F_1 F_2 + F_0 F_1 + F_0 F_2) +$$
$$2\pi (F_0 L_1 L_2 + F_1 L_0 L_2 + F_2 L_0 L_1) \qquad (63)$$

在这里,我们利用了式(56)和(62).

148

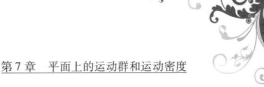

6. 一项中值;覆盖问题

设 K_0 为面积等于 F_0,周长等于 L_0 的凸集,K_1,$K_2,\cdots,K_n$ 为互相全等,面积等于 F,周长等于 L 的凸集. 假定让 K_i 随机地落在平面上,使它们都和 K_0 相交. 我们求 K_0 内被恰好 r 个 K_i 覆盖的面积的中值 ($r = 0, 1, 2, \cdots, n$). 在图 11 里,$n = 4$,有阴影的面积对应于 $r = 2$. 出于上述目的,考虑积分

$$I_r = \int \mathrm{d}P \wedge \mathrm{d}K_1 \wedge \mathrm{d}K_2 \wedge \cdots \wedge \mathrm{d}K_n \qquad (64)$$

其积分范围是一切 K_0 内被恰好 r 个 K_i 覆盖的点 P,和一切满足 $K_i \cap K_0 \neq \varnothing$ 的 K_i 的位置. 若先令 P 固定,则有

$$I_r = \binom{n}{r} \int_{P \in K_0} (2\pi F)^r (2\pi F_0 + L_0 L)^{n-r} \mathrm{d}P$$

$$= \binom{n}{r} (2\pi F)^r (2\pi F_0 + L_0 L)^{n-r} F_0 \qquad (65)$$

另外,若先令 $K_1, K_2, \cdots, K_n$ 固定,则有

$$I_r = \int_{K_0 \cap K_i \neq \varnothing} f_r \mathrm{d}K_1 \wedge \mathrm{d}K_2 \wedge \cdots \wedge \mathrm{d}K_n \qquad (66)$$

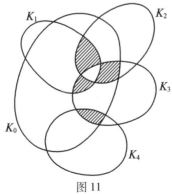

图 11

其中 f_r 表示 K_0 被恰好 r 个 K_i 覆盖的面积. 于是所求中值是

$$E(f_r) = \frac{\binom{n}{r}(2\pi F)^r (2\pi F_0 + L_0 L)^{n-r} F_0}{[2\pi(F + F_0) + LL_0]^n} \qquad (67)$$

令 $n \to \infty$,同时 K_i 的面积和不变,即 $nF = a = $ 常数,考虑这时上述中值的极限. 在式(67)中,令 $F = \dfrac{a}{n}$,并取 $n \to \infty$ 时的极限,就得:

(a)若 K_i 趋于长度为 s 的线段,则 $L \to 2s$,有

$$E(f_r) \to \frac{F_0}{r!}\left(\frac{\pi a}{\pi a + sL_0}\right)^r \exp\left(-\frac{\pi a}{\pi F_0 + sL_0}\right) \qquad (68)$$

(b)若当 $F \to 0$ 时,K_i 的周长 $L \to 0$,则

$$E(f_r) \to \frac{F_0}{r!}\left(\frac{a}{F_0}\right)^r \exp\left(-\frac{a}{F_0}\right) \qquad (69)$$

令 $r = 0$,这些公式就给出 K_0 内不被任何 K_i 覆盖的面积的中值.

由式(65)可知,若随机地取凸集 K_0 内一点 P 和 n 个同 K_0 相交而互相全等的凸集 K_i,则点 P 被恰好 r 个 K_i 覆盖的概率是

$$p_r = \frac{\binom{n}{r}(2\pi F)^r (2\pi F_0 + L_0 L)^{n-r}}{[2\pi(F + F_0) + LL_0]^n} \qquad (70)$$

较困难而尚未解决的问题是求 K_0 内每一点被恰好 r 个 K_i 覆盖的概率. 所谓覆盖问题是指下述形式的问题. 设 S 为固定点集而 A_i 为含 S 在内的那个空间里一个序列的随机集. 这时,对于固定的 N,我们要求 $S \subset \bigcup\limits_{i=1}^{N} A_i$ 的概率(覆盖概率). Cooke 给出了这些覆盖概

率的一般上界和下界. 这些概率一般难以准确地计算, 于是我们就寻求渐近的结果. 下面我们举一个例子.

设 D 是凸集 K_0 的一个域. D 内一点被恰好 r 个凸集 K_i 覆盖的概率如式(70)所示, 假定 K_0 膨胀成整个平面, 但同时 $\dfrac{n}{F_0} \to \rho$(正常数). 这时, 不管 K_0 的形状如何, $\dfrac{L_0}{F_0} \to 0$, 而式(70)化为

$$\lim p_r = \frac{(PF)^r}{r!} e^{-\rho F} \qquad (71)$$

这个过程所产生的面积为 F 的凸集 K_i 的无尽序列, 构成一个密度为 ρ 的凸集场. 按照式(71), 它们覆盖平面上一点的个数是一个参数为 ρF 的 Poisson 随机变量. 同前面的情况一样, D 的每一点都被恰好 r 个 K_i 覆盖的概率还是不知道. 对于 D 的面积 $F^* \to \infty$ 的情形, Miles 给出了下面的渐近结果.

D 的每一点被至少 r 块 K_i 覆盖的概率是

$$\sim \exp\left\{ -r\rho F^* \exp(-\rho F)\left[1 + \cdots + \frac{(\rho F)^r}{r!} \right] \right\} \quad (72)$$
$$r = 0, 1, 2, \cdots$$

而 D 的每一点被至多 r 块 K_i 覆盖的概率($F^* \to \infty$ 的渐近值)是

$$\sim \exp\left[-(r+1)\rho F^* \exp(-\rho F)\left(\frac{(\rho F)^r}{r!} + \frac{(\rho F)^{r+1}}{(r+1)!} + \cdots \right) \right]$$
$$r = 0, 1, 2, \cdots \qquad (73)$$

其中 F^* 是 D 的面积.

7. 注记与练习

(a)两个中值. 设 K_0 为面积等于 F_0, 周长等于 L_0 的固定凸集: $K_1, K_2, \cdots, K_n$ 为 n 个面积等于 F, 周长等

于 L 的互相全等的凸集. 假定让 K_i 随机地落在平面上,但都和 K_0 相交. 设 u_r 为 K_0 被恰好 r 个 K_i 覆盖部分的边界长,这个边界可能由若干个闭曲线所构成. 这样,u_r 的中值是以下两积分值之比

$$\int_{K_i \cap K_0 \neq \varnothing} u_r \mathrm{d}K_1 \wedge \mathrm{d}K_2 \wedge \cdots \wedge \mathrm{d}K_n$$

$$= \binom{n}{r}(2\pi F')^r(2\pi F_0 + LL_0)^{n-r}L_0 +$$

$$n\left[\binom{n-1}{r-1}(2\pi F)^{r-1}(2\pi F_0 + LL_0)^{n-r}2\pi F_0 L +\right.$$

$$\left.\binom{n-1}{r}(2\pi F)^r(2\pi F_0 + LL_0)^{n-r-1}2\pi F_0 L\right] \qquad (74)$$

和

$$\int_{K_i \cap K_0 \neq \varnothing} \mathrm{d}K_1 \wedge \mathrm{d}K_2 \wedge \cdots \wedge \mathrm{d}K_n$$

$$= [2\pi(F + F_0) + LL_0]^n \qquad (75)$$

恰好被 r 个 K_i 覆盖的区域数 N_r 的中值(在图 11 里,$N_0 = 2$,$N_1 = 4$,$N_2 = 4$,$N_3 = 1$)是下面的积分值和式 (75)之比

$$\int_{K_i \cap K_0 \neq \varnothing} N_r \mathrm{d}K_1 \wedge \mathrm{d}K_2 \wedge \cdots \wedge \mathrm{d}K_n$$

$$= n(2\pi F)^{r-1}(2\pi F_0 + LL_0)^{n-r-1}2\pi F_0\left[\binom{n-1}{r} +\right.$$

$$\left.\binom{n-1}{r-1}(2\pi F_0 + LL_0)\right] + \binom{n}{r}(2\pi F)^r(2\pi F_0 + LL_0)^{n-r} +$$

$$\binom{n}{2}2\pi L^2 F_0(2\pi F)^{r-2}(2\pi F_0 + LL_0)^{n-r-2} \cdot$$

$$\left[\binom{n-2}{r-2}(2\pi F_0 + LL_0)^2 + \binom{n-1}{r-1}4\pi F(2\pi F_0 + LL_0) +\right.$$

$$\binom{n-2}{r}(2\pi F)^2\Big] + LL_0 n(2\pi F)^{r-1}(2\pi F_0 + LL_0)^{n-r-1}\cdot$$

$$\Big[\binom{n-1}{r-1}(2\pi F_0 + LL_0) + \binom{n-1}{r}2\pi F\Big] \qquad (76)$$

（b）凸集的一个随机分布中的团数. 设在一个面积为 A 的凸集上随机地放上 N 个小薄凸片. 若有一组薄片，其中每一片搭上组中另一片，我们就说，这一组薄片构成一团[1]. 为方便起见，若一个薄片不和别的薄片相搭，则它本身也算是一个团. Armitage 和 Mack 考虑了下述问题:求表达团的期望数的近似公式. 当人们需要在样品盘上数一数有多少个粒子，而粒子又太小，单个粒子和互相搭上的粒子不易区分时，上述问题就有重要意义. 我们将考虑一种简单的情况:所有 N 个薄片都是全等的，其面积是 f，周长是 u.

设确定 K_i 的位置的点和方向是 P_i, ϕ_i，则 K_i 的运动密度是 $\mathrm{d}K_i = \mathrm{d}P_i \wedge \mathrm{d}\phi_i$. 设 a 为面积为 A 的凸集内的一个域的面积，它具有这样的性质:对于每一个和面积为 a 的域相交的 K_i，对应的 P_i 含在面积为 A 的凸集内. 随机给定一个薄片 K_r，点 $P_r \in a$ 的概率是 $\dfrac{a}{A}$，因此，具有这个性质的 K_i 的平均个数是 $\dfrac{Na}{A}$. 另外，若 K_r 固定，则对于一个随机的 K_i，它满足 $K_i \cap K_r \neq \varnothing$ 的概率是 $1 - \dfrac{4\pi f + u^2}{2\pi A}$（利用式（48）），一切 K_i 都满足 $K_i \cap K_r = \varnothing$ 的概率是

---

[1]　Clumps.

$$\left[1-\frac{4\pi f+u^2}{2\pi A}\right]^{N-1}$$

因此,不相搭的薄片的平均个数(只含一个薄片的团的个数 c_1 的中值)是

$$E(c_1)=\frac{Na}{A}\left[1-\frac{4\pi f+u^2}{2\pi A}\right]^{N-1} \tag{77}$$

为了求团的平均个数,我们先指出,在每一个团内,总有一个 K_r,其对应点 P_r 有最大的横坐标 x_r,因此,这个团就可以用该 K_r 来确定. 这样,固定了 K_r,另一个 K_i 和 K_r 相交的概率是 $\frac{4\pi f+u^2}{2\pi A}$,因而由对称可知,$K_i$ 和 K_r 相交而且 P_i 的横坐标 $x_i \geqslant x_r$ 的概率是 $\frac{4\pi f+u^2}{4\pi A}$,而一切 K_i 都不具有上述性质的概率是

$$\left[1-\frac{4\pi f+u^2}{4\pi A}\right]^{N-1}$$

于是具有这样性质的 K_r 的平均数(即团的个数 c 的平均值,这些团中,可能有只含一个薄片的)是

$$E(c)=\frac{Na}{A}\left[1-\frac{4\pi f+u^2}{4\pi A}\right]^{N-1} \tag{78}$$

假定 $N\to\infty$,$A\to\infty$ 而且 $\frac{N}{A}\to\lambda$(单位面积内平均薄片数),则

$$E(c_1)\to\lambda a\exp\left[-\lambda\left(2f+\frac{u^2}{2\pi}\right)\right] \tag{79}$$

$$E(c)\to\lambda a\exp\left[-\lambda\left(f+\frac{u^2}{4\pi}\right)\right] \tag{80}$$

这些公式是 Mack 得到的,他还考虑了薄片不全等的情况. 细节以及随机结团的理论见 Roach 的书.

(c)一个随机的点分布中,k – 组的期望数. 假定

有 n 点独立而均匀地分布在平面上一个区域里. 已给一个域 D, 若上述 n 个点中恰好有 k 个含在 D 内, 则这 k 个点构成一个 k - 组. 一个有趣的问题是, 对于不同大小和形状的域 D, 求这种 k - 组的个数的中值. 这个问题曾被 Mach 所探究.

　　Ambarcumjan 把上述 n 个点所构成的有限集合叫作"撮"[①], 并假设它含在一个以原点 O 为中心、半径等于 R 的基圆内. 他考虑一个随机圆, 半径为常数 r, 中心在基圆中均匀分布, 并求撮中有 k 个点含在该圆内的概率 $P_k(r)$. 若撮 M 是中心对称的, 对称中心为 O, 而令 n 变成无穷大, 则在撮中随机选取的 m - 组的凸包的周长平均值 h_m 满足不等式 $h_{m+2} \geqslant 4\rho(1 - 2^{-m-1})$, 其中 ρ 表示从 O 到 M 里的点的平均距离. Ambarcujan 给出的另一个渐近结果是 $\dfrac{\rho^*}{H} \leqslant \dfrac{1}{4}$, 其中 ρ^* 表示 M 里的点偶的平均距离, 而 H 表示 M 的凸包的周长.

　　(d) 用直探针探到一个凸域的概率. 设 K_0 为凸域, 在它里面有另一个凸域 K. 在 K_0 内随机地取一个长度为 s 的线段, 这样的线段叫作探针. 问题是要探出 K, 即求探针和 K 相交的概率 (图 12). 我们假定长度为 s 而和 K 相交的探针都含在 K_0 内. 根据式 (33), 探到 K 的概率是

$$p = \frac{m(S; S \cap K \neq \varnothing)}{m(S \subset K_0)} = \frac{2\pi F + 2sL}{m(S \subset K_0)} \qquad (81)$$

其中 F 和 L 依次是 K 的面积和周长. 若 K_0 是一个半

──────────

① Clusters.

径 $R > 2s$ 的圆,则按式(34),得

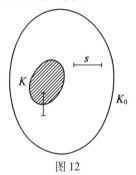

图 12

$$p(S \cap K \neq \varnothing)$$

$$= \frac{4\pi F + 4sL}{\pi\left[4\pi R^2 - 8R^2 \arcsin \dfrac{s}{2R} - 2s(4R^2 - s^2)^{\frac{1}{2}}\right]} \qquad (82)$$

若 K_0 是一个边长为 $a, b\,(a > s, b > s)$ 的长方形,则按(35),得

$$p(S \cap K \neq \varnothing) = \frac{\pi F + sL}{\pi ab - 2(a + b)s + s^2} \qquad (83)$$

Vinogradov 与 Zaregradsi 讨论了下面的探测问题;所探测的是在一个凸域 K_0 内均匀分布的随机对象,探测的方法是以固定速度在 K_0 内描绘一条定长曲线.

(e)连续随机步行中的自交. 设平面上有 $n\,(n \geqslant 3)$ 个线段,每段长为 1,第一段始点是原点,以后每段始点是前一段的终点,而每一段的方向是具有均匀分布角度的随机方向,则这一序列的线段构成一个 n 步步行,每一线段叫作一步,若把概率为零的事件略去不算,则步行中的一个自交指这样的事件:对于某个 i 和某个 j,其中 $1 \leqslant i < j \leqslant n$ 而且 $j - 1 > 1$,第 i 步和第 j 步恰好有一个公共点作为两步的内点.

设 $E(n)$ 为自交数的期望值. 则对于大数 n,已知有渐近值

$$E(n) \sim (2\pi^2)n\log n$$

(f)等周不等式的又一个证明. 假定 K_0 和 K_1 是两个全等凸集. 这时式(47)化为

$$m(K_1;K_1 \cap K_0 \neq \varnothing) = 4\pi F_0 + L_6^2$$

利用关于 $\mathrm{d}K_1$ 的表达式(32),容易得到

$$m(K_1;K_1 \cap K_0 \neq \varnothing)$$

$$= 4\pi F_0 + 4\int_{P \in K_0}\left(\frac{\phi}{2} - \sin\frac{\phi}{2}\right)\mathrm{d}P$$

其中 ϕ 是当我们以 $P(P \notin K_0)$ 为中心把 K_0 转动时,不至使它同它的初始位置完全脱离的最大转角. 于是得

$$\int_{P \notin K_0}\left(\frac{\phi}{2} - \sin\frac{\phi}{2}\right)\mathrm{d}P = \frac{L_0^2}{4}$$

和 Crofton 公式比较,就得等周不等式 $L_0^2 - 4\pi F_0 \geqslant 0$.

(g)定向①不均匀分布的随机图形. 运动测度对于一切点 P 和关于几何图形的一切方向 ϕ,赋予了相等的"权". 这是因为我们假定了它在平移和转动下的不变性. 若只假定它在平移下的不变性,我们就得到像 $\mathrm{d}K^* = F(\phi)\mathrm{d}p \wedge \mathrm{d}\phi$ 那样的密度,并对其定向不均匀分布的图形,推得一些积分公式和概率. 这个各向异性情形曾为 S. W. Dufour 所探讨.

练习 1 关于相交凸集的一些积分公式. 设 K_0 和 K_1 为平面上两个有界点集,它们的面积和周长依次是 F_0, F_1 和 L_0, L_1. 用 F_i 表示 $K_0 \cap K_1$ 的面积;F_{0e} 表示 $K_0 - K_0 \cap K_1$ 的面积;F_{1e} 表示 $K_1 - K_0 \cap K_1$ 的面积;L_{1i}

———————

① 即确定图形的方向.

表示 ∂K_1 含在 K_0 内部分的弧长；L_{01} 表示 ∂K_0 含在 K_1 内部分的弧长；L_{1e} 表示 ∂K_1 在 K_0 外部分的弧长；L_{0e} 表示 ∂K_0 在 K_1 外部分的弧长. 作为练习，试证下列积分公式

$$\int L_{0i}\mathrm{d}K_1 = 2\pi F_1 L_0,\ \int L_{1i}\mathrm{d}K_1 = 2\pi F_0 L_1$$

练习 2 几何概率中的问题. 我们将给出几何概率中的问题的一些例子，这些问题都可以利用本章结果求解. 在这些问题中，我们始终用 F_i, L_i 依次表示有界凸集 K_i 的面积和周长.

（a）设 K_0, K_1 为平面上凸集，$K_1 \subset K_0$. 把凸集 K_1 随机地放在平面上，使它和 K_0 相交. 求它和 K_1 相交的概率.

解 由式（48），可得

$$p = \frac{2\pi(F_1 + F_2) + L_1 L_2}{2\pi(F_0 + F_2) + L_0 L_2}$$

（b）随机地取点 P 和凸集 K_1，使 $P \in K_0, K_0 \cap K_1 \neq \varnothing$. 求 $P \in K_1 \cap K_0$ 的概率.

解 可得

$$p = \frac{2\pi F_1}{2\pi(F_0 + F_1) + L_0 L_1}$$

（c）把直线 G 和凸集 K_1 随机地放在平面上，使它们都和 K_0 相交. 求 $G \cap K_1 \cap K_0 \neq \varnothing$ 的概率.

解 可得

$$p = \frac{2\pi(F_0 L_1 + F_1 L_0)}{L_0[2\pi(F_0 + F_1) + L_0 L_1]}$$

特殊地，若 K_1 是长度为 s 的线段，则 $F_1 = 0, L_1 = 2s$，而所求概率化为

$$p = \frac{2\pi F_0 s}{L_0 (\pi F_0 + L_0 s)}$$

令 $s \to \infty$，就得到：一个凸集 K_0 的两条随机弦在

K_0 内相交的概率是 $p = \dfrac{2\pi F_0}{L_0^2}$.

（d）设 K_1 和 K_2 为两个和固定凸集 K_0 的随机凸
集. 求 $K_0 \cap K_1 \cap K_2$ 的概率.

解 解答是式（63）和

$$[2\pi(F_1 + F_0) + L_1 L_0][2\pi(F_2 + F_0) + L_2 L_0]$$

之比. 特殊地，若 K_1 和 K_2 为线段，其长依次为 s_1, s_2，
就得到

$$p = \frac{2\pi s_1 s_2 F_0}{(\pi F_0 + L_0 s_1)(\pi F_0 + L_0 s_2)}$$

（e）设有 n 个和固定凸集相交的随机凸集 K_i. 证
明在 K_0 内所有 K_i 有公共点的概率是

$$p = \frac{(2\pi)^n (F^n + n F_0 F^{n-1})}{[2\pi(F + F_0) + L L_0]^2} +$$

$$\frac{(2\pi)^{n-1} \left(n L L_0 F^{n-1} + \binom{n}{2} F_0 L F^{n-2} \right)}{[2\pi(F + F_0) + L L_0]^2} \quad (84)$$

其中 F 和 L 依次表示互相全等的 K_i 的面积和周长. 从
命题（d），经过归纳法，就可以直截了当地得到公式的
证明.

（f）假定在一个半径等于 R 的圆 K 内随机地取 n
点. 求它们可以用一个含在 K 内而半径为 $r (r \leqslant R)$ 的
圆包围的概率.

解 这等价于下面的问题：取一个和 K 同心，半
径为 $R - r$ 的圆，求 n 个中心在 K 内，半径等于 r 的圆

同该圆有交点的概率. 于是其解答可在式(84)内, 令 $F = \pi r^2, F_0 = \pi (R - r)^2, L_0 = 2\pi (R - r)$ 得到. 结果是

$$p = \frac{r^{2n-3}}{\pi R^{2n}} \left[\pi r^3 + n\pi r (R - r)^2 + 2\pi n R^3 (R - r) + \binom{n}{2}(R - r)^2 \right]$$

(g) 设 K_0 为固定凸多边形. 把一个不能和 K_0 两条不相邻边相交的有向线段 S^* 随机地放在平面上, 使它和 K_0 相交. 求: (i) S^* 在 K_0 内的概率 p_0; (ii) S^* 和 ∂K_0 恰好有一个公共点的概率; (iii) S^* 和 K_0 恰好有两个公共点的概率.

解 解答是 $p_i = \dfrac{m_i}{2(\pi F_0 + L_0 s)}$, 其中 s 为 S^* 的长, 而 m_i 为式(44)中的测度.

我们将给出此结果的一个应用. 假设 R 是边长为 a, vb 的长方形, 用平行于底边 a 而相距为 b 的直线把 R 分成较小的长方形 R_i(图 13). 按照式(35), 含在 R 内而长度为 $s(s \leqslant b)$ 的一切线段 S^* 的测度是

$$m(S^*; S^* \subset R) = 2\pi vab - 4s(a + vb) + 2s^2 \qquad (85)$$

而含在长方形 $R_i(i = 1, 2, \cdots)$ 内的线段 S^* 的测度之和是

$$vm(S^*; S^* \subset R_i) = \left[2\pi ab - 4s(a + b) + 2s^2 \right]v \qquad (86)$$

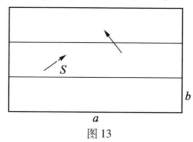

图 13

160

由此可知:若在一个边长为 $a, vb(a>b)$ 的长方形 R 内画上平行于底边 a 而距离为 b 的直线,并在 R 的内部随机地取一长度为 $s(s<b)$ 的针,则这针不和任何平行线相交的概率是

$$p = \frac{(\pi ab - 2s(a+b) + s^2)v}{\pi vab - 2s(a+vb) + s^2} \qquad (87)$$

(h)若 $a \to \infty$,$v \to \infty$,则整个平面上画上了距离为 b 的平行直线,我们就得到 Buffon 投针问题的结果.

解 设 $|P_1 P_2| = r$. 由极坐标中的面积元素表达式,可知

$$\mathrm{d}P_1 \wedge \mathrm{d}P_2 = r \mathrm{d}P_1 \wedge \mathrm{d}r \wedge \mathrm{d}\phi$$

其中 ϕ 是由平面上一个参考方向到直线 $P_1 P_2$ 的角. 若令 r 固定,则 $\mathrm{d}P_1 \wedge \mathrm{d}\phi$ 是长度为 r 的线段的运动密度,于是利用式(44),就得

$$m(P_1, P_2; |P_1 P_2| < h)$$

$$= \int_{r \leqslant h} \mathrm{d}P_1 \wedge \mathrm{d}P_2$$

$$= \int_0^h m_0 r \mathrm{d}r$$

$$= \pi F_0 h^2 - \frac{2}{3} L_0 h^3 + \frac{1}{8} h^4 \sum_{A_i} \left[1 + (\pi - A_i) \cot A_i \right]$$

而所求概率是

$$p(r \leqslant h)$$

$$= \frac{1}{F_0^2} \left\{ \pi F_0 h^2 - \frac{2}{3} L_0 h^3 + \frac{1}{8} h^4 \sum_{A_i} \left[1 + (\pi - A_i) \cot A_i \right] \right\}$$

设 P_1, P_2 为直径等于 D 的一个圆内的两个随机点,求距离 $|P_1 P_2|$ 不超过 $h(h \leqslant D)$ 的概率.

解 可得

$$p(|P_1 P_2| \leqslant h)$$

$$= \frac{4}{\pi D^2} \Big[\pi h^2 + \alpha \Big(\frac{D^2}{4} - h^2 \Big) - \Big(\frac{D^2}{4} + \frac{h^2}{2} \Big) \sin \alpha \Big]$$

其中 $\alpha = 2 \arcsin \dfrac{h}{D}$.

E. Borel 计算了,当 P_1, P_2 是三角形、正方形和一般多边形内的随机点时的相应结果.

一般地,若 r 为一个凸集 K 内两点之间的距离,则分布函数 $\mathrm{prob}(r \leqslant x)$ 是 $\dfrac{rm(r)}{F^2}$ 对于 r 的积分,积分范围从 0 到 x,其中 F 是 K 的面积,而 $m(r)$ 表示含于 K 内而长度为 r 的一切有向线段的测度. 这从等式 $\mathrm{d}P_1 \wedge \mathrm{d}P_2 = r\mathrm{d}r \wedge \mathrm{d}\phi \wedge \mathrm{d}P_2$ 可以立刻得到.

第 三 编

网格系统中的 Buffon 问题

图形的格与 Buffon 问题

第 8 章

1. 定义与基本公式

平面上一个连通开集叫作一个域. 一个域,它和它的部分或全部边界点的并集,叫作一个区.

已给平面上一个序列的全等区 a_0, $a_1, a_2, \cdots$,如果下列条件得到满足,那么这个序列称为构成一个格,各区称为格的基本区.

(a)平面上每一点属于唯一的 a_i;

(b)每一个 a_i 可以通过一个运动 t_i 和 a_0 叠合,而且 t_i 把每一个 a_s 叠置在一个 a_h 上,也就是把整个格变为自己.

使得 $a_0 = t_i a_i$ 的运动集合 $\{t_i\}$ 是运动群的一个离散子群. 这样一个群叫作晶体群. 共有 17 类不同构的晶体群,但对于每一个晶体群有无数多种可能的基本区. 图 1 到图 5 是格的例图,其中的基本区是正方形、平行四边形、正六角形或者形状更复杂的图形.

165

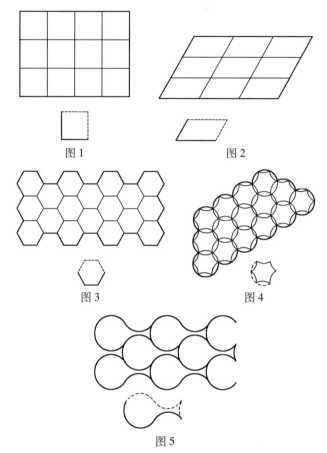

图 1   图 2

图 3   图 4

图 5

设 D_0 为平面上的一个图形，它可能是被有限多条简单闭线所包围的区，或可求长曲线的一个集合，或有限多个点，等等. 假定 D_0 含在一个格中的一个基本区 a_m 内. 设 D_1 为另一个图形，它不一定含在一个基本区内. 令 D_0 固定，而 D_1 作运动，其运动密度是 $dK_1 = dP \wedge d\varphi$，其中 P 是 D_1 中的一点，而 φ 表示从一个参考方向到一个和 D_1 相固连的方向的角. 考虑积分

166

$$I = \int_{D_0 \cap D_1 \neq \varnothing} f(D_0 \cap D_1)\,dK_1 \qquad (1)$$

其中 f 表示交集 $D_0 \cap D_1$ 的一个实函数, $f(\varnothing)=0$. 我们有

$$I = \sum_i \int_{a_i} f(D_0 \cap D_1)\,dK_1 \qquad (2)$$

其中的和是对于一切的基本区所取的, 而对于每个 i, 积分范围是一切属于 a_i 的 P 和 $0 \leqslant \varphi \leqslant 2\pi$.

经过运动 t_i, 基本区 a_i 转移到 a_0, 即 $t_i a_i = a_0$. 因此, 经过变数的改变 $K_1 \to t_i K_1$ (即通过 t_i 移动动标 P, φ), 由于运动密度的不变性 (即 $dK_1 = d(t_i K_1)$), 就得到

$$I = \sum_i \int_{a_0} f(D_0 \cap t_i D_1)\,dK_1 \qquad (3)$$

而由于交集 $D_0 \cap t_i D_1$ 和 $t_i^{-1} D_0 \cap D_1$ 全等, 又得到

$$I = \int_{a_0} \sum_i f(t_i^{-1} D_0 \cap D_1)\,dK_1 \qquad (4)$$

因此, 若在平面上画出一切点集 $t_i^{-1} D_0$ ($i = 0, 1, 2, \cdots$), 然后对于一切 i 取和 $\sum_i f(t_i^{-1} D_0 \cap D_1)$, 再在 $P \in a_0, 0 \leqslant \varphi \leqslant 2\pi$ 的范围 (这确定 D_1 的位置的一个集合) 内取积分, 则所得积分式 (4) 和式 (1) 相同.

2. 域格

设 D_0 和 D_1 为闭域, 它们的边界由有限多条逐段光滑的简单闭线所构成. 设 F_i, L_i, c_i 依次为 D_i ($i = 0, 1$) 的面积、周长和总曲率. 假定 D_0 含在基本区 a_0 内, 我们考虑一切域 $t_i^{-1} D_0$ ($i = 0, 1, 2, \cdots$) 所构成的格[1].

---

① 这不是 1 中所说的那种意义的格, 它不是由基本区所构成的.

这样,若令 $f(D_0 \cap D_1)$ 为 $D_0 \cap D_1$ 的总曲率,则由式(4),就得

$$\int_{a_0} c_{01} \mathrm{d}K_1 = 2\pi(F_0 c_1 + F_1 c_0) + L_0 L_1 \qquad (5)$$

c_{01} 表示 D_1 和一切图形 $t_i^{-1} D_0$ 的交集的总曲率,也就是 D_1 和 D_0 在一切 a_i 内的翻版所构成的格的交集的总曲率.式(5)里的积分范围是 $P \in a_0, 0 \leqslant \varphi \leqslant 2\pi$.

例如,若 D_0 和 D_1 的边界分别都是一条单一的闭线,则 $c_0 = c_1 = 2\pi$,$c_{01} = 2\pi v$,其中 v 表示交集 $\sum_i (t_i^{-1} D_0) \cap D_1$ 所含的块数,因而

$$\int_{a_0} v \mathrm{d}K_1 = 2\pi(F_0 + F_1) + L_0 L_1 \qquad (6)$$

在图 6 中,$v = 8$.

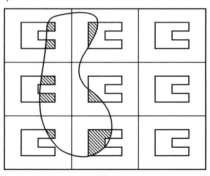

图 6

特别值得注意的一种情形是:D_0 和基本区 a_0 重合,但需补上必要的边界点,使 D_0 成为闭集.这时,式(6)成立,而 v 则表示 D_1 被格所分割成块的数目.例如在图 7 里,$v = 8$.

由于积分范围的"体积"是 $2\pi a_0$,其中 a_0 也表示基本区 a_0 的面积,我们有:

168

设一个闭域 D_1 的面积是 F_1,边界是长度为 L_1 的单一闭线,再设一个格的基本区面积为 a_0,周长为 L_0,则将 D_1 随机地放在格上时,D_1 被格分割成块的平均数是

$$E(v) = \frac{2\pi(a_0 + F_1) + L_0 L_1}{2\pi a_0} \qquad (7)$$

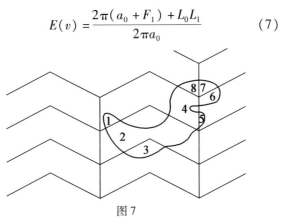

图 7

和 D_1 有公共点的基本区数 N 总小于或等于 v(例如在图 7 中,$N=6$,$v=8$). 因此,$E(N) \leqslant E(v)$. 故:

设 D_1 为任意闭域,面积是 F_1,边界是长度为 L_1 的单一闭线,再设一个格的基本区面积为 a_0,周长为 L_0,则 D_1 可以被格中一定数目 μ 的基本区所覆盖,而 μ 满足不等式 $\mu \leqslant E(v)$,其中 $E(v)$ 的值是式(7).

把这个结果应用于边长为 a 的正方形格($a_0 = a^2$,$L_0 = 4a$),就得:每一个由单一的闭线包围的域可以用不多于

$$\mu_s = 1 + \frac{2L_1}{\pi a} + \frac{F_1}{a^2} \qquad (8)$$

个那样的正方形覆盖.

若格是由边长为 a 的正六边形所构成(图 3),则

169

得：D_1 可以用不多于

$$\mu_h = 1 + \frac{2L_1}{\sqrt{3}\,\pi a} + \frac{2F_1}{3\sqrt{3}\,a^2} \tag{9}$$

个六边形覆盖.

若考虑这些六边形的外接圆,就得：D_1 可以用不多于 μ_h 个半径为 a 的圆覆盖. 这些结果是 Hadwiger 得到的.

3. 曲线格

设 D_0 和 D_1 为逐段光滑曲线,长度依次是 L_0, L_1. 由式(4),令 $f(D_0 \cap D_1)$ 为交集 $D_0 \cap D_1$ 所含的点数, 就得

$$\int_{a_0} n\,dK_1 = 4L_0L_1 \tag{10}$$

其中 n 表示 D_1 和曲线格 $t_i^{-1}D_0(i=0,1,2,\cdots)$ 的交点数.

在图 8 里,$n=4$. 于是得：

设一个格的基本区面积是 a_0,每个区含一条长度 为 L_0 的曲线,将一条长度为 L_1 的曲线 D_1 随机地放上 去,则上述曲线格和 D_1 的平均交点数是

$$E(n) = \frac{2L_0L_1}{\pi a_0} \tag{11}$$

例如,考虑以边长为 a, b 的长方形格,D_0 由这些 长方形的两条相邻边所构成(图 9). 则 $a_0 = ab$, $L_0 = a+b$,而

$$E(n) = \frac{2(a+b)L_1}{\pi ab} \tag{12}$$

若 $a\to\infty$,则上述的格变成平行线格,其间隔距离 是 b,而 $E(n) = \frac{2L_1}{\pi b}$. 特殊地,若 D_1 为长度等于 L_1

$(L_1 \leqslant b)$ 的线段,则 n 的值只能是 $0,1$,而 $E(n)$ 就等于一条长度为 L_1 的线段和一条平行线相交的概率. 我们又一次获得 Buffon 的结果.

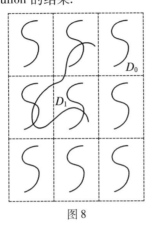

图 8

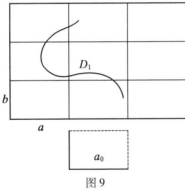

图 9

4. 点格

设 D_0 为有尽多个点所构成,例如 m 个. 令 $f(D_0 \cap D_1)$ 是含在 D_1 内的点 D_0 的个数. 由式(4),就有

$$\int_{a_0} n \mathrm{d}K_1 = 2\pi m F_1 \tag{13}$$

171

其中 n 是点格中属于 D_1 的点的个数. 例如在图 10 里，$m=3$，$n=4$，而在图 11 里，$m=1$，$n=2$. 这个结果可以写成：

若每个基本区含有 m 点，将一个面积为 F_1 的域 D_1 随机地放在平面上，则 D_1 含有格点的平均数是

$$E(n) = \frac{mF_1}{a_n} \qquad (14)$$

我们将给出这个平均数的三项应用.

（a）考虑边长等于 a 的等边三角形格，则这些三角形的顶点构成一个点格. 以这些点为顶点的平行四边形也构成一个格，其基本区由两个三角形所形成，$a_0 = \left(\frac{\sqrt{3}}{2}\right)a^2$，$m=1$（图 12）. 这样，$E(n) = 2F_1(\sqrt{3}a^2)^{-1}$，于是得定理：

总可以把 n 个点放在一个已给的，面积为 F_1 的域内，使它们两点的最小距离 a 满足条件

$$a^2 \geqslant 2F_1(\sqrt{3}n)^{-1}$$

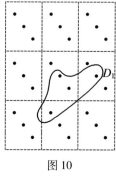

图 10

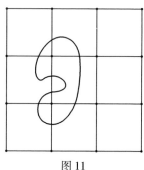

图 11

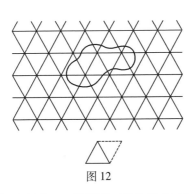

图 12

（b）若只考虑 D_1 的平移，平均数（14）也适用，不需改变. 我们将证明，若 D_1 是有界闭域，则它必有一个位置，含有至少 $\left[\dfrac{mF_1}{a_0}\right]+1$ 个格点，其中 [ ] 表示"整数部分". 事实上，若存在着使 $n < \left[\dfrac{mF_1}{a_0}\right]$ 的 D_1 的位置集合，其测度是正的，则为了补偿，必有使 $n > \left[\dfrac{mF_1}{a_0}\right]$ 的位置集合，其测度是正的，因而必有 D_1 的位置，使 n 等于 $\left[\dfrac{mF_1}{a_0}\right]+1$. 现在假设除了一个零测度集的 D_1 位置外，$n = \left[\dfrac{mF_1}{a_0}\right]$. 取 D_1 的一个位置，使这些点中有些在边界 ∂D_1 上. 设 ε 为不属于 D_1 的格点和 D_1 的最短距离；由于 D_1 是有界闭集，$\varepsilon > 0$，通过一个距离小于 ε 的平移，肯定可以使 ∂D_1 上的一些格点离开 D_1，因而就有一个正测度的 D_1 位置集合，使 $n < \left[\dfrac{mF_1}{a_0}\right]$，和假设矛盾. 于是我们证明了 Blichfeldt 定理：

若平面上有一个格，其基本区的面积是 a_0，而每

173

个基本区含有 m 个格点,又在这个平面上有一个面积等于 F_1 的有界闭域 D_1,则经过一个平移,必可使 D_1 的新位置含有至少 $\left[\dfrac{mF_1}{a_0}\right]+1$ 个格点.

(c)已给一个格点,一个困难的课题是:若要求一个域的任何位置都含有至少一个已给数目的格点,求具有最小面积的这样的域的形状.

举一个例子.考虑一个直角坐标系中具有整数坐标的点所构成的格(这样的格叫作整格),试求最小面积的闭凸集,它无论怎样地放在平面上,总要覆盖整格的一个点.由式(14)可知 $E(n)=F_1$,而所需满足的条件是 $E(n)\geqslant 1$,因而 $F_1\geqslant 1$.若只考虑平移,所求答案显然是边长为 1 的正方形,$F_1=1$.若把一切运动考虑在内,条件 $F_1=1$ 是不充分的. D. B. Sawyer 对于具有中心的凸集和 J. J. Schäffer 对于一般凸集证明了:答案是一个边长为 1 的正方形和两个抛物线弓形所构成的图形,抛物线切线和正方形的边所作的角是 $\dfrac{\pi}{4}$(图

13).这个最小凸集的面积是 $F_1=\dfrac{4}{3}$.

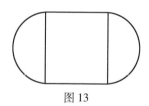

图 13

下面是一个类似的课题(设计人是 Scott). 设 K 为欧氏平面上一个有界凸集. 令 $\delta(K)$ 表示 K 的宽. 若

$\delta(K) \geqslant \dfrac{1}{2}(2+\sqrt{3})$，则 K 含有整格的一个点. 当且仅

当 K 是边长为 $\dfrac{2+\sqrt{3}}{\sqrt{3}}$ 的等边三角形时, 等号成立.

若一个域 D 不含整格中的任何点作为一个内点, 则相对于整格, D 称为可容(许)的. Bender 证明了 $2F \leqslant L$, 其中 F 为 D 的面积, L 为周长. 参看 Silver, Hadwiger 和 Wills 的结果. 下面是 Bokowski, Hadwiger 与 Wills 所得到的一般结果: 设 K 为 n 维欧氏空间的凸体, 它的体积是 V, 表面积是 F, 并设 N 为作为 K 的内点的格点(具有整数坐标的点), 则 $N > V - \dfrac{F}{2}$, 而且其中的因子 $\dfrac{1}{2}$ 不能用更小的数替代.

Poole 与 Gerriets 探讨了以下课题: 已给任意长度为 L 的弧, 求平面上面积最小的凸区, 它经过适当的平移和转动, 可以覆盖那个弧. 他们指出, 一条对角线长为 L 和 $3^{-\frac{1}{2}}L$ 的菱形 R 将能覆盖每一个那样的弧. 他们还指出, 可以把 R "截" 去一块以得到具有所要求的较小的区, 其面积小于 $0.286\ 1L^2$. Chakerian 与 Klamkin 和 Wetzel 考虑了与此相关的问题.

要确定一个随机区所覆盖的格点数的方差, 一般是困难的. Kendall 与 Rankin 处理了 E_n 里在一个随机球内部的格点问题.

5. 注记

(a) 有关格的概率.

考虑基本区为具有面积为 a_0 的凸多边形所构成

的格. 基本区的边界构成一个线状格(或无穷网格), 它是面积为 a_0 的凸多边形的部分边界经过变换 t_i 所产生的. 设 u_0 为这部分边界的长. 例如, 对于图 2 的格, 若作为基本区的平行四边形的边长是 a,b, 顶角是 θ, 则 $a_0 = ab\sin\theta$, $u_0 = a + b$; 对于图 3 的格, 若六边形的边长是 a, 则 $a_0 = \left(\dfrac{3\sqrt{3}}{2}\right)a^2$, $u_0 = 3a$. 在这里, 我们用"格"这个词来表示基本区的边界所构成的线状格.

设 S^* 是长度为 r 的有向线段, 而且 S^* 不能同线状格有多于两个公共点. 另外, 若令 $m_i(i=0,1,2)$ 为 S^* 同格有 i 个公共点的一切位置测度, 则根据式 (10), $m_1 + m_2 = 4ru_0$, 而 S^* 在运动群 $\{t_i\}$ 下互不等价的位置集合的测度是 $m_0 + m_1 + m_2 = 2\pi a_0$. 若 m_0 已知, 则由这些公式可以确定 m_1 和 m_2, 我们就可以求得 S^* 同格有 $0,1,2$ 个公共点的概率.

例 1 考虑图 2 里的平行四边形格. 有

$$m_0 = 2\pi ab\sin\theta - 4r(a+b) + r^2[2 + (\pi - 2\theta)\cot\theta]$$

$$(15)$$

而利用上述的结果, 就得

$$m_1 = 4r(a+b) - 2r^2[2 + (\pi - 2\theta)\cot\theta]$$

$$m_2 = r^2[2 + (\pi - 2\theta)\cot\theta] \qquad (16)$$

因此:

设平面上有一个以边长为 a,b, 顶角为 θ 的全等平行四边形所构成的格, 并把一根长度为 r 的针随机地放在上面. 假定该针同格相交不多于两点, 则交点数为 $0,1,2$ 的概率是

$$p_0 = 1 - \frac{2r(a+b)}{\pi ab\sin\theta} + \frac{r^2}{2\pi ab\sin\theta}\left[2 + (\pi - 2\theta)\cot\theta\right]$$

$$p_1 = \frac{2r(a+b)}{\pi ab\sin\theta} - \frac{r^2\left[2 + (\pi - 2\theta)\cot\theta\right]}{\pi ab\sin\theta}$$

$$p_2 = \frac{r^2\left[2 + (\pi - 2\theta)\cot\theta\right]}{2\pi ab\sin\theta}$$

例2　对于以边长为 a 的正六边形格和长度为 $r(r \leqslant a)$ 的针,其概率是

$$p_0 = 1 - \frac{4\sqrt{3}\,r}{3\pi a} + \left(\frac{\sqrt{3}}{3\pi} - \frac{1}{9}\right)\frac{r^2}{a^2}$$

$$p_1 = \frac{4\sqrt{3}\,r}{3\pi a} - \left(\frac{2\sqrt{3}}{3\pi} - \frac{2}{9}\right)\frac{r^2}{a^2}$$

$$p_2 = \left(\frac{\sqrt{3}}{3\pi} - \frac{1}{9}\right)\frac{r^2}{a^2}$$

Santaló 探讨了这个问题.

例3　凸集格:假定每个基本区含有一个凸集 D_0,它的面积是 F_0,周长是 L_0. 设 D_1 为另一个凸集,它的面积是 F_1,周长是 L_1,而且它不能和一个以上的 $t_i^{-1}D_0$ 相交(图 14),即

$$m(D_1; D_0 \cap D_1 \neq \varnothing) = 2\pi(F_0 + F_1) + L_0 L_1$$

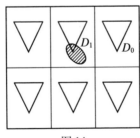

图 14

而由于 D_1(对于 $\{t_1\}$ 不等价)的位置测度是 $2\pi a_0$,就得:

177

设在平面上有由凸集 D_0 所产生的格而把一个凸集 D_1 随机地放上去,则(在 D_1 不能和两个 $t_i^{-1}D$ 相交的假定下)D_1 和 $t_i^{-1}D_0$ 之一相交的概率是

$$p = \frac{2\pi(F_0 + F_1) + L_0 L_1}{2\pi a_0}$$

练习 设 D_1 为线段,它的长 r 不小于 D_0 的直径,但又不能和格中一个以上的凸集 $t_i^{-1}D_0$ 相交. 证明:D_1 同 ∂D_0 交于 $0,1,2$ 个点的概率是

$$p_0 = 1 - \frac{F_0}{a_0} - \frac{rL_0}{\pi a_0}, p_1 = \frac{2F_0}{a_0}, p_2 = \frac{rL_0}{\pi a_0} - \frac{F_0}{a_0}$$

(b)等边三角形格.

考虑边长为 a 的等边三角形格(图 12). 把一条长度为 $r\left(r \leqslant \frac{\sqrt{3}}{2}a\right)$ 的线段随机地放上去,它可能和格交于 $0,1,2,3$ 个点. 其对应的概率是

$$p_0 = 1 - \frac{4\sqrt{3}r}{\pi a} + 2\left(\frac{\sqrt{3}}{2\pi} + \frac{1}{3}\right)\frac{r^2}{a^2}$$

$$p_1 = \frac{4\sqrt{3}r}{\pi a} - \left(\frac{\sqrt{3}}{\pi} + \frac{5}{3}\right)\frac{r^2}{a^2}$$

$$p_2 = \left(\frac{4}{3} - \frac{\sqrt{3}}{\pi}\right)\frac{r^2}{a^2}$$

$$p_3 = \left(\frac{\sqrt{3}}{\pi} - \frac{1}{3}\right)\frac{r^2}{a^2}$$

(c)特殊形状的凸集及其格.

(i)考虑边长为 $a,b(a \geqslant b)$ 的长方形的格(图 15),并设 K 为常宽凸集,其宽 $h \leqslant b$. 若把 D_1 随机地放在平面上,则 K_1 和 $0,1,2$ 条格线相交的概率是

$$p_0 = 1 - \frac{(a+b)h}{ab} + \frac{h^2}{ab}, p_1 = 1 - \frac{(a+b)h}{ab} - \frac{2h^2}{ab}, p_2 = \frac{h^2}{ab}$$

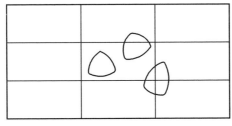

图 15

（ⅱ）考虑边长为 a 的等边三角形格（图 16）和一个三角形凸集 K_1，其外接三角形的边 $a_1 \leqslant a$. 若把 K_1 随机地放在平面上，则 K_1 和格相交的概率是 $p = \frac{2a_1}{a} - \left(\frac{a_1}{a}\right)^2$，而 K_1 完全落在格中一个三角形之内的概率是

$$p_0 = 1 - \frac{2a_1}{a} + \left(\frac{a_1}{a}\right)^2$$

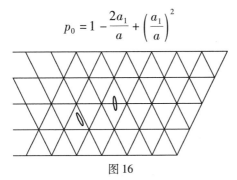

图 16

（ⅲ）考虑边长为 a 的正方形的格，并以每个顶点为中心作半径等于 $\frac{a}{4}$ 的圆（图 17）.

作为练习，证明：①格中的圆和一个长度为 L 的随

积分几何中的 Buffon 投针问题

机曲线的平均交点数是 $E(n) = \dfrac{L}{a}$. ②若一个形状任意而有 16 个小孔的薄片随机地放在平面上,则落在格中一个圆内的小孔的平均数是 π.

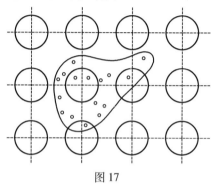

图 17

（ⅳ）曲线长的测量. 把公式(12)应用于边长为 a 的正方形格,就得 $L_1 = \dfrac{\pi}{4} a E(n)$. 这个结果提供了测量曲线长的一种实际方法. 假定我们把一张画有边长为 a 的正方格的透明薄片盖在曲线上. 记下曲线和格线的交点数,把薄片逐次转动 $\dfrac{\pi}{n}$ 角. 取各次交点数的中值,再乘以 $\dfrac{\pi}{4} a$,就得 L_1 的一个估计值. 利用这个方法所产生误差的估计,Moran 做过分析.

方格子系统中投掷
长针的 Buffon 问题[①]

第

9

章

　　Buffon 投针问题是几何概率中的一个经典问题,最初是研究在间距为 1 的平行线中投入长度为 $l \in (0,1)$ 的针时,针与平行线的交点个数的分布,继而研究了针长为任意实数的情况,而且 Stanford 大学的 Persi 给出了此时交点个数与针长的比值在针长趋于无穷大时的极限分布[1]. 后来人们又研究了在间距为 1 的方格子线系统中投入长度为 $l \in (0,1)$ 的针与方格子的交点个数的分布,并给出了针长为任意实数时交点个数的数学期望[2-4]. 复旦大学数学研究所的李光勤教授 2005 年解决了在间距为 1 的方格子系统中投入长度 l 为任意实数的针时,针与方格子的交点个数的分布情况.

　　在给定的间距为 1 的方格子系统中考虑投针问题. 不失一般性,我们可以假定针长为 $l \in (0, +\infty)$,而且仅需考虑针

---

① 摘自《复旦学报(自然科学版)》,2005 年,第 44 卷,第 3 期.

与水平方向所成的角 $\theta \in \left[0, \dfrac{\pi}{2}\right]$ 的情形. 此时 l 在水平方向和竖直方向上的分量的长度分别为 $l\cos\theta$, $l\sin\theta$, 设其交点个数分别为 ξ_1, ξ_2, 则 ξ_1 取值为 $[l\cos\theta]$, $[l\cos\theta]+1$ 的概率分别为 $1-(\cos\theta-[l\cos\theta])$, $l\cos\theta-[l\cos\theta]$; ξ_2 取值为 $[l\sin\theta]$, $[l\sin\theta]+1$ 的概率分别为 $1-(l\sin\theta-[l\sin\theta])$, $l\sin\theta-[l\sin\theta]$, 且 ξ_1, ξ_2 在 θ 给定时相互独立[5]. 于是, 给定 θ 时, 交点总数为 k 的概率为

$$P(\xi_1+\xi_2=k\,|\,\theta)=1_{(\theta \in D_k)}P(\xi_1=[l\cos\theta]) \cdot$$
$$P(\xi_2=[l\sin\theta])+1_{(\theta \in D_{k-1})}P(\xi_1=[l\cos\theta]+1) \cdot$$
$$P(\xi_2=[l\sin\theta])+1_{(\theta \in D_{k-1})}P(\xi_1=[l\cos\theta]) \cdot$$
$$P(\xi_2=[l\sin\theta]+1)+1_{(\theta \in D_{k-2})}P(\xi_1=[l\cos\theta]+1) \cdot$$
$$P(\xi_2=[l\sin\theta]+1)$$

其中 $D_k = \left\{\theta \in \left[0, \dfrac{\pi}{4}\right]\,\middle|\,[l\sin\theta]+[l\cos\theta]=k\right\}$. 当 $l<[l]-1$ 或 $k>[\sqrt{2}\,l]$ 时, $D_k=\phi$. 这里把 θ 限定在 $\left[0, \dfrac{\pi}{4}\right]$ 而不是 $\left[0, \dfrac{\pi}{2}\right]$, 是因为 $\sin\left(\theta+\dfrac{\pi}{4}\right)=\cos\left(\dfrac{\pi}{4}-\theta\right)$, 所以只需要在 $\theta \in \left[0, \dfrac{\pi}{4}\right]$ 内考虑即可. 于是, 问题就转化为对固定的 l, k, 求满足下述条件

$$[l\cos\theta]+[l\sin\theta]=k$$

的 θ 所构成的集合的测度.

按照 θ 取不同整数值来将 $\left[0, \dfrac{\pi}{4}\right]$ 做如卜的划分

$$[0, \arcsin l^{-1}), [\arcsin l^{-1}, \arcsin 2l^{-1}), \cdots,$$
$$\left[\arcsin\left[\dfrac{\sqrt{2}\,l}{2}\right]l^{-1}, \dfrac{\pi}{4}\right]$$

在区间 $\left[\arcsin il^{-1}, \arcsin(i+1)l^{-1}\right)\left(i=0,1,\cdots,\left[\dfrac{\sqrt{2}l}{2}\right]-1\right)$

内，$l\cos\theta$ 的取值范围为 $\left(\sqrt{l^2-(i+1)^2}, \sqrt{l^2-i^2}\right]$. 如
果 $l\cos\theta$ 在此区间内仅取得一个整数值，则

$$\left[\sqrt{l^2-i^2}\right]=\left[\sqrt{l^2-(i+1)^2}\right]+1$$

如果取得多个整数值，则有

$$\sqrt{l^2-i^2}-1>\left[\sqrt{l^2-(i+1)^2}\right]$$

两端平方可得

$$[l]-1\geqslant i\geqslant\left[\dfrac{\sqrt{2l^2-1}-1}{2}\right]+1=\left[\dfrac{\sqrt{2l^2-1}+1}{2}\right], l\geqslant 1$$

$l<1$ 时，显然不能取得多个整数值. 又由于

$$\dfrac{\sqrt{2l^2-1}-1}{2}<\dfrac{\sqrt{2l^2-1}}{2}<\dfrac{\sqrt{2}}{2}l<\dfrac{\sqrt{2l^2-1}+1}{2}$$

即

$$\left[\dfrac{\sqrt{2}}{2}l\right]\leqslant\left[\dfrac{\sqrt{2l^2-1}+1}{2}\right]$$

因而，$l\cos\theta$ 在上述划分中除 $\left[\arcsin\left[\dfrac{\sqrt{2}}{2}l\right]l^{-1}, \dfrac{\pi}{4}\right]$ 之外
的任一区间内都不能取得两个整数值.

下面在区间 $\left[\arcsin\left[\dfrac{\sqrt{2}}{2}l\right]l^{-1}, \dfrac{\pi}{4}\right]$ 上讨论 $[l\sin\theta]$，
$[l\cos\theta]$ 的取值.

(1) 若 $\left[\dfrac{\sqrt{2}}{2}l\right]=\left[\dfrac{\sqrt{2l^2-1}+1}{2}\right]$，则 $\left[\dfrac{\sqrt{2l^2-1}+1}{2}\right]\leqslant$

$\dfrac{\sqrt{2}}{2}l$. 令 $i=\left[\dfrac{\sqrt{2l^2-1}+1}{2}\right]$. 在 $\left[\arcsin il^{-1}, \dfrac{\pi}{4}\right]$ 上，有

$$\dfrac{\sqrt{2l^2-1}-1}{2}<l\sin\theta\leqslant\dfrac{\sqrt{2l^2-1}+1}{2}$$

于是

$$\frac{\sqrt{2l^2-1}-1}{2} \leqslant \sqrt{l^2-i^2} < \frac{\sqrt{2l^2-1}+1}{2}$$

$$\frac{\sqrt{2}}{2}l \leqslant l\cos\theta \leqslant \sqrt{l^2-i^2} < \frac{\sqrt{2l^2-1}+1}{2}$$

所以

$$[l\cos\theta] = i = \left[\frac{\sqrt{2l^2-1}+1}{2}\right] = \left[\frac{\sqrt{2}}{2}l\right]$$

（2）若 $\left[\frac{\sqrt{2}}{2}l\right] < \left[\frac{\sqrt{2l^2-1}+1}{2}\right]$，则

$$\left[\frac{\sqrt{2l^2-1}+1}{2}\right] > \frac{\sqrt{2}}{2}l$$

令 $i = \left[\frac{\sqrt{2}}{2}l\right]$，则

$$\left[\frac{\sqrt{2}}{2}l\right] = \left[\frac{\sqrt{2l^2-1}-1}{2}\right]$$

此时

$$i = \left[\frac{\sqrt{2}}{2}l\right] < \frac{\sqrt{2l^2-1}-1}{2}, \sqrt{l^2-i^2} \geqslant \frac{\sqrt{2l^2-1}+1}{2} > \left[\frac{\sqrt{2}}{2}l\right]+1$$

所以，$[l\cos\theta]$ 在 $\left[\arcsin il^{-1}, \frac{\pi}{4}\right]$ 上可以取值 $\left[\frac{\sqrt{2}}{2}l\right]$，

$\left[\frac{\sqrt{2}}{2}l\right]+1$.

对于给定的 $l \subset (0, +\infty)$，令 $n = \left[\frac{\sqrt{2}}{2}l\right]$，则 $l \in$

$[\sqrt{2}n, \sqrt{2}(n+1))$. 因而，要么 $l \in [\sqrt{2}n,$

$\sqrt{n^2+(n+1)^2})$，要么 $l \in [\sqrt{n^2+(n+1)^2}, \sqrt{2}(n+$

$1))$. 于是，我们有如下的引理.

184

引理 1　对于给定的 $l \in (0, +\infty)$，令 $n = \left[\frac{\sqrt{2}}{2} l \right]$，若 $l \in [\sqrt{2} n, \sqrt{n^2 + (n+1)^2})$，则 $[l\sin \theta] + [l\cos \theta]$ 的最大值 $M = 2n$；若 $l \in [\sqrt{n^2 + (n+1)^2}, \sqrt{2}(n+1))$，则 $[l\sin \theta] + [l\cos \theta]$ 的最大值 $M = 2n + 1$.

证明　对于给定的 $l \in (0, +\infty)$，如果 $l \in [\sqrt{2} n, \sqrt{n^2 + (n+1)^2})$，则

$$4n^2 - 4n + 1 < 4n^2 - 1 \le 2l^2 - 1 < 2n^2 + 2(n+1)^2$$
$$= 4n^2 + 4n + 1 = (2n+1)^2$$

当 $n \ge 1$ 时上式成立. 于是

$$\left[\frac{\sqrt{2l^2 - 1} + 1}{2} \right] = n \le \frac{\sqrt{2}}{2} l$$

此式对 $n = 0$ 亦成立. 从而 $[l\sin \theta] + [l\cos \theta]$ 的最大值 $M = 2\left[\frac{\sqrt{2}}{2} l \right] = 2n$. 如果 $l \in [\sqrt{n^2 + (n+1)^2}, \sqrt{2}(n+1))$ 时，有

$$(2n+1)^2 \le 2l^2 - 1 > 4n^2 + 8n + 3 < (2n+3)^2$$

相应地

$$\left[\frac{\sqrt{2l^2 - 1} + 1}{2} \right] = n + 1 > \frac{\sqrt{2}}{2}$$

从而 $[l\sin \theta] + [l\cos \theta]$ 的最大值 $M = 2\left[\frac{\sqrt{2}}{2} l \right] + 1 = 2n + 1$. 于是引理得证.

由以上分析，如果 $l \in [\sqrt{2} n, \sqrt{n^2 + (n+1)^2})$，那么 $[l\cos \theta]$ 取且仅能得整数 $[l], [l] - 1, \cdots, n$. 如果 $l \in [\sqrt{n^2 + (n+1)^2}, \sqrt{2}(n+1)]$，那么 $[l\cos \theta]$ 则取且仅能得整数 $[l], [l] - 1, \cdots, n + 1$. 于是，有下面的引理.

引理 2 对于给定的 $l \in (0, +\infty)$，令 $n = \left[\dfrac{\sqrt{2}}{2}l\right]$，则有

$$c_m = \left[\frac{\sqrt{2l^2 - (2n-m)^2} + m}{2}\right]$$

$$m = -3, -2, \cdots, 2n - [l]$$

（1）若 $l \in [\sqrt{2}n, \sqrt{n^2 + (n+1)^2})$，则

$$D_{2n-k} = \cup_i [\arccos(n+i+2-k)l^{-1}, \arcsin(n-i)l^{-1})$$
$$\cup [\arcsin(n-c_{k-1}-1)l^{-1}, \arcsin(n-c_{k-1})l^{-1})$$
$$\cup_j [\arcsin(n-j-1)l^{-1}, \arccos(n+j+1-k)l^{-1})$$

其中 $k = 0, 1, 2, \cdots, 2n - [l]$，$c_{k-2} + 1 \leqslant i \leqslant c_{k-1} - 1$，$c_{k-1} + 1 \leqslant j \leqslant c_k - 1$. 特别地，令 $c_{-2} = -1$，$c_{-1} = -1$，$\arcsin(n+i)l^{-1} = \dfrac{\pi}{4}(i \geqslant 1)$.

（2）若 $l \in [\sqrt{n^2 + (n+1)^2}, \sqrt{2}(n+1))$，则

$$D_{2n-k} = \cup_i [\arccos(n+i+2-k)l^{-1}, \arcsin(n-i)l^{-1})$$
$$\cup [\arcsin(n-c_{k-1}-1)l^{-1}, \arcsin(n-c_{k-1})l^{-1})$$
$$\cup_j [\arcsin(n-j-1)l^{-1}, \arccos(n+j+1-k)l^{-1})$$

其中 $k = -1, 0, 1, 2, \cdots, 2n - [l]$，$c_{k-2} + 1 \leqslant i \leqslant c_{k-1} - 1$，$c_{k-1} + 1 \leqslant j \leqslant c_k - 1$. 特别地，令 $c_{-3} = -2$，$c_{-2} = -2$，$\arcsin(n+i)l^{-1} = \dfrac{\pi}{4}(i \geqslant 1)$.

证明 （1）如果 $l \in [\sqrt{2}n, \sqrt{n^2 + (n+1)^2})$，在 $[\arcsin(n-i-1)l^{-1}, \arcsin(n-i)l^{-1})(i = 0, 1, \cdots, n-1)$ 上，$[l\cos\theta]$ 最大可以取得整数 $n+i+1$.

若 $[l\cos\theta]$ 取值 $n+i+1$，则

$$l^2 - (n-i-1)^2 \geqslant (n+i+1)^2$$
$$l^2 - (n-i)^2 < (n+i+1)^2$$

186

即

$$2n^2 + 2(i+1)^2 \leqslant l^2 < 2\left[n + \frac{1}{2}\right]^2 + 2\left[i + \frac{1}{2}\right]^2$$

所以

$$\frac{\sqrt{2l^2 - (2n+1)^2} - 1}{2} < i \leqslant \frac{\sqrt{2l^2 - (2n)^2} - 2}{2}$$

若 $[l\cos\theta]$ 取值 $n+i$,则

$$l^2 - (n-i-1)^2 \geqslant (n+i)^2$$
$$l^2 - (n-i)^2 < (n+i)^2$$
$$\frac{\sqrt{2l^2 - (2n)^2}}{2} < i \leqslant \frac{\sqrt{2l^2 - (2n-1)^2} - 1}{2}$$

于是,一般地,在区间 $[\arcsin(n-i-1)l^{-1}, \arcsin(n-i)l^{-1})$ $(i=0,1,\cdots)$ 上,如果 $[l\cos\theta]$ 取值 $n+i-m$ $(m = -1,0,1,\cdots)$,那么

$$l^2 - (n-i-1)^2 \geqslant (n+i-m)^2$$
$$l^2 - (n-i)^2 < (n+i-m)^2$$

即

$$2\left[n - \frac{m+1}{2}\right]^2 + 2\left[i - \frac{m-1}{2}\right]^2 \leqslant l^2 < 2\left[n - \frac{m}{2}\right]^2 + 2\left[i - \frac{m}{2}\right]^2$$

所以

$$\frac{\sqrt{2l^2 - (2n-m)^2} + m}{2} < i \leqslant \frac{\sqrt{2l^2 - (2n-m-1)^2} + m - 1}{2}$$

故

$$D_{2n} = \left[\arcsin nl^{-1}, \frac{\pi}{4}\right] \cup_i$$
$$\left[\arcsin(n-i-1)l^{-1}, \arccos(n+i+1)l^{-1}\right]$$

其中 $0 \leqslant i \leqslant c_0 - 1$. 而

$$D_{2n-1} = \left[\arccos(n+i+1)l^{-1}, \arcsin(n-i)l^{-1}\right)$$
$$\cup \left[\arcsin(n-c_0-1)l^{-1}, \arcsin(n-c_0)l^{-1}\right)$$

$$\cup_j \left[\arcsin(n-j-1)l^{-1}, \arccos(n+j)l^{-1} \right)$$

其中 $0 \le i \le c_0 - 1, c_0 + 1 \le j \le c_1 - 1$. 所以

$$D_{2n-k} = \cup_i \left[\arccos(n+i+2-k)l^{-1}, \arcsin(n-i)l^{-1} \right)$$
$$\cup \left[\arcsin(n-c_{k-1}-1)l^{-1}, \arcsin(n-c_{k-1})l^{-1} \right)$$
$$\cup_j \left[\arcsin(n-j-1)l^{-1}, \arccos(n+j+1-k)l^{-1} \right)$$

其中 $k=1,2,3,\cdots,2n-[l], c_{k-2}+1 \le i \le c_{k-1}-1, c_{k-1}+1 \le j \le c_k - 1$.

（2）如果 $l \in \left[\sqrt{n^2+(n+1)^2}, \sqrt{2}(n+1) \right)$，那么在 $\left[\arcsin(n-i-1)l^{-1}, \arcsin(n-i)l^{-1} \right)$（$i=0,1,\cdots,n-1$）上，$[l\cos\theta]$ 最大可以取得整数 $n+2+i$. 类似地，在区间 $\left[\arcsin(n-i-1)l^{-1}, \arcsin(n-i)l^{-1} \right)$（$i=0,1,\cdots$）上，若 $[l\cos\theta]$ 取值 $n+i-m$（$m=-2,-1,0,\cdots$），则

$$2\left[n-\frac{m+1}{2} \right]^2 + 2\left[i-\frac{m-1}{2} \right]^2 \le l^2 < 2\left[n-\frac{m}{2} \right]^2 + 2\left[i-\frac{m}{2} \right]^2$$

即

$$\frac{\sqrt{2l^2-(2n-m)^2}+m}{2} < i \le \frac{\sqrt{2l^2-(2n-m-1)^2}+m-1}{2}$$

故

$$D_{2n-k} = \cup_i \left[\arccos(n+i+2-k)l^{-1}, \arcsin(n-i)l^{-1} \right)$$
$$\cup \left[\arcsin(n-c_{k-1}-1)l^{-1}, \arcsin(n-c_{k-1})l^{-1} \right)$$
$$\cup_j \left[\arcsin(n-j-1)l^{-1}, \arccos(n+j+1-k)l^{-1} \right)$$

其中 $k=0,1,2,\cdots,2n-[l], c_{k-2}+1 \le i \le c_{k-1}-1, c_{k-1}+1 \le j \le c_k - 1$. 引理得证.

事实上，上述任意两个 c_m 的差都不小于 1，因而 D_n 的表达式是有意义的. 且当 $2n-k=[l]$，即 $k=2n-[l]$ 时，有

$$n \le c_k = \left[\frac{\sqrt{2l^2 - [l]^2} + 2n - [l]}{2} \right] < n + 1$$

因而，$c_k = n$. 也就是说，上述 c_m 中 m 最大取值为 $2n - [l]$. 这样就得到了对应于 l 的 n，从而得到相应的 D_n，因而可以得到如下的定理.

定理 1　在间距为 1 的方格子系统中投入长度为 l 的针，交点个数为 k 的概率为

$$P_k = P(\xi_1 + \xi_2 = k)$$

$$= \int_0^{\frac{\pi}{4}} P(\xi_1 + \xi_2 = k \mid \theta) \mathrm{d}\theta$$

$$= \frac{4}{\pi} \Big[\int_{D_k} (1 - l\cos\theta + [l\cos\theta])(1 - l\sin\theta + [l\sin\theta]) \mathrm{d}\theta +$$

$$\int_{D_{k-1}} (1 - l\cos\theta + [l\cos\theta])(l\sin\theta - [l\sin\theta]) \mathrm{d}\theta +$$

$$\int_{D_{k-1}} (l\cos\theta - [l\cos\theta])(1 - l\sin\theta + [l\sin\theta]) \mathrm{d}\theta +$$

$$\int_{D_{k-2}} (l\cos\theta - [l\cos\theta])(l\sin\theta - [l\sin\theta]) \mathrm{d}\theta \Big]$$

其中

$$k = [l] - 1, [l], \cdots, 2n + 3, n = \left[\frac{\sqrt{2}}{2} \right]$$

$$D_k = \left\{ \theta \in \left[0, \frac{\pi}{4} \right] \mid [l\cos\theta] + [l\sin\theta] = k \right\}$$

D_k 的具体表达式如引理 2 中所述.

参 考 文 献

[1]　PERSI D. Buffon's problem with a long needle [J]. J Appl Prob. , 1976, 13:614-618.

[2]　MORTOM R R A. The expected number and angle of intersections between random curves in a plane [J]. J Appl Prob. , 1996(3):559-

562.

[3] MILES R E. Random Polygons determined by random lines in a plane [J]. Proc Nat Acad Sci. ,1964,52:901-907.

[4] WOLFOWITZ J. The distribution of plane angles of contact [J]. Quart J Appl Math. ,1949(7):117-120.

[5] HERBERT S. Geometric probability [M]. London:Society for industrial and applied mathematics,1978.

正多边形与平行线网相交的 Buffon 概率[①]

第 10 章

1733 年,Buffon 在他的一份研究报告的附录中讨论了著名的 Buffon 投针问题,20 世纪 80 年代任德麟[1]利用积分几何的方法将其推广到长针的问题,而后黎荣泽、张高勇在论文[2]中讨论了相交的两组平行线网上的 Buffon 概率作为前述问题的推广.

但是关于二维几何体的 Buffon 概率至今仍是一个开放性的问题. 黄冈师范学院数学与信息科学学院的李平、许金华,武汉科技大学理学院的李寿贵三位教授 2007 年利用求几何体运动测度的比值的方法来研究正三边形及正四边形的 Buffon 概率,并对此推广进一步总结出一般的正多边形的 Buffon 概率公式.

热心的读者将会发现:通过求几何体运动测度比值来解决几何体 Buffon 概率的方法具有方便和简洁的优点,所以

① 摘自《黄冈师范学院学报》,2007 年,第 27 卷第 6 期.

对下面提出的方法稍做修改我们就可以进一步解决更多的平面几何图形(包括更普通的多边形而不仅仅是正多边形)的 Buffon 概率. 对计算的方法稍做修改还能够解决平面几何图形与相交的两组平行线网上的 Buffon 概率.

1. 准备知识

运动测度　对于平面上的刚体运动群 G,P 是具有某属性的几何对象的集合, 几何体 K 的运动测度定义为

$$m(K) = \int_{\substack{g \in G \\ gK \in P}} \mathrm{d}g \tag{1}$$

考虑到研究的 Buffon 概率问题, 在 G 上定义如下的等价关系

$$\sim : \forall g_1, g_2 \in G, p(g_1 K) = p(g_2 K) \Rightarrow g_1 \sim g_2$$

其中, $p(*)$ 表示 Buffon 概率.

从而可得在此商集下的运动测度公式为

$$m(K) = \int_{\substack{g \in G/\sim \\ gK \in P}} \mathrm{d}g \tag{2}$$

2. 正三角形的 Buffon 概率

设正三边形的边长为 a, 平行线网的宽度为 D, 则 G 在等价关系 $\sim$ 下的商集为

$$G/\sim = \left\{ (0, y, h) \,\middle|\, 0 \leqslant y < \frac{D}{2}, 0 \leqslant h < \frac{2\pi}{3} \right\} \tag{3}$$

从而, 可得正三边形在商集 $G/\sim$ 下的运动测度为

$$m_0(K) = \int_{\substack{g \in G/\sim \\ gK \in P}} \mathrm{d}g = \int_0^{\frac{D}{2}} \int_0^{\frac{2\pi}{3}} \mathrm{d}h \mathrm{d}y = \frac{D}{2} \times \frac{2\pi}{3} = \frac{\pi D}{3} \tag{4}$$

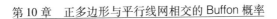

第 10 章　正多边形与平行线网相交的 Buffon 概率

（1）当 $0 < \dfrac{D}{2} < \dfrac{\overline{3}}{6}a$ 时,可知正三边形始终与平行线网相交,即此时正三边形在商集 $G/\sim$ 下与平行线网相交的运动测度 $m_1(K)$ 等于正三边形的运动测度 $m_0(K) = \dfrac{\pi D}{3}$.

（2）当 $\dfrac{\overline{3}}{6}a \leqslant \dfrac{D}{2} < \dfrac{\overline{3}}{6}a$ 时,可知正三边形与平行线网相交的运动群商集为

$$
\{(0,y,h)\} = \begin{cases} \left\{0 \leqslant y < \dfrac{\overline{3}}{6}a, 0 \leqslant h < \dfrac{2\pi}{3}\right\} \\[2mm] \left\{\dfrac{\overline{3}}{6}a \leqslant y < \dfrac{D}{2}, \arcsin\dfrac{\overline{3}y}{a} - \dfrac{\pi}{6} \leqslant h < \dfrac{5\pi}{6} - \arcsin\dfrac{\overline{3}y}{a}\right\} \end{cases}
$$

$$(5)$$

可求得正三边形与平行线网相交的运动测度为

$$
m_1(K) = \int_{\substack{g \in G/\sim \\ gK \in P}} \mathrm{d}g = \int_0^{\frac{\overline{3}}{6}a} \int_0^{\frac{2\pi}{3}} \mathrm{d}h\,\mathrm{d}y + \int_{\frac{\overline{3}}{6}a}^{\frac{D}{2}} \int_{\arcsin\frac{\overline{3}y}{a}}^{\frac{5\pi}{6} - \arcsin\frac{\overline{3}y}{a}} \mathrm{d}h\,\mathrm{d}y
$$

$$
= \dfrac{D\pi}{2} + a - D\arcsin\dfrac{\overline{3}D}{2a} - \dfrac{\overline{4a^2 - 3D^2}}{3} \qquad (6)
$$

（3）当 $\dfrac{\overline{3}}{3}a \leqslant \dfrac{D}{2}$ 时,可知正三边形与平行线网相交的运动群商集为

$$
\{(0,y,h)\} = \begin{cases} \left\{0 \leqslant y < \dfrac{\overline{3}}{6}a, 0 \leqslant h < \dfrac{2\pi}{3}\right\} \\[2mm] \left\{\dfrac{\overline{3}}{6}a \leqslant y < \dfrac{\overline{3}}{3}a, \arcsin\dfrac{\overline{3}y}{a} - \dfrac{\pi}{6} \leqslant h < \dfrac{5\pi}{6} - \arcsin\dfrac{\overline{3}y}{a}\right\} \end{cases}
$$

$$(7)$$

可求得正三边形与平行线网相交的运动测度为

$$m_1(K) = \int_{\substack{g \in G/\sim \\ gK \in P}} \mathrm{d}g = \int_0^{\frac{\sqrt{3}}{6}a} \int_0^{\frac{2\pi}{3}} \mathrm{d}h\mathrm{d}y + \int_{\frac{\sqrt{3}}{6}a}^{\frac{\sqrt{3}}{3}a} \int_{\arcsin\frac{\sqrt{3}y}{a} - \frac{\pi}{6}}^{\frac{5\pi}{6} - \arcsin\frac{\sqrt{3}y}{a}} \mathrm{d}h\mathrm{d}y$$

$$= a \qquad\qquad (8)$$

从而,对于情况(1)(2)(3),正三边形的 Buffon 概率为

$$p = \frac{m_1(K)}{m_0(K)} \qquad\qquad (9)$$

3. 正四边形的 Buffon 概率

设正四边形的边长为 a,平行线网的宽度为 D,则 G 在等价关系 $\sim$ 下的商集为

$$G/\sim = \left\{ (0,y,h) \left| 0 \leqslant y < \frac{D}{2}, 0 \leqslant h < \frac{\pi}{2} \right. \right\} \quad (10)$$

从而,可得正四边形在商集 $G/\sim$ 下的运动测度为

$$m_0(K) = \int_{\substack{g \in G/\sim \\ gK \in P_0}} \mathrm{d}g = \int_0^{\frac{D}{2}} \int_0^{\frac{\pi}{2}} \mathrm{d}h\mathrm{d}y = \frac{D}{2} \times \frac{\pi}{2} = \frac{\pi D}{4}$$

$$(11)$$

(1)当 $0 < \frac{D}{2} < \frac{a}{2}a$ 时,可知正四边形始终与平行线网相交,即此时正四边形在商集 $G/\sim$ 下与平行线网相交的运动测度 $m_1(K)$ 等于正四边形的运动测度 $m_0(K) = \frac{\pi D}{4}$.

(2)当 $\frac{a}{2} \leqslant \frac{D}{2} < \frac{\sqrt{2}}{2}a$ 时,可知正四边形与平行线网相交的运动群商集为

194

$$\{(0,y,h)\} = \begin{cases} \left\{0 \leqslant y < \dfrac{a}{2}, 0 \leqslant h < \dfrac{\pi}{2}\right\} \\ \left\{\dfrac{a}{2} \leqslant y < \dfrac{D}{2}, \dfrac{\pi}{4} - \arcsin\dfrac{\overline{2}y}{a} \leqslant h < \dfrac{\pi}{4} + \arcsin\dfrac{\overline{2}y}{a}\right\} \end{cases}$$

（12）

可求得正四边形与平行线网相交的运动测度为

$$m_1(K) = \int_{\substack{g \in G/\sim \\ gK \in P_1}} \mathrm{d}g = \int_0^{\frac{a}{2}} \int_0^{\frac{\pi}{2}} \mathrm{d}h \mathrm{d}y + \int_{\frac{a}{2}}^{\frac{D}{2}} \int_{\frac{\pi}{4} - \arcsin\frac{\overline{2}}{a}y}^{\frac{\pi}{4} + \arcsin\frac{\overline{2}}{a}y} \mathrm{d}h \mathrm{d}y$$

$$= D\arcsin\frac{\overline{2}D}{2a} - \overline{2a^2 - D^2} + a \qquad (13)$$

（3）当 $\dfrac{\overline{2}}{2}a \leqslant \dfrac{D}{2}$ 时，可知正四边形与平行线网相交的运动群商集为

$$\{(0,y,h)\} = \begin{cases} \left\{0 \leqslant y < \dfrac{a}{2}, 0 \leqslant h < \dfrac{\pi}{2}\right\} \\ \left\{\dfrac{a}{2} \leqslant y < \dfrac{\overline{2}}{2}a, \dfrac{\pi}{4} - \arcsin\dfrac{\overline{2}y}{a} \leqslant h < \dfrac{\pi}{4} + \arcsin\dfrac{\overline{2}y}{a}\right\} \end{cases}$$

（14）

可求得正四边形与平行线网相交的运动测度为

$$m_1(K) = \int_{\substack{g \in G/\sim \\ gK \in P_1}} \mathrm{d}g = \int_0^{\frac{a}{2}} \int_0^{\frac{\pi}{2}} \mathrm{d}h \mathrm{d}y + \int_{\frac{a}{2}}^{\frac{\overline{2}}{2}a} \int_{\frac{\pi}{4} - \arcsin\frac{\overline{2}}{a}y}^{\frac{\pi}{4} + \arcsin\frac{\overline{2}}{a}y} \mathrm{d}h \mathrm{d}y$$

$$= a \qquad (15)$$

从而，对于情况（1）（2）（3），正四边形的 Buffon 概率为

$$p = \frac{m_1(K)}{m_0(K)} \qquad (16)$$

195

4. 正凸多边形的 Buffon 概率

设正多边形的边长为 a，平行线网的宽度为 D. 则 G 在等价关系 ~ 下的商集为

$$G/\sim = \left\{ (0,y,h) \left| 0 \leqslant y < \frac{D}{2}, 0 \leqslant h < \frac{2\pi}{n} \right. \right\} \quad (17)$$

从而，可得正多边形在商集 $G/\sim$ 下的运动测度为

$$m_0(K) = \int_{\substack{g \in G/\sim \\ gK \in P_0}} \mathrm{d}g = \int_0^{\frac{D}{2}} \int_0^{\frac{2\pi}{n}} \mathrm{d}h \mathrm{d}y = \frac{D}{2} \times \frac{2\pi}{n} = \frac{\pi D}{n}$$

$$(18)$$

(1) 当 $0 < \dfrac{D}{2} < \dfrac{a}{2}\tan\dfrac{(n-2)\pi}{2n}$ 时，可知正多边形始终与平行线网相交，即此时正多边形在商集 $G/\sim$ 下与平行线网相交的运动测度 $m_1(K)$ 等于正多边形的运动测度 $m_0(K) = \dfrac{\pi D}{n}$.

(2) 当 $\dfrac{a}{2}\tan\dfrac{(n-2)\pi}{2n} \leqslant \dfrac{D}{2} < \dfrac{a}{2}\sec\dfrac{(n-2)\pi}{2n}$ 时，可知正多边形与平行线网相交的运动群商集为

$$\{(0,y,h)\} = \begin{cases} G_1 \\ G_2 \end{cases} \quad (19)$$

这里

$$G_1 = \left\{ 0 \leqslant y < \frac{a}{2}\tan\frac{(n-2)\pi}{2n}, 0 \leqslant h < \frac{2\pi}{n} \right\}$$

$$G_2 = \left\{ \frac{a}{2}\tan\frac{(n-2)\pi}{2n} \leqslant y < \frac{D}{2}, \arcsin\frac{2y\cos\frac{(n-2)\pi}{2n}}{a} - \right.$$

$$\left. \frac{(n-2)\pi}{2n} \leqslant h < \frac{(n-2)\pi}{2n} - \arcsin\frac{2y\cos\frac{(n-2)\pi}{2n}}{a} \right\}$$

可求得正多边形与平行线网相交的运动测度为

$$m_1(K) = \int_0^{\frac{a}{2}\tan\frac{(n-2)\pi}{2n}} \int_0^{\frac{2\pi}{n}} \mathrm{d}h\mathrm{d}y + \int_{\frac{a}{2}\tan\frac{(n-2)\pi}{2}}^{\frac{D}{2}} \int_{\arcsin\frac{2y\cos\frac{(n-2)\pi}{2n}}{a} - \frac{(n-2)\pi}{2n}}^{\frac{(n-2)\pi}{2n} - \arcsin\frac{2y\cos\frac{(n-2)\pi}{a}}{a}} \mathrm{d}h\mathrm{d}y$$

$$= \frac{D\pi}{2} + a - D\arcsin\left[\frac{D}{a}\cos\frac{(n-2)\pi}{2n}\right] -$$

$$\overline{a^2\sec^2\frac{(n-2)\pi}{2n} - D^2} \qquad (20)$$

（3）当 $\frac{a}{2}\sec\frac{(n-2)\pi}{2} \leqslant \frac{D}{2}$ 时，可知正多边形与平

行线网相交的运动群商集为

$$\{(0,y,h)\} = \begin{cases} G_1 \\ G_2 \end{cases} \qquad (21)$$

这里

$$G_1 = \left\{0 \leqslant y < \frac{a}{2}\tan\frac{(n-2)\pi}{2n}, 0 \leqslant h < \frac{2\pi}{n}\right\}$$

$$G_2 = \left\{\frac{a}{2}\tan\frac{(n-2)\pi}{2n} \leqslant y < \frac{a}{2}\sec\frac{(n-2)\pi}{2n},\right.$$

$$\arcsin\frac{2y\cos\frac{(n-2)\pi}{2n}}{a} - \frac{(n-2)\pi}{2n} \leqslant$$

$$\left. h < \frac{(n+2)\pi}{2n} - \arcsin\frac{2y\cos\frac{(n-2)\pi}{2n}}{a}\right\}$$

可求得正多边形与平行线网相交的运动测度为

$$m_1(K) = \int_0^{\frac{a}{2}\tan\frac{(n-2)\pi}{2n}} \int_0^{\frac{2\pi}{n}} \mathrm{d}h\mathrm{d}y + \int_{\frac{a}{2}\tan\frac{(n-2)\pi}{2}}^{\frac{a}{2}\sec\frac{(n-2)\pi}{2n}} \int_{\arcsin\frac{2y\cos\frac{(n-2)\pi}{2n}}{a} - \frac{(n+2)\pi}{2n}}^{\frac{(n+2)\pi}{2n} - \arcsin\frac{2y\cos\frac{(n-2)\pi}{2n}}{a}} \mathrm{d}h\mathrm{d}y$$

$$= a \qquad (22)$$

从而，对于情况（1）（2）（3），正多边形的 Buffon 概率

为

$$p = \frac{m_1(K)}{m_0(K)} \qquad (23)$$

5. 结论与展望

本章主要利用了求几何体运动测度比值的方法，通过计算一些具体的平面体在平行线网中的概率，总结规律来推导出一般的二维正多边形的概率公式. 本章中所考虑的两个具体例子是正三边形和正四边形. 很显然，对于更为普通的二维几何体来说，把本章计算部分中的相应条件作适当更换就可以得到更为一般的相关结论. 特别值得指出的是：如果把圆看成正多边形，当边数趋向正无穷大时的极限，我们可以通过对正多边形概率公式求极限来得出圆的概率. 并且我们还可以把本章中的平行线网替换成网格从而得到相应的类似结论.

参 考 文 献

[1]　任德麟. 积分几何学引论[M]. 上海：上海科学技术出版社，1988.

[2]　黎荣泽，张高勇. 某些凸多边形内定长线段的运动测度公式及其在几何概率中的应用[J]. 武汉钢铁学院学报，1984(1)：106-128.

[3]　USPENSKY J V. Introduction to mathematical probability [M]. New York：Mc Graw-Hill，1937.

[4]　SANTALÓ L A. Integral geometry and geometric probability [M]. Massachusetts Addison-Wesley，1976.

复杂网格的 Buffon 概率问题[①]

武汉科技大学理学院的肖艳、李寿贵、李满满三位教授 2008 年研究了两种复杂网格的几何概率问题,通过利用凸域内定长线段的运动测度,得到了这两种复杂网格的 Buffon 概率.

1. 平面凸域的包含测度

设平面上有两区域 K_0 和 K, K_0 位置固定, K 位置可变,把 K 带到 K_0 内部的运动 u 所组成的集合记作 $X = \{u:uK \subset K_0\}$,集合 X 的运动测度为

$$m\{u:uK \subset K_0\} = \int_{uK \subset K_0} \mathrm{d}K = \int_{uK \subset K_0} \mathrm{d}p \wedge \mathrm{d}\varphi \wedge \mathrm{d}t$$

其中, p, φ, t 为运动参数, $m\{u:uK \subset K_0\}$ 称为 K 包含于 K_0 内部的包含测度.

如何表达和计算包含测度是积分几何中重要的问题之一. 1980 年,任德麟建

---

① 摘自《应用数学》,2008,20(增):29-32.

立了凸域内定长线段运动测度的一般公式,计算了矩形域内定长线段的运动测度,并将其运用到几何概率中[1,2]. 1984 年,黎荣泽和张高勇计算了平行四边形、三角形和正六边形内定长线段的运动测度[4].

定理 1 设 D 为平面上有界闭凸域,周长为 L,面积为 F,N 为长度等于常数 l 的线段. 含于 D 内 N 的运动测度为 $m(l)$,则有

$$m(l) = \pi F - lL + \int_{\substack{B \cap D \neq \varnothing \\ \sigma \leq l}} (l - \sigma) \mathrm{d}G$$

其中,σ 表示 D 被 G 所截的弦长.

由于上式不便于实际计算,任德麟又引入凸域的广义支撑函数和限弦函数两个新概率.

定义 1 以 σ 表示凸域 D 被直线 G 截出的弦长,当 G 仅与 ∂D 相交(包括 $GI, \partial D$ 是线段情形). 令 $\sigma = 0$,G 的表示取广义法式,对任意给定的 σ 及 $\phi(0 \leq \phi \leq 2\pi)$,置

$$p(\sigma, \phi) = \sup_{G} \{p : m[G \cap (\mathrm{int}\ D)] = \sigma\} \quad (1)$$

二元函数 $p(\sigma, \phi)$ 称为凸域 D 的广义支撑函数.

定义 2 以 $\sigma_M(\phi)$ 表示垂直于 ϕ 方向的直线 G 与凸域 D 截出的弦长最大值,即 $\sigma_M(\phi) = \sup_{G} \{\sigma : \sigma = m[G \cap (\mathrm{int}\ D)]\}$,对任意给定的 $l(l \leq 0)$ 及 $\phi(0 \leq \phi \leq 2\pi)$,置

$$r(l, \phi) = \min\{l, \sigma_M(\phi)\} \quad (2)$$

二元函数 $r(l, \phi)$ 称为凸域 D 的限弦函数.

利用上面两个定义,定理(1)中的公式可转化为以下形式.

定理 2 设 $p(\sigma, \phi)$ 和 $r(l, \phi)$ 分别为凸域 D 的广义支撑函数和限弦函数,$m(l)$ 的定义同前,则有

$$m(l) = \pi F - \int_0^{2\pi} \mathrm{d}\phi \int_0^{r(l,\phi)} p(\sigma,\phi)\mathrm{d}\sigma \qquad (3)$$

其中 F 为 D 的面积.

以上定义及结论详见 [1-3]. 对于任意的凸多边形,在 l 满足某些条件下情况下,Santaló 给出了凸多边形域 $m(l)$ 的另外一个便于计算的公式[5].

定理 3　设 K 为一个凸多边形,N 为长度等于常数 l 的线段,K 的面积为 F,周长为 L,假定 N 的长度 l 限定它不能同两条不相邻的边都相交,则含于 K 内长度为 l 的线段的运动测度为

$$m(l) = \pi F - lL + \frac{l^2}{4}\sum_{A_i}\left[1 + (\pi - A_i)\cot A_i\right]$$

$$(4)$$

其中 A_i 为凸多边形的内角.

2. 正八边形与正方形组成的网格的 Buffon 概率

以上所述的计算凸域包含测度的方法可应用于许多复杂的几何概率问题中.

定理 4　平面上的网格,其基本区域是由边长为 a 的正八边形 K_1 和边长为 a 的正方形 K_2 组成(图 1),长度为 $l(l<a)$ 的小针 N 随机地投掷于平面上,则小针与该网格相遇的概率为

$$p = \frac{12l}{(3+2\sqrt{2})\pi a} - \frac{(3-(\pi/2))l^2}{(3+2\sqrt{2})\pi a^2} \qquad (5)$$

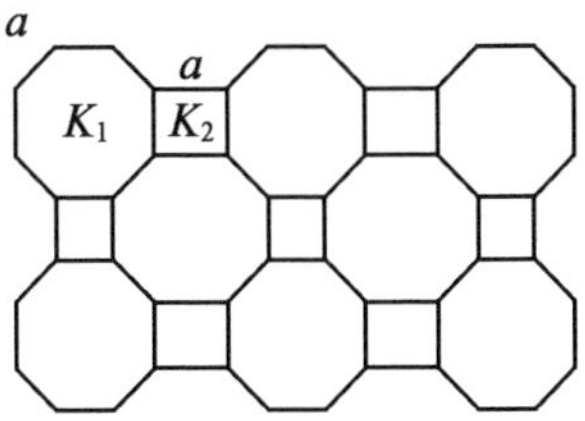

图 1

201

证明 设 K_1 的面积和周长分别为 F_1, L_1, K_2 的面积和周长为 F_2, L_2,含于 K_1 内的长为 l 的小针的运动测度为 $m_1(l)$,含于 K_2 内的长为 l 的小针的运动测度为 $m_2(l)$.

我们取 n^2 个边长为 a 的小正方形构成边长为 na 的大正方形,将所讨论的网格划出一个有限的部分.含于大正方形的运动测度记为 $m_{(na)}(l)$,若 n 足够大,则小针与该(有限)网格相遇的概率 p_n 近似为

$$p_n \approx \frac{m_{(na)}(l) - \dfrac{n^2 a^2}{F_1 + F_2}(m_1(l) + m_2(l))}{m_{(na)}(l)}$$

令 $n \to \infty$,得小针与该网格相遇的概率 p

$$p = \lim_{n \to \infty} \frac{m_{(na)}(l) - \dfrac{n^2 a^2}{F_1 + F_2}(m_1(l) + m_2(l))}{m_{(na)}(l)} \tag{6}$$

下面计算 $m_1(l), m_2(l), m_{(na)}(l)$.

先计算 $m_1(l)$,在平面上取好坐标系 xOy,由对称性仅需考虑 0 到 $\dfrac{\pi}{4}$ 的积分,对于 $0 \le \phi \le \dfrac{\pi}{4}$,$K_1$ 的限弦函数为 $r(l, \phi) = l, l < a, 0 \le \phi \le \dfrac{\pi}{4}$,广义支撑函数为

$$p(\sigma, \phi) = \sigma(\sin \phi - \cos \phi)\sin \phi + \frac{1}{2}a\sin \phi + \frac{1 + \sqrt{2}}{2}a\cos \phi$$

$$0 \le \phi \le \frac{\pi}{4}, 0 \le \sigma \le r(l, \phi)$$

利用公式(3),得

$$m_1(l) = 2(1 + \sqrt{2})\pi a^2 - 8\int_0^{\frac{\pi}{4}} d\phi \int_0^l \sigma(\sin \phi - \cos \phi)\sin \phi +$$

$$\frac{1}{2}a\sin \phi + \frac{\sqrt{2} + 1}{2}a\cos \phi d\sigma$$

$$= (2 + 2\sqrt{2})\pi a^2 - 8al + \left[2 - \frac{\pi}{2}\right]l^2$$

用同样的方法可以算出

$$m^2(l) = \pi a^2 - 4al + l^2, m_{(na)}(l) = \pi n^2 a^2 - 4nal + l^2$$

再利用(6),得

$$p = \frac{12l}{(3 + 2\sqrt{2})\pi a} - \frac{3 - (\pi/2)l^2}{(3 + 2\sqrt{2})\pi a^2}$$

本章只讨论了小针的长度 $l < a$ 的情况,对于 $l \geqslant a$ 的情形,可以分别就 $a \leqslant l < \sqrt{2}\,a, \sqrt{2}\,a \leqslant l < \sqrt{2 + \sqrt{2}}\,a$,

$\sqrt{2 + \sqrt{2}}\,a \leqslant l < (1 + \sqrt{2})\,a, (1 + \sqrt{2})\,a \leqslant l < \sqrt{4 + 2\sqrt{2}}\,a$

四种情形找出限弦函数和广义支撑函数,利用公式(3)算出相应的包含测度,从而求出所求的几何概率.

3. 六边形与菱形组成的网格的 Buffon 概率

下面是对另一种复杂网格的几何概率问题的讨论.

定理 5　平面上的网格 $K_{\alpha,a}$,其基本区域是由边长为 a 的六边形域 K_1 和边长为 a 的菱形域 K_2 组成,其中六边形的内角分别为 $\pi - \alpha$ 和 $2\alpha, \alpha \in \left[0, \frac{\pi}{2}\right]$(图 2).将长度为 $l(l < a)$ 的小针随机地投掷于平面上,则 N 与该网格相遇的概率为

$$p = \frac{5}{\pi(\sin\alpha + \sin 2\alpha)} \cdot \frac{l}{a} - \frac{\dfrac{5}{2} - \alpha\cos\alpha - (3\alpha - \pi)\cot 2\alpha}{2\pi(\sin\alpha + \sin 2\alpha)} \cdot \frac{l^2}{a^2}$$

$$(7)$$

证明　设 K_1 的面积和周长分别为 F_1, L_1, K_2 的面积和周长为 F_2, L_2,含于 K_1 内的长为 l 的小针的运动测度为 $m_1(l)$,含于 K_2 内的长为 l 的小针的运动测度

为$m_2(l)$.

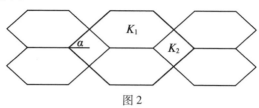

图 2

由于$l < a$,因此我们可以利用公式(4)来计算运动测度. 可得

$$F_1 = 2a^2(1 + \cos \alpha)\sin \alpha, \quad F_2 = a^2 \sin 2\alpha$$

$$m_1(l) = 2\pi a^2(1 + \cos \alpha)\sin \alpha - 6al +$$

$$\frac{l^2}{4}\left[2(1 + (\pi - 2\alpha)\cot 2\alpha + 4(1 + \alpha\cot(\pi - \alpha)))\right]$$

$$= 2\pi a^2 \sin \alpha + \pi a^2 \sin 2\alpha - 6al + \frac{3}{2}l^2 +$$

$$\frac{\pi - 2\alpha}{2}l^2 \cot 2\alpha - \alpha l^2 \cot \alpha$$

$$m_2(l) = \pi a^2 \sin 2\alpha - 4al + \frac{l^2}{4}\left[2(1 + (\pi - 2\alpha)\cot 2\alpha) + \right.$$

$$\left. 2(1 + 2\alpha\cot(\pi - 2\alpha))\right]$$

$$= \pi a^2 \sin 2\alpha - 4al + l^2 + \frac{\pi - 4\alpha}{2}l^2 \cot 2\alpha$$

$$m_{(na)}(l) = \pi n^2 a^2 - 4nal + l^2$$

利用公式(6),有

$$p = \frac{5}{\pi(\sin \alpha + \sin 2\alpha)} \cdot \frac{l}{a} - \frac{\frac{5}{2} - \alpha\cot \alpha - (3\alpha - \pi)\cot 2\alpha}{2\pi(\sin \alpha + \sin 2\alpha)} \cdot \frac{l^2}{a^2}$$

特殊情形 1 当$\alpha = \dfrac{\pi}{3}$时,基本区域是由正六边形和菱形组成,则该网络$K_{\pi/3, a}$的概率为

$$p = \frac{5\sqrt{3}}{3\pi} \cdot \frac{l}{a} - \frac{5\sqrt{3}/2 - \pi/3}{6\pi} \cdot \frac{l^2}{a^2}$$

特殊情形2　当 $\alpha = \dfrac{\pi}{4}$ 时,基本区域是由正六边形

和正方形组成,则该网络 $K_{\pi/4,a}$ 的概率为

$$p = \frac{10}{(2+\sqrt{2})\pi} \cdot \frac{l}{a} - \frac{5 - \pi/2}{2(2+\sqrt{2})\pi} \cdot \frac{l^2}{a^2}$$

以上讨论仍只限于 $l < a$ 的情况,与上面的例子一样,
也可讨论 $l \geqslant a$ 的情况,注意公式(4)只适用于 $l < a$ 的
情形,因此对于 $l \geqslant a$ 的情形,仍需应用公式(3).

参 考 文 献

[1]　任德麟. 积分几何学引论[M]. 上海:上海科学技术出版社,1988.

[2]　REN D L. Topics in integral geometry [M]. Singapore:World Scientific,1994.

[3]　REN D L. The generalized support function and its applications [M]. Beijing:Science Press,1982:1367-1378.

[4]　黎荣泽,张高勇. 某些凸多边形内定长线段运动测度公式及其在几何概率中的应用[J]. 武汉钢铁学院学报,1984,1:106-128.

[5]　SANTALÓ L A. Integral geometry and geometric probability [M]. MA:Addison-Wesley,1976.

一类特殊网格的几何概率[①]

第 12 章

1. 引言

凸体的包含测度问题是积分几何中相当重要的课题之一. 任德麟在 20 世纪 80 年代建立了二维和 n 维含于凸体内定长线段的的运动测度的系统理论. 推导出 n 维欧式空间中凸体的弦幂积分不等式, 提出并解决了一系列复杂的几何概率课题[1,2]. Santaló 将平行线网格推广到平行带域网格, 同时将小针推广到凸域, 但他只研究了凸域直径不超过带域间距离的情况. 任德麟做出了进一步推广, 取消凸域直径不超过带域间距离这一限制, 而后其学生黎荣泽、张高勇讨论了相交的两组平行线网格上的 Buffon 概率, 武汉科技大学理学院的邹明田、李寿贵、陈莉莉三位教授 2014 年研究了以正六边形和菱形为基本区域的复合网格中的 Buffon 问题.

① 摘自《数学杂志》,2014 年,第 2 期,第 34 卷.

2.预备知识

定义1　以 σ 表示凸域 D 被直线 G 截出的弦长. 当 G 仅与 ∂D 相交包括 G 是线段情形,约定 $\sigma = 0$,G 的表示取广义法式,对任意给定的 σ 和 $\varphi(0 \leqslant \varphi \leqslant 2\pi)$,令

$$p(\sigma,\varphi) = \sup_{G}\{p : m[G \cap (\mathrm{int}\, D)] = \sigma\} \qquad (1)$$

称二元函数 $p(\sigma,\varphi)$ 为凸域的广义支撑函数[1-3].

定义2　以 $\sigma_M(\varphi)$ 表示垂直于 φ 方向的直线 G 与凸域 D 截出的弦长最大值,即

$$\sigma_M(\varphi) = \sup_{G}\{\sigma : \sigma = m[G \cap (\mathrm{int}\, D)]\} \qquad (2)$$

对任意给定的 $l(l \geqslant 0)$ 及 $\varphi(0 \leqslant \varphi \leqslant 2\pi)$,令

$$r(l,\varphi) = \min\{l,\sigma_M(\varphi)\} \qquad (3)$$

称二元函数 $r(l,\varphi)$ 为凸域 D 的限弦函数[1-3].

3.主要内容

考虑将长为 l 的小针投掷于以正六边形 K_1 和菱形 K_2 为基本区域的平面网格(图1)中,研究小针与此网格相交的概率.

图 1

设 K_1,K_2 的面积和周长分别为 F_1,F_2 和 L_1,L_2,含于 K_1 内小针的运动测度为 $m_1(l)$,含于 K_2 内小针的运动测度为 $m_2(l)$.

假设正六边形的边长为 a,则 $F_1 = \dfrac{3\sqrt{3}}{2}a^2$,$F_2 = \dfrac{\sqrt{3}}{2}a^2$.

取 n^2 个边长为 a 的正方形组成以 na 为边长的大正方形,含于大正方形内小针的运动测度记为 $m_3(l)$,当 $n \to \infty$ 时,有

$$p = \lim_{n \to \infty} \frac{m_3(l) - \dfrac{(na)^2}{F_1 + F_2}(m_1(l) + m_2(l))}{m_3(l)} \qquad (4)$$

即为小针与此网格相遇的概率[5].

引理 1 设 $p(\sigma, \varphi)$ 和 $r(l, \varphi)$ 分别为凸域 D 的广义支撑函数和限弦函数, $m(l)$ 的定义同前,则有

$$m(l) = \pi F - \int_0^{2\pi} \mathrm{d}\varphi \int_0^{r(l,\varphi)} p(\sigma, \varphi) \mathrm{d}\sigma \qquad (5)$$

其中 F 为 D 的面积[1].

对于边长为 a ,一个角为 $\dfrac{\pi}{3}$ 的菱形建立如下坐标系(图 2).

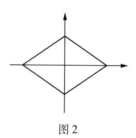

图 2

则此菱形的广义支撑函数为

$$p_1 = \frac{\sqrt{3}}{2} a \cos\varphi - \frac{\sqrt{3}}{6}\sigma(3\cos^2\varphi - \sin^2\varphi), \sigma \in \left[0, \frac{\pi}{3}\right)$$

$$p_2 = \frac{1}{2} a \sin\varphi + \frac{\sqrt{3}}{6}\sigma(3\cos^2\varphi - \sin^2\varphi), \sigma \in \left[\frac{\pi}{3}, \frac{\pi}{2}\right]$$

限弦函数为

$$r(l,\varphi)=\begin{cases} l,\, l\in\left[0,\dfrac{\sqrt{3}a}{2}\right),\varphi\in\left[0,\dfrac{\pi}{2}\right] \\[2mm] l,\, l\in\left[\dfrac{\sqrt{3}a}{2},a\right),\varphi\in\left[0,\dfrac{\pi}{6}-\arccos\dfrac{\sqrt{3}a}{2l}\right] \\[2mm] \dfrac{\sqrt{3}a}{2\cos\left(\varphi-\dfrac{\pi}{6}\right)},\, l\in\left[\dfrac{\sqrt{3}a}{2},a\right),\varphi\in\left(\dfrac{\pi}{6}-\arccos\dfrac{\sqrt{3}a}{2l},\dfrac{\pi}{6}+\arccos\dfrac{\sqrt{3}a}{2l}\right] \\[2mm] l,\, l\in\left[\dfrac{\sqrt{3}a}{2},a\right),\varphi\in\left(\dfrac{\pi}{6}+\arccos\dfrac{\sqrt{3}a}{2l},\dfrac{\pi}{3}\right] \\[2mm] l,\, l\in\left[\dfrac{\sqrt{3}a}{2},a\right),\varphi\in\left(\dfrac{\pi}{3},\dfrac{\pi}{2}\right] \\[2mm] \dfrac{\sqrt{3}a}{2\cos\left(\varphi-\dfrac{\pi}{6}\right)},\, l\in[a,\sqrt{3}a],\varphi\in\left(\dfrac{\pi}{3},\dfrac{\pi}{6}+\arccos\dfrac{\sqrt{3}a}{2l}\right] \\[2mm] l,\, l\in[a,\sqrt{3}a],\varphi\in\left(\dfrac{\pi}{6}+\arccos\dfrac{\sqrt{3}a}{2l},\dfrac{\pi}{2}\right) \end{cases}$$

设 $I=\int_0^{\frac{\pi}{2}}\mathrm{d}\varphi\int_0^{r(l,\varphi)}p\,\mathrm{d}\sigma$，则分三种情况讨论：

（1）$l\in\left[0,\dfrac{\sqrt{3}a}{2}\right]$，有

$$I_1=\int_0^{\frac{\pi}{2}}\mathrm{d}\varphi\int_0^l p\,\mathrm{d}\sigma=\int_0^{\frac{\pi}{3}}\mathrm{d}\varphi\int_0^l p_1\,\mathrm{d}\sigma+\int_{\frac{\pi}{3}}^{\frac{\pi}{2}}\mathrm{d}\varphi\int_0^l p_2\,\mathrm{d}\sigma$$

$$=al-\dfrac{l^2}{4}-\dfrac{\sqrt{3}}{72}\pi l^2$$

（2）$l\in\left[\dfrac{\sqrt{3}a}{2},a\right)$，有

$$I_2=\int_0^{\frac{\pi}{6}-\arccos\frac{\sqrt{3}a}{2l}}\mathrm{d}\varphi\int_0^l p_1\,\mathrm{d}\sigma+\int_{\frac{\pi}{6}-\arccos\frac{\sqrt{3}a}{2l}}^{\frac{\pi}{6}+\arccos\frac{\sqrt{3}a}{2l}}\mathrm{d}\varphi\int_0^{\frac{\sqrt{3}a}{2\cos\varphi}}p_1\,\mathrm{d}\sigma+$$

$$\int_{\frac{\pi}{6}+\arccos\frac{\sqrt{3}a}{2l}}^{\frac{\pi}{3}}\mathrm{d}\varphi\int_0^l p_1\mathrm{d}\sigma + \int_{\frac{\pi}{3}}^{\frac{\pi}{2}}\mathrm{d}\varphi\int_0^l p_2\mathrm{d}\sigma$$

$$= al - \frac{l^2}{4} - \frac{\sqrt{3}}{72}\pi l^2 - \frac{5}{4}a\sqrt{l^2 - \frac{3}{4}a^2} +$$

$$\left(\frac{\sqrt{3}}{6}l^2 + \frac{\sqrt{3}}{2}a^2\right)\arccos\frac{\sqrt{3}a}{2l}$$

（3）$l \in [a,\sqrt{3}a]$，有

$$I_3 = \int_0^{\frac{\pi}{3}}\mathrm{d}\varphi\int_0^{\frac{h}{\cos(\varphi-\frac{\pi}{6})}} p_1\mathrm{d}\sigma + \int_{\frac{\pi}{3}}^{\frac{\pi}{6}+\arccos\frac{\sqrt{3}a}{2l}}\mathrm{d}\varphi\int_a^{\frac{\sqrt{3}a}{2\cos(\varphi-\frac{\pi}{6})}} p_2\mathrm{d}\sigma +$$

$$\int_{\frac{\pi}{6}+\arccos\frac{\sqrt{3}a}{2l}}^{\frac{\pi}{2}}\mathrm{d}\varphi\int_a^l p_2\mathrm{d}\sigma$$

$$= \frac{\sqrt{3}}{24}\pi a^2 + \frac{\sqrt{3}}{36}\pi l^2 + \frac{3}{16}a^2 + \frac{l^2}{8} - \frac{3}{8}a\sqrt{l^2 - \frac{3}{4}a^2} +$$

$$\left(\frac{\sqrt{3}}{4}a^2 - \frac{\sqrt{3}}{12}l^2\right)\arccos\frac{\sqrt{3}a}{2l}$$

于是此菱形的运动测度为

$$m_2(l) = \frac{\sqrt{3}}{2}\pi a^2 - 4I$$

将前面的结果代入可得

$$m_2(l) = \begin{cases} \frac{\sqrt{3}}{2}\pi a^2 - 4al + l^2 + \frac{\sqrt{3}}{18}\pi l^2, l \in \left[0,\frac{\sqrt{3}}{2}a\right) \\[2mm] \frac{\sqrt{3}}{2}\pi a^2 - 4al + l^2 + \frac{\sqrt{3}}{18}\pi l^2 + 5a\sqrt{l^2 - \frac{3}{4}a^2}, \\[2mm] \quad -\left(\frac{2\sqrt{3}}{3}l^2 + 2\sqrt{3}a^2\right)\arccos\frac{\sqrt{3}a}{2l}, l \in \left[\frac{\sqrt{3}}{2}a,a\right) \\[2mm] \frac{\sqrt{3}}{3}\pi a^2 - \frac{3}{4}a^2 - \frac{1}{2}l^2 - \frac{\sqrt{3}}{9}\pi l^2 + \frac{3}{2}a\sqrt{l^2 - \frac{3}{4}a^2}, \\[2mm] \quad -\left(\sqrt{3}a^2 - \frac{\sqrt{3}}{3}l^2\right)\arccos\frac{\sqrt{3}a}{2l}, l \in [a,\sqrt{3}a] \end{cases}$$

由上述方法还可以得到正六边形内定长线段的运动测度[4]

$$
m_1(l) = \begin{cases}
\dfrac{3\sqrt{3}}{2}\pi a^2 - 6al - \dfrac{\sqrt{3}\pi l^2}{6} + \dfrac{3}{2}l^2, l \in [0, a] \\[3mm]
\dfrac{5\sqrt{3}}{2}\pi a^2 + \dfrac{\sqrt{3}\pi l^2}{2} - (3\sqrt{3}a^2 + 2\sqrt{3}l^2), \\[3mm]
\arcsin\dfrac{\sqrt{3}a}{2l} - \dfrac{9a}{2}\sqrt{4l^2 - 3a^2}, l \in (a, \sqrt{3}a] \\[3mm]
2\sqrt{3}\pi a^2 + \dfrac{\sqrt{3}}{6}\pi l^2 - 9a^2 - \dfrac{3}{2}l^2 + 15a\sqrt{l^2 - 3a^2}, \\[3mm]
-(12\sqrt{3}a^2 + \sqrt{3}l^2)\arccos\dfrac{\sqrt{3}}{l}a, l \in (\sqrt{3}a, 2a]
\end{cases}
$$

大正方形内定长线段的运动测度

$$
m_3(l) = \pi n^2 a^2 - 4nal + l^2, l \in [0, na)
$$

则小针与网格相交的概率

$$
\begin{aligned}
p &= \lim_{n \to \infty} \frac{m_3(l) - \dfrac{(na)^2}{F_1 + F_2}(m_1(l) + m_2(l))}{m_3(l)} \\[3mm]
&= 1 - \frac{(m_1(l) + m_2(l))}{\pi(F_1 + F_2)} \\[3mm]
&= 1 - \frac{(m_1(l) + m_2(l))}{2\sqrt{3}\pi a^2}
\end{aligned}
$$

（ⅰ）当 $l \in \left[0, \dfrac{\sqrt{3}}{2}a\right)$ 时，有

$$
p = \frac{10al - \dfrac{5}{2}l^2 + \dfrac{\sqrt{3}}{9}\pi l^2}{2\sqrt{3}\pi a^2}
$$

（ⅱ）当 $l \in \left[\dfrac{\sqrt{3}}{2}a, a\right)$ 时，有

$$p = \dfrac{10al - \dfrac{5}{2}l^2 + \dfrac{\sqrt{3}}{9}\pi l^2 - \dfrac{5}{4}a\sqrt{l^2 - \dfrac{3}{4}a^2} + \left(\dfrac{\sqrt{3}}{6}l^2 + \dfrac{\sqrt{3}}{2}a^2\right)\arccos\dfrac{\sqrt{3}a}{2l}}{2\sqrt{3}\pi a^2}$$

（ⅲ）当 $l \in [a, \sqrt{3}a]$ 时，有

$$p = \dfrac{\dfrac{3}{4}a^2 + \dfrac{1}{2}l^2 - \dfrac{5\sqrt{3}}{6}\pi a^2 - \dfrac{7\sqrt{3}}{18}\pi l^2}{2\sqrt{3}\pi a^2} +$$

$$\dfrac{\dfrac{15}{2}a\sqrt{l^2 - \dfrac{3}{4}a^2} + \left(\sqrt{3}a^2 - \dfrac{\sqrt{3}}{3}l^2\right)\arccos\dfrac{\sqrt{3}a}{2l}}{2\sqrt{3}\pi a^2} +$$

$$\dfrac{(3\sqrt{3}a^2 + 2\sqrt{3}l^2)\arcsin\dfrac{\sqrt{3}a}{2l}}{2\sqrt{3}\pi a^2}$$

（ⅳ）当 $l \in [\sqrt{3}a, 2a]$ 时，有

$$p = \dfrac{9a^2 + \dfrac{3}{2}l^2 - \dfrac{\sqrt{3}}{6}\pi l^2 - 15a\sqrt{l^2 - 3a^2} + (12\sqrt{3}a^2 + \sqrt{3}l^2)\arccos\dfrac{\sqrt{3}a}{l}}{2\sqrt{3}\pi a^2}$$

参考文献

［1］ REN DELIN. Topics in integral geometry ［M］. Singapore：World Scientific，1994.

［2］ REN DELIN. The generalized support function and its application ［C］. New York：Grodon and breach science publish，1982：1367-1378.

［3］ SANTALÓ L A. 积分几何与几何概率［M］.吴大任译.南开大学出版社，1991.

［4］　黎荣泽,张高勇.某些凸多边形内定长线段的运动测度公式及其
　　　　在几何概率中的运动［J］.武汉钢铁学院学报,1984,1:106-128.

［5］　XIE F F, LI DY. On generalized buffon needle problem for lattices
　　　　［J］. Acta Mathematica Scientia,2011,31(1):303-308.

［6］　CARISTI C, FERRARA M. On Buffon's problem for a lattice and its
　　　　deformations ［J］. Beitrage zur Algebra and Ceometrie, 2004, 45
　　　　(1):13-20.

第四编

Buffon 问题的推广及应用

Buffon 投针问题的推广[①]

第 13 章

1.引言

Buffon 丢针问题是法国数学家 Buffon 于 1777 年首先提出并解决的. 设想在平面上(下面称该平面为二维的 Buffon 空间)有宽度为 $r(r>0)$ 的平行直线族,随机地投一根长度为 l 的针或直线段(称该针或直线段为 Buffon 针)到该平面上. 求该针或直线段与平面上的平行直线族相交的概率,这就是著名的 Buffon 丢针问题,它是几何概率中的一个早期的问题. 有趣的是,有些人利用该问题的结论 $P = \dfrac{2l}{\pi r}$ 来计算 π 的近似值. 太原工业大学的朱建平教授 1984 年借助积分几何与几何概率的理论对该问题中的 Buffon 针和 Buffon 空间进行推广.

---

① 摘自《太原工业大学学报》,1984 年,第 4 期.

2. Buffon 投针问题的第一类推广

我们将这个问题推广到三维空间中.

假设在三维空间中,有宽度为 $D(D>0)$ 的平行平面族 F,随机地向该空间中投一长为 $l(l<D)$ 的直线段 L. 试求该直线段 L 与平行平面族 F 相交的概率.

注 1°我们所投的物体是直线段,意味着该物体没有质量. 它可以"落"到空间的任何位置;

2°这里提到的随机性,意味着该线段"落"在空间各个位置是等可能的.

(后面所提到的这些情形也是如此,不再解释).

令:N 表示垂直于平行平面族 F 的一个平面.$\vec{n}$ 表示平面 N 的法向量(如图1).φ 表示直线段 L 与 $\vec{n}$ 所成的角.

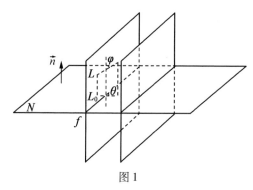

图 1

这样,直线段 L 在平面 N 上沿 $\vec{n}$ 的投影 L_0 的长度为 $L\sin\varphi$.

再令:M 表示 L_0 的中点.

f 表示平面 N 与平行平面族 F 相交成的平行直线族.

y 表示线段 L_0 的中点 M 到直线族 f 中最近直线的距离.

θ 表示离点 M 最近直线与线段 L_0 的交角.

这样,直线段 L 在空间中的位置就由变量 y, θ, φ 所确定,并且

$$
\begin{cases}
0 \leqslant y \leqslant \dfrac{D}{2} \\[2mm]
0 \leqslant \theta \leqslant \pi \\[2mm]
0 \leqslant \varphi \leqslant \dfrac{\pi}{2}
\end{cases}
$$

由于我们所研究的是直线段 L 与平面族 F 相交的情形,则 L 沿平行于平面族 F 的任何方向作平移,以及 L 沿与平行平面族 F 垂直的方向平移 λD 的位置(λ 是整数),视为"同一"种位置. 即平移前与平移后的位置是等价的. (后面我们所研究的情形与此类似,不再解释)

我们还有这样的事实:直线段 L 与平行平面族 F 相交的等价叙述是直线段 L_0 与平行直线族 f 相交,而且直线段 L_0 与平行直线族 f 相交的充要条件是

$$
\begin{cases}
y \leqslant \dfrac{l}{2} \sin \varphi \sin \theta \\[2mm]
0 \leqslant \theta \leqslant \pi \\[2mm]
0 \leqslant \varphi \leqslant \dfrac{\pi}{2}
\end{cases}
$$

从而得到,直线段 L 与平行平面族 F 相交的充要条件是

$$\begin{cases} y \leqslant \dfrac{l}{2}\sin\varphi\sin\theta \\[2mm] 0 \leqslant \theta \leqslant \pi \\[2mm] 0 \leqslant \varphi \leqslant \dfrac{\pi}{2} \end{cases}$$

几何概率的定义

$$P(A) = \frac{\mu(A)}{\mu(S)}$$

其中 $\mu(A)$ 是有利事件区域 A 的测度;$\mu(S)$ 是基本事件区域 S 的测度.

对本段研究的问题

$$S = \left\{ (y,\theta,\varphi) \,\middle|\, 0 \leqslant y \leqslant \frac{D}{2}, 0 \leqslant \theta \leqslant \pi, 0 \leqslant \varphi \leqslant \frac{\pi}{2} \right\}$$

$$\mu(S) = \iiint_S \mathrm{d}y\mathrm{d}\theta\mathrm{d}\varphi = \frac{D\pi^2}{4}$$

$$A = \left\{ (y,\theta,\varphi) \,\middle|\, 0 \leqslant y \leqslant \frac{1}{2}\sin\varphi\sin\theta, 0 \leqslant \theta \leqslant \pi, 0 \leqslant \varphi \leqslant \frac{\pi}{2} \right\}$$

$$\mu(A) = \iiint_A \mathrm{d}y\mathrm{d}\theta\mathrm{d}\varphi = \int_0^{\frac{\pi}{2}}\int_0^{\pi}\int_0^{\frac{l}{2}\sin\varphi\sin\theta} \mathrm{d}y\mathrm{d}\theta\mathrm{d}\varphi$$

故直线段 L 与平行平面族 F 相交的概率

$$P(A) = \frac{\mu(A)}{\mu(S)} = \frac{4l}{D\pi^2}$$

特殊情形,当 $\varphi = \dfrac{\pi}{2}$(固定)时

$$A = \left\{ (y,\theta) \,\middle|\, 0 \leqslant y \leqslant \frac{1}{2}\sin\theta, 0 \leqslant \theta \leqslant \pi \right\}$$

$$S = \left\{ (y,\theta) \,\middle|\, 0 \leqslant y \leqslant \frac{D}{2}, 0 \leqslant \theta \leqslant \pi \right\}$$

易见

$$P(A) = \frac{\mu(A)}{\mu(S)} = \frac{2l}{\pi D}$$

这就是平面上的 Buffon 丢针问题的结沦.

3. 积分几何的基本理论

根据微分几何的理论知,在平面上的一条直线 G 能由两个固定的数 p,θ 所确定(图2).

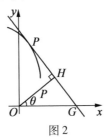

图 2

其方程为

$$x\cos\theta + y\sin\theta - p = 0 \qquad (1)$$

如果 p 是 θ 的函数即 $p = p(\theta)$,那么方程(1)构成了直线族的方程.

由包络线的定义知,这族直线的包络线方程为

$$\begin{cases} x = p\cos\theta - p'\sin\theta \\ y = p\sin\theta + p'\cos\theta \end{cases} \qquad (2)$$

易证,P' 是点 H 到点 P 的长度,即

$$P' = HP$$

如果包络线是包含 0 点在内的凸域 K 的边界(记为 ∂k),此时,称 $p = p(\theta)$ 为凸域 K 的支撑函数,G 为其支撑线,那么根据(2)和凸域的性质,易得下面结论

$$ds = (p + p'')d\theta \qquad (3)$$

(ds 是凸域 K 之边界的弧元素).

由(3)可以得到凸域 K 的边界 ∂k 的周长 L

$$L = \int_0^{2\pi} p\,d\theta \qquad (4)$$

221

积分几何中的 Buffon 投针问题

定义 1 所谓凸域 K 沿方向 θ 的距离 $\Delta(\theta)$,是指两条平行支撑线之间的距离,即 $p(\theta), p(\theta+\pi)$ 之和 (图 3).

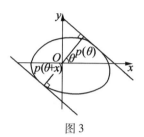

图 3

由于 $\Delta(\theta)$ 与支撑函数 $p(\theta)$ 有这样的关系

$$\Delta(\theta) = p(\theta) + p(\theta + \pi)$$

从而(4)可以写成

$$L = \int_0^\pi \Delta(\theta)\,\mathrm{d}\theta$$

定义 2 所谓直线集合 G 的测度,是指这样的一种积分形式

$$m(G) = \int_G f(p,\theta)\,\mathrm{d}p \wedge \mathrm{d}\theta$$

由测度的性质和积分几何的理论,我们可以取

$$f(p,\theta) = 1$$

从而直线 G 的测度便是对微分形式

$$\mathrm{d}G = \mathrm{d}p \wedge \mathrm{d}\theta \tag{5}$$

的积分. 其中关系式(5)称为直线 G 的密度.

定理 设 K 是一个凸域,其边界 ∂k 的长度为 L,G 是一条直线且 $K \cap G \neq 0$,则 K 与直线 G 相交的测度为 L.

证明 其测度

$$m(G \mid G \cap K \neq 0) = \int \mathrm{d}p \wedge \mathrm{d}\theta$$

$$G \cap K \neq 0 = \int_0^\pi \Delta(\theta)\,\mathrm{d}\theta = L$$

4. Buffon 投针问题的第二类推广

在原 Buffon 问题的基础上,我们借助于积分几何与几何概率的理论,将 Buffon 丢针问题中的 Buffon 针换成一个平面凸域,从而 Buffon 丢针问题以下面形式提出.

假设在平面上有宽度为 $D(D>0)$ 的平行直线族 f,随机地投一凸平面区域 $K(K$ 的直径 $d<D)$,到该平面上,求凸平面区域 K 与平行直线族 f 相交的概率.

注　1° 在本段叙述中,平行直线族 f 简述为直线族 f;凸平面区域 K 简述为凸域 K,其边界记为 ∂k,周长记为 L.

2° 凸域 K 的直径是这样规定的:凸域 K 之边界 ∂k 上任何两点之间距离的上确界,即

$$d = \sup_{\substack{(x_1,y_1) \\ (x_2,y_2) \in \partial k}} \sqrt{(x_1 - x_2)^2 + (y_1 - y_2)^2}$$

在凸域 K 内取一个固定点 M,然后过点 M 确定一个向量 $\vec{a}$,令 x 是点 M 到直线族 f 中最近直线的距离(图 4).

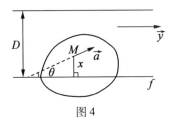

图 4

对宽度为 D 的直线族 f 确定一个正方向 $\vec{y}$，记向量 $\vec{a}$ 与 $\vec{y}$ 的夹角 θ 并且

$$\begin{cases} 0 \leqslant x \leqslant \dfrac{D}{2} \\ 0 \leqslant \theta \leqslant 2\pi \end{cases}$$

凸域 K 沿着平行于直线族 f 的方向运动，或沿垂直于 $\vec{y}$ 方向平移 λD（λ 为整数）后的位置与原位置等价.因为我们所研究的是凸域 K 与直线族 f 的相交情形.

由第二段的定理知，直线族中任一直线与 K 相交的测度为 L.

对本段所研究的问题，其基本事件区域的测度为

$$\int\limits_{\substack{0 \leqslant x \leqslant \frac{D}{2} \\ 0 \leqslant \theta \leqslant 2\pi}} \mathrm{d}x \wedge \mathrm{d}\theta = D\pi$$

由几何概率的定义得知，凸域 K 与直线族 f 相交的概率

$$P = \frac{L}{\pi D} \tag{6}$$

特殊情形，当凸域 K 是一条长度为 $l\,(l < D)$ 的线段时，由第二段中定理知，直线段与直线族 f 中之直线相交的测度为 $2l$，从而得到直线段与直线族 f 相交的概率

$$P = \frac{2l}{\pi D}$$

这就是原 Buffon 丢针问题的结论.

例 1　设在平面上有宽度为 $D\,(D > 0)$ 的平行直线族 f，随机投一半径为 $r\,(2r < D)$ 的圆到该平面上.求该

224

圆与平行直线族 f 相交的概率.

解　该圆的周长

$$L = 2\pi r$$

由(6)知所求的概率为

$$P = \frac{2\pi r}{D\pi} = \frac{2r}{D}$$

5. Buffon 投针问题的第三类推广

在第二段中,我们研究了将二维空间的丢针问题推广到三维空间中去的情形. 在这个基础上,我们再将 Buffon 针换成平面凸域,问题将会如何呢?

假设在空间中有距离为 $D(D > 0)$ 的平行平面族 F,现随机地投一个凸的平面域 K(直径 $d < D$),它可以随机地"落"到空间的任何位置. 试求凸域 K 与平行平面族 F 相交的概率.

注　$1°$ 在本段叙述中,平行平面族 F 简述为平面族 F;凸平面域 K 简述为凸域 K,其边界记为 ∂k.

$2°$ 凸域 K 的直径规定为:凸域 K 之边界上任何两点间距离的上确界,即

$$d = \sup_{\substack{(x_1, y_1, z_1) \\ (x_2, y_2, z_2)} \in \partial k} \sqrt{(x_1 - x_2)^2 + (y_1 - y_2)^2 + (z_1 - z_2)^2}$$

在凸域 K 内取一个固定点 M,然后过点 M 确定两个向量 $\vec{n}, \vec{a}$,$\vec{n}$ 是 K 所在平面的法向;$\vec{a}$ 是 K 所在平面上的一向量(图 5),令 x 是点 M 到平面族 F 中最近平面的距离.

任取一个垂直于平面族 F 的平面 N,其法向为 $\vec{z}$(图 5),$\vec{n}$ 与 $\vec{z}$ 的夹角记为 φ;$\vec{a}_0$ 是 $\vec{a}$ 垂直投影到 N 平面上的向量,对宽度为 D 的平面族 F 确定一个正方向

$\vec{y}$,向量 $\vec{a_0}$ 与 $\vec{y}$ 的夹角记为 θ;平面 N 与平面族 F 交成的直线族记为 f.

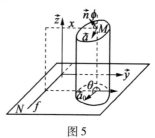

图 5

这样,对空间中具有上述规定的凸域 K 的位置便由变量 x,φ,θ 所确定,并且

$$\begin{cases} 0 \leqslant x \leqslant \dfrac{D}{2} \\ 0 \leqslant \theta \leqslant 2\pi \\ 0 \leqslant \varphi \leqslant \dfrac{\pi}{2} \end{cases}$$

现将 K 垂直地投影到平面 N 上,记为 K_0(边界为 ∂k_0 的周长 L_0 是 φ 的函数).

根据上一段讨论知,K_0 与直线族 f 相交的有利事件区域的测度为

$$\mu(A_0) = L_0(\varphi)$$

基本事件区域的测度为

$$\mu(S_0) = D\pi$$

从而,可知,凸域 K 与平面族 F 相交的有利事件区域的测度为

$$\mu(A) = \int_0^{\frac{\pi}{2}} L_0(\varphi) \mathrm{d}\varphi$$

基本事件区域的测度为

$$\mu(S) = \int_0^{\frac{\pi}{2}} D\pi \mathrm{d}\varphi = \frac{D\pi^2}{2}$$

再由几何概率理论得, 凸域 K 与平面族 F 相交的概率

$$P = \frac{\mu(A)}{\mu(S)} = \frac{2\displaystyle\int_0^{\frac{\pi}{2}} L_0(\varphi)\,\mathrm{d}\varphi}{D\pi^2}$$

特殊情形, 当 $\vec{n}$ 与 $\vec{z}$ 所成的角 $\varphi = 0$ (固定) 时有

$$L_0(\varphi) = L$$

从而得知, K 与 F 相交的概率

$$P = \frac{L}{D\pi}$$

这就是 Buffon 丢针问题的第二类推广的结果.

6. Buffon 投针问题的第四类推广

本段我们仍然在空间中讨论, 现将 Buffon 针再加以推广成空间凸域 Ω, 其边界记为 $\partial\Omega$.

在空间中有距离为 D 的平行平面族 F, 今随机地投一个凸空间区域 Ω (直径 $d < D$), 它可以随机地"落"到空间的任何位置. 求凸空间区域 Ω 与平行平面族 F 相交的概率.

注　1° 在本段中, 距离为 D 的平行平面族 F 简述为平面 F; 凸空间区域 Ω 简述为凸域 Ω.

2° 所谓凸域 Ω 的直径是指, 对于凸域 Ω 边界上任何两点距离的上确界, 即

$$d = \sup_{\substack{(x_1,y_1,z_1)\\(x_2,y_2,z_2)\in\partial\Omega}} \sqrt{(x_1-x_2)^2 + (y_1-y_2)^2 + (z_1-z_2)^2}$$

在凸域 Ω 内任确定一个点 Q 然后过该点作两个相互垂直的向量 $\vec{u}, \vec{b}$. 令 x 是点 Q 到平面族 F 中最近

平面的距离.

任取垂直于平面族 F 的一个平面 N,其法向量为 $\vec{z}$,φ 记为 $\vec{u}$ 与 $\vec{z}$ 的夹角;对宽度为 D 的平面族 F 也确定一个正方向 $\vec{y}$,$\vec{b}_0$ 是 $\vec{b}$ 在 N 上的垂直投影向量,θ 记为 $\vec{b}_0$ 与 $\vec{y}$ 成的角;平面族 F 与平面 N 相交成的直线族记为 f(图 6).

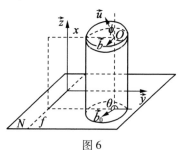

图 6

这样,对于空间中具有上述规定的凸域 Ω 的位置便由变量 x,φ,θ 所确定,并且

$$\begin{cases} 0 \leqslant x \leqslant \dfrac{D}{2} \\ 0 \leqslant \theta \leqslant 2\pi \\ 0 \leqslant \varphi \leqslant \pi \end{cases}$$

将凸域 Ω 垂直地投影到平面 N 上,该投影是一个平面凸域(记为 Ω_0),而且其边界 $\partial\Omega_0$ 的周长 L_0 是 φ 的函数.

根据第四段所讨论的情形,平面凸域 Ω_0 与直线族 f 相交的有利事件区域的测度为

$$\mu(A_0) = L_0(\varphi)$$

基本事件区域的测度

$$\mu(S_0) = D\pi$$

从而,凸域 Ω 与平面族 F 相交的有利事件区域的测度为

$$\mu(A) = \int_0^\pi L_0(\varphi)\,\mathrm{d}\varphi$$

基本事件区域的测度为

$$\mu(S) = \int_0^\pi D\pi\mathrm{d}\varphi = D\pi^2$$

根据几何概率的理论,凸域 Ω 与平面族 F 相交的概率为

$$P = \frac{\mu(A)}{\mu(S)} = \frac{\int_0^\pi L_0(\varphi)\,\mathrm{d}\varphi}{D\pi^2}$$

例 2　假设在空间中有距离为 D 的平行平面族 F,现随机地投一个半径为 r 的球形区域($2r < D$)到该空间中,求该球域与平行平面族 F 相交的概率.

解　不论球域的位置如何,其投影在 N 平面上是一个周长为 $2\pi r$ 的平面圆域.

由本段的结论知,球域与平面族 F 相交的概率

$$P = \frac{\int_0^\pi L_0(\varphi)\,\mathrm{d}\varphi}{D\pi^2} = \frac{2\pi^2 r}{D\pi^2} = \frac{2r}{D}$$

该结论与例 1 的结论一样,这是一个显而易见的事实.

7. 推广后的 Buffon 投针问题实验设想

我们知道原 Buffon 丢针问题是可以进行实验的. Buffon 丢针问题推广后,将如何进行实验呢?

在原 Buffon 丢针问题实验的基础上,如果将 Buffon 针换成直径 d 小于平行直线间距为 D 的凸平面薄片后,再进行原实验,这样就构成了 Buffon 丢针问题第二类

推广后的实验. 下面着重讨论其他类推广的实验.

(1)实验目的:力求使得推广后的 Buffon 问题与原 Buffon 问题吻合;为实际应用提供具体的模型;检验理论推导的结论.

(2)实验仪器:玻璃槽、比重较大的某种透明液体,能发出平面光的光学仪器、Buffon 针(针状物体、平面凸状物体、空间凸状物体).

注意 要求 Buffon 针之比重等于透明液体之比重.

(3)实验步骤:

①将玻璃槽放在水平的实验台上,然后注入比重较大的某种透明液体.

②让一些间隔为 D 的光学仪器发出的平面光垂直于实验台,并且使平面光通过装有透明液体的玻璃槽(图7).

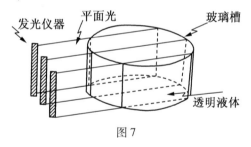

图 7

③将直径小于 D 的 Buffon 针随机投入该玻璃槽中.

当 Buffon 针是针状物体时,这样构成了第一类推广的实验情形.

当 Buffon 针是平面凸状物体时,则成了第三类推广的实验情形.

当 Buffon 针是空间凸状物体时,则构成了第四类推广的实验情形.

注意　1°在实验中,Buffon 空间就是玻璃槽中液体所占有的空间;间隔为 D 的平面光族就是平行平面族.

2°将一 Buffon 针随机地投入装有透明液体的玻璃槽中. 当 Buffon 针全部浸入液体并匀速(由于 Buffon 针之比重与液体比重相等)下降时. 观测平面光族与 Buffon 针相交的情形,就是我们理论中所说的 Buffon 针与平行平面族随机相交的情形.

8. 应用举例

(1)探矿问题

在寻找矿物时,勘探和采矿的工作人员往往是不知道矿的物具体在什么位置,而只知道其在某个范围之内. 用间隔为 D 的一组平行线波进行探测,并知探测器可以探一定的深度. 这就相当于推广后 Buffou 丢针问题中的平行平面族 F. 当要探测某一形状,直径为 $d < D$ 的空间凸域形矿物时,可根据第四类推广的结论知道,"找到这个矿物"可能性的大小. 当我们所要探测长度为 $l < D$ 的矿脉时,由第一类推广知道,"找到这个矿脉"的可能性有多大.

(2)寻找沉船问题

在打捞沉船时,首先要知道沉船所在的位置,实际情况并不简单,往往只知道沉船在某个范围之内. 为了快而准确地找到沉船,让间隔为 $D(D$ 大于船的长度)的探测艇群,平行驶过沉船所在的范围. 现近似地将海面看成平面,沉船看成凸平面域. 这样就构成了 Buffon 丢针问题的第二类推广的概率模型. 对寻找沉船的具

アンチ

体位置带来方便.

参 考 文 献

［1］ 朱秀娟,洪再吉.概率统计问答 150 题［M］.长沙:湖南科学技术
出版社,1982.

［2］ SANTALÓ L A. Integral geometry and geometric probatility［M］. Ad-
dison-Wesley Publishing Company,1976.

［3］ 张泽南.Buffon 投针问题中对 Buffon 针之推广［C］.郑州大学七
八届毕业生论文集.

Buffon 投针问题的推广(续)[①]

1. 引言

在文献[1]中,我们着重讨论了 Buffon 针的长度或直径小于平行直线族或平行平面族之间距离的情形. 除此情形外,Buffon 丢针的问题将会如何呢? 山西省经济管理学院的朱建平、太原工业大学的徐多运两位教授 1985 年解决了这一问题. 在下面的论证中,除新规定的符号外,其他均延用文献[1]中的符号.

2. Buffon 投针问题第一类推广

在第一类推广中,文献[1]只讨论了限制 $l < D$ 的情形. 对于 $l > D$ 的情形将如何求得 Buffon 针(或直线段)与任一平行平面相交的概率呢? 这个问题显然比 [1]中已讨论过的情形要复杂些. 我们作如下论证:

用 φ_0 表示 $\arcsin\dfrac{D}{l}$，称之为反正弦形式的空间临界角（常数）.

有了上面的定义后，我们就可以讨论 Buffon 针与平行平面族 F 相交的情形.

（1）Buffon 针 L 在 N 平面上的投影长 $l_0 > D$ $\left(\varphi_0 \leqslant \varphi \leqslant \dfrac{\pi}{2}\right)$，从 N 平面上可以看出（参看文献[1]的图 1），要使 Buffon 针 L 与平行平面族不相交（图 1），必有

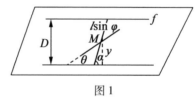

图 1

$$\theta < \theta_0 = \arcsin\frac{D}{l\sin\varphi} \quad （\text{是 } \varphi \text{ 的函数}）$$

否则，Buffon 针 L 必与平行平面族 F 中一平面相交. 在这里我们称 θ_0 为平面临界角.

我们要特别注意，$\theta < \theta_0$ 时，Buffon 针 L 也可能与平行平面族 F 相交. 在此情形下，Buffon 针 L 与平行平面族 F 相交的充要条件是

$$\begin{cases} 0 \leqslant y \leqslant \dfrac{1}{2}\sin\varphi\sin\theta \\[2mm] 0 \leqslant \theta \leqslant \theta_0 \\[2mm] \varphi_0 \leqslant \varphi \leqslant \dfrac{\pi}{2} \end{cases}$$

而如果 $\theta > \theta_0$ 时，Buffon 针 L 必与平行平面族 F 相交，即有

$$\begin{cases} 0 \leqslant y \leqslant \dfrac{D}{2} \\[2mm] \theta_0 < \theta \leqslant \dfrac{\pi}{2} \\[2mm] \varphi_0 \leqslant \varphi \leqslant \dfrac{\pi}{2} \end{cases}$$

（2）Buffon 针 L 在 N 平面上投影长 $l_0 < D$ 时（$0 \leqslant \varphi < \varphi_0$）（图 2）. 从 N 平面上可以看出，Buffon 针 L 与平行平面族 F 相交的充要条件是

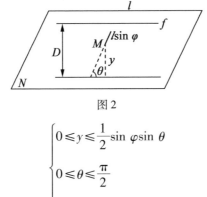

图 2

$$\begin{cases} 0 \leqslant y \leqslant \dfrac{1}{2}\sin\varphi\sin\theta \\[2mm] 0 \leqslant \theta \leqslant \dfrac{\pi}{2} \\[2mm] 0 \leqslant \varphi \leqslant \varphi_0 \end{cases}$$

综合情形（1）和（2）得出，当 Buffon 针 L 的长度 l 大于平行平面族之间距离 D 时，该针与平行平面族 F 相交的有利事件区域 A 为

$$A = A_1 + A_2 + A_3$$

其中

$$A_1 = \begin{cases} 0 \leqslant y \leqslant \dfrac{1}{2}\sin\varphi\sin\theta \\[2mm] 0 \leqslant \theta \leqslant \theta_0 \\[2mm] \varphi_0 \leqslant \varphi \leqslant \dfrac{\pi}{2} \end{cases}$$

$$A_2 = \begin{cases} 0 \leqslant y \leqslant \dfrac{D}{2} \\[2mm] \theta_0 \leqslant \theta \leqslant \dfrac{\pi}{2} \\[2mm] \varphi_0 \leqslant \varphi \leqslant \dfrac{\pi}{2} \end{cases}$$

$$A_3 = \begin{cases} 0 \leqslant y \leqslant \dfrac{l}{2} \sin \varphi \sin \theta \\[2mm] 0 \leqslant \theta \leqslant \dfrac{\pi}{2} \\[2mm] 0 \leqslant \varphi \leqslant \varphi_0 \end{cases}$$

基本事件区域 S 为

$$\begin{cases} 0 \leqslant y \leqslant \dfrac{D}{2} \\[2mm] 0 \leqslant \theta \leqslant \dfrac{\pi}{2} \\[2mm] 0 \leqslant \varphi \leqslant \dfrac{\pi}{2} \end{cases}$$

从而

$$\mu(s) = \frac{D\pi^2}{8}$$

$$\mu(A) = \iiint_{A} \mathrm{d}y \mathrm{d}\theta \mathrm{d}\varphi \quad \iiint_{A_1+A_2+A_3} \mathrm{d}y \mathrm{d}\theta \mathrm{d}\varphi$$

$$\iiint_{A_1} \mathrm{d}y \mathrm{d}\theta \varphi \mathrm{d}\varphi = \int_{\varphi_0}^{\frac{\pi}{2}} \int_0^{\theta_0} \int_0^{\frac{l}{2}\sin\varphi\cos\theta} \mathrm{d}y \mathrm{d}\theta \mathrm{d}\varphi$$

$$= \frac{l}{2}\left[\cos\varphi_0 - \int_{\varphi_0}^{\frac{\pi}{2}} \sin\varphi\cos\left(\arcsin \frac{D}{l\sin\varphi} \right) \mathrm{d}\varphi \right]$$

$$\iiint_{A_2} \mathrm{d}y \mathrm{d}\theta \varphi \mathrm{d}\varphi = \int_{\varphi_0}^{\frac{\pi}{2}} \int_{\theta_0}^{\frac{\pi}{2}} \int_0^{\frac{D}{2}} \mathrm{d}y \mathrm{d}\theta \mathrm{d}\varphi$$

236

$$= \frac{D}{2}\int_{\varphi_0}^{\frac{\pi}{2}} \text{arc } \varphi\cos\left(\arcsin\frac{D}{l\sin\varphi}\right)\mathrm{d}\varphi$$

$$\iiint_{A_3}\mathrm{d}y\mathrm{d}\varphi\mathrm{d}y = \int_0^{\varphi_0}\int_0^{\frac{\pi}{2}}\frac{l}{2}\sin\varphi\sin\theta\mathrm{d}\theta\mathrm{d}\varphi$$

$$= \frac{l}{2}(1-\cos\varphi_0)$$

其中 $\varphi_0 = \arcsin\dfrac{D}{l}$(常数).

从而得知,Buffon 针 L 与平行平面族 F 相交的概率为

$$P = \frac{\mu(A)}{\mu(S)} = \frac{[\mu(A_1)+\mu(A_2)+\mu(A_3)]}{\mu(S)}$$

$$= 4\left[l - l\int_{\varphi_0}^{\frac{\pi}{2}}\sin\varphi\cos\left(\arcsin\frac{D}{l\sin\varphi}\right)\mathrm{d}\varphi + \right.$$

$$\left. D\int_{\varphi_0}^{\frac{\pi}{2}}\arccos\frac{D}{l\sin\varphi}\mathrm{d}\varphi\right]/D\pi^2$$

3. Buffon 投针问题第二类推广

对于文献[1]中的第二类推广,下面着重讨论 $d > D > r$ 的情形,其中

$$d = \sup_{\substack{(x_1,y_1)\\(x_2,y_2)\in\partial K}}\sqrt{(x_1-x_2)^2+(y_1-y_2)^2}$$

$$r = \inf_{\substack{(x_1,y_1)\\(x_2,y_2)\in\partial K}}\sqrt{(x_1-x_2)^2+(y_1-y_2)^2}$$

我们知道 $\Delta(\theta)$ 是凸域 K 在 θ 方向上的宽度(参看[1]中第三段).

由反转不变性:固定凸域 K,让平面上宽度为 D 的平行直线族 F 随机变动,这与我们所讨论的问题一致.

237

凸域 K 与平行直线族 F 相交的测度为

$$\int_{F \cap K \neq 0} \mathrm{d}x \wedge \mathrm{d}\theta = \int_0^{2\pi} \Delta_1(\theta)\mathrm{d}\theta$$

其中,当 $\Delta(\theta) > D$ 时,令 $\Delta_1(0) = \dfrac{D}{2}$.

其他情形,$\Delta_1(\theta) = \dfrac{\Delta(\theta)}{2}$,亦即

$$\int_0^{2\pi} \left(\frac{\Delta(\theta)}{2} \right) \mathrm{d}\theta = L \quad (\partial K \text{ 的周长})$$

又由于我们所讨论问题的基本空间没有变,则基本事件区域的测度仍为 $D\pi$.

从而,我们得到凸域 K 与平行直线族 F 相交概率为

$$P = \frac{1}{D\pi} \int_0^{2\pi} \Delta_1(\theta)\mathrm{d}\theta$$

4. Buffon 投针问题第三类推广

在文献[1]的第三类推广中,我们讨论了 $d < D$ 的情形.

现令

$$d = \sup_{\substack{(x_1, y_1, z_1) \\ (x_2, y_2, z_2) \in \partial K}} \sqrt{(x_1 - x_2)^2 + (y_1 - y_2)^2 + (z_1 - z_2)^2}$$

$$r = \inf_{\substack{(x_1, y_1, z_1) \\ (x_2, y_2, z_2) \in \partial K}} \sqrt{(x_1 - x_2)^2 + (y_1 - y_2)^2 + (z_1 - z_2)^2}$$

下面我们针对 $d > D > r$ 的情形进行讨论.

图 3 新规定 $\vec{d}$ 是 d 的方向,在 d 上任取一固定点 M. 并记 $\varphi_0 = \arccos \dfrac{D}{d}$ 称之为反余弦空间临界角(常数).

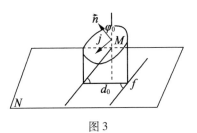

图 3

我们仍分步进行讨论.

（1）当 $\varphi_0 < \varphi \leqslant \dfrac{\pi}{2}$（$d$ 在 N 平面上的投影 $d_0 < D$）时，Buffon 针 K 与平行平面族 F 相交区域的测度为

$$\mu(A_1) = \int_{\varphi_0}^{\frac{\pi}{2}} L_0(\varphi)\,\mathrm{d}\varphi$$

（2）当 $0 \leqslant \varphi \leqslant \varphi_0$（$d_0 > D > r_0$）时，Buffon 针 K 与平行平面族 F 相交区域的测度为

$$\mu(A_2) = \int_0^{\varphi_0}\int_0^{2\pi}\Delta_1(\theta)\,\mathrm{d}\theta\mathrm{d}\varphi$$

其中，$\Delta_0(\theta) > D$（$\Delta_0(\theta)$ 是凸域 K 在 N 平面上的投影在 θ 方向上的宽度）.

令

$$\Delta_1(\theta) = \frac{D}{2}$$

其他情形，令

$$\Delta_1(\theta) = \frac{\Delta_0(\theta)}{2}$$

亦即

$$\int_0^{2\pi}\frac{\Delta_0(\theta)}{2\mathrm{d}\theta} = L_0(\varphi)$$

综合情形（1）和（2）知，Buffon 针 K 与平行平面族 F 相交区域的测度为

$$\mu(A) = \mu(A_1) + \mu(A_2) = \int_0^{\frac{\pi}{2}} L_0(\varphi)\mathrm{d}\varphi + \int_0^{\varphi_0}\int_0^{2\pi}\Delta_1(\theta)\mathrm{d}\theta\mathrm{d}\varphi$$

基本事件区域的测度为

$$\mu(S) = D\pi^2$$

从而得到所求的概率为

$$p = \frac{\left[\int_{\varphi_0}^{\pi} L_0(\varphi)\mathrm{d}\varphi + \int_0^{\varphi_0}\int_0^{2\pi}\Delta_1(\theta)\mathrm{d}\theta\mathrm{d}\varphi\right]}{D\pi^2}$$

5. Buffon 投针问题的第四类推广

我们在文献[1]中已经讨论过 $d < D$ 的情形,当 $d > D > r$ 时,问题将会如何呢? 其中

$$d = \sup_{\substack{(x_1,y_1,z_1) \\ (x_2,y_2,z_2)}\in\partial\Omega} \sqrt{(x_1-x_2)^2 + (y_1-y_2)^2 + (z_1-z_2)^2}$$

$$r = \inf_{\substack{(x_1,y_1,z_1) \\ (x_2,y_2,z_2)}\in\partial\Omega} \sqrt{(x_1-x_2)^2 + (y_1-y_2)^2 + (z_1-z_2)^2}$$

图 4 新规定了 $\vec{d}$ 是 d 的方向,Q 是 d 上任意一固定点,并记 $\varphi_0 = \arccos\dfrac{D}{d}$(常数).

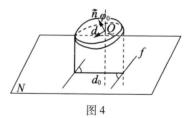

图 4

有了上面的准备工作后,我们开始分步讨论.

(1)当 $0 \leqslant \varphi \leqslant \varphi_0$ 时,Buffon 针 Ω 的直径 d 在 N 平面上的垂直投影 $d_0 > D$.

Buffon 针 Ω 与平行平面族 F 相交区域 A_1 的测度为

240

$$\mu(A_1) = \int_0^{\varphi_0}\int_0^{2\pi}\Delta_1(\theta)\,d\theta d\varphi$$

其中,当 $\Delta_0(\theta) > D$ 时($\Delta_0(\theta)$ 是 Ω 在 N 平面上的投影在 θ 方向的宽度),令

$$\Delta_1(\theta) = \frac{D}{2}$$

其他情形是

$$\Delta_1(\theta) = \frac{\Delta_0(\theta)}{2}$$

亦即

$$\int_0^{2\pi}\left(\frac{\Delta(\theta)}{2}\right)d\theta = L_0(\varphi)$$

(2)当 $\varphi_0 < \varphi \leqslant \pi - \varphi_0$ 时,Buffon 针 Ω 与平行平面族 F 相交区域 A_2 的测度为

$$\mu(A_2) = \int_{\varphi_0}^{\pi-\varphi_0}L_0(\varphi)\,d\varphi$$

(3)当 $\pi - \varphi_0 < \varphi \leqslant \pi$ 时,与(1)的情形类似. Buffon 针 Ω 与平行平面族 F 相交区域 A_3 的测度为

$$\mu(A_3) = \int_{\pi-\varphi_0}^{\pi}\Delta_1(\theta)\,d\theta d\varphi$$

其中 $\Delta_1(\theta)$ 与(1)中一样.

综合情形(1)(2)和(3)知,Buffon 针 Ω 与平行平面族 F 相交区域的测度为

$$\mu(A) = \mu(A_1) + \mu(A_2) + \mu(A_3)$$
$$= \int_0^{\varphi_0}\int_0^{2\pi}\Delta_1(\theta)\,d\theta d\varphi + \int_{\varphi_0}^{\pi-\varphi_0}L_0(\varphi)\,d\varphi +$$
$$\int_{\pi-\varphi_0}^{\pi}\int_0^{2\pi}\Delta_1(\theta)\,d\theta d\varphi$$

基本事件区域的测度为

$$\mu(S) = D\pi^2$$

从而,Buffon 针 Ω 与平行平面族 F 相交的概率为

$$P = \frac{1}{D\pi^2}\Big\{\int_0^{\varphi_0}\int_0^{\pi}\Delta_1(\theta)\,\mathrm{d}\theta\mathrm{d}\varphi + \int_{\varphi_0}^{\pi-\varphi_0}L_0(\varphi)\,\mathrm{d}\varphi + \int_{\pi-\varphi_0}^{\pi}\int_0^{2\pi}\Delta_1(\theta)\,\mathrm{d}\theta\mathrm{d}\varphi\Big\}$$

参 考 文 献

[1] 朱建平. Buffon 投针问题的推广[J]. 太原工业大学学报,1984,4: 11-20.

[2] SANTALÓ L A. Integral geometry and geometric probability[M]. Addison-Wesley Publishing Company,1976:1-79.

[3] 王梓坤. 概率论基础及其应用[M]. 北京:科学出版社,1979:5-7.

[4] 朱秀娟,洪再吉. 概率统计问答 150 题[M]. 长沙:湖南科学技术出版社,1982.

Buffon 问题的一个推广[①]

Buffon 1777 年在他的 *Essai d'Arithmétique Morale* 一文中研究了所谓 Buffon 随机投针问题,该问题对计算概率的产生和发展起着重要的作用.

Buffon 问题研究的是向画有等距(距离为 $2a$)平行线束的平面上随机投一枚长为 $2l(l<a)$ 的针,求该针与平行线相交的概率. Buffon 计算得其概率为 $\frac{2l}{\pi a}$. Buffon 问题有许多推广,如:

1. 设平面上画有相互距离为 $2a$ 的平行线束,向该平面随机地投一直径为 $2l(l<a)$ 的凸多边形,则凸多边形与平行线相交的概率为 $\frac{s}{2\pi a}$(其中 s 为凸多边形的周长).[1,3]

2. 设平面上画有两组互相垂直的等距平行线束,它们把平面分成为长为 $2a$,

① 摘自《镇江师专学校(自然科学版)》,1987 年总 4 期.

第 15 章

$2b$ 的 长 方 形, 向 该 平 面 随 机 地 投 一 根 长 为 $2l(l < \min(a,b))$ 的针, 则 针 与 平 行 线 相 交 的 概 率 为 $\dfrac{2(a+b)l - l^2}{\pi ab}$. [2]

镇江师专的赵跃生教授 1987 年结合第 2 个推广提出如下的推广问题:

设平面上画有两组互相垂直的等距平行线束, 它们把平面分成为长为 $2a, 2b$ 的长方形, 向该平面随机地投一边为 $2c\left(-\dfrac{c}{\sin\dfrac{\pi}{n}} < \min(a,b)\right)$ 的正 $n(n \geq 3)$ 边形, 那么正 n 边形与平行线相交的概率为多少?

下面我们来讨论这个问题.

易知: 边长为 $2c$ 的正 n 边形的外接圆半径为 $\dfrac{c}{\sin\dfrac{\pi}{n}}$. 为叙述方便, 我们称由正 n 边形外接圆圆心 O 到正 n 边形顶点的有向线段为角心线, 而把相互垂直的两组等距平行线束中的一组看成是水平的(相互间距离为 $2a$), 另一组看成是铅直的(相互间距离为 $2b$).

记正 n 边形外接圆圆心 O 距最近铅直平行线的有向距离为 $\overrightarrow{Ox}$, 距最近水平平行线的有向距离为 $\overrightarrow{Oy}$, 并定义

$$x = |\overrightarrow{Ox}|$$

$$y = \begin{cases} |\overrightarrow{Oy}|, & \text{当} \overrightarrow{Ox} \text{经逆时针转动} \dfrac{\pi}{2} \text{与} \overrightarrow{Oy} \text{方向一致时} \\ -|\overrightarrow{Oy}|, & \text{其他} \end{cases}$$

又记 $\overrightarrow{Ox}$ 转动到角心线方向所绕过的最小角度为 θ, 易见

$$0 \leqslant x \leqslant b, \ -a \leqslant y \leqslant a, \ -\frac{\pi}{n} < \theta \leqslant \frac{\pi}{n}$$

若记 $\overrightarrow{Oy}$ 转动到角心线方向所绕过的最小角度为 φ, 则不难证明下述引理 1、引理 2.

引理 1

$$\varphi = \begin{cases} \theta + \dfrac{2k_1(\theta)}{n}\pi - \dfrac{\pi}{2}, & \text{当 } y > 0 \text{ 时} \\[3mm] \theta - \dfrac{2k_2(\theta)}{n}\pi + \dfrac{\pi}{2}, & \text{当 } y < 0 \text{ 时} \end{cases}$$

其中 $k_1(\theta), k_2(\theta) = 0, 1, \cdots, n-1$; 且满足 $-\dfrac{\pi}{n} < \theta + \dfrac{2k_1(\theta)}{n}\pi - \dfrac{\pi}{2} \leqslant \dfrac{\pi}{n}, \ -\dfrac{\pi}{n} < \theta - \dfrac{2k_2(\theta)}{n}\pi + \dfrac{\pi}{2} \leqslant \dfrac{\pi}{n}$.

引理 2　记

$$k = \begin{cases} \dfrac{n}{4}, & \text{当 } n = 4m \text{ 时} \\[3mm] \left[\dfrac{n}{4}\right] + 1, & \text{当 } n \neq 4m \text{ 时} \end{cases}$$

则引理 1 中的

$$k_1(\theta) = \begin{cases} k, & \text{当 } -\dfrac{\pi}{n} < \theta \leqslant \dfrac{\pi}{2} - \dfrac{2k-1}{n}\pi \text{ 时} \\[3mm] k-1, & \text{当 } \dfrac{\pi}{2} - \dfrac{2k-1}{n}\pi < \theta \leqslant \dfrac{\pi}{n} \text{ 时} \end{cases}$$

$$k_2(\theta) = \begin{cases} k-1, & \text{当 } -\dfrac{\pi}{n} < \theta \leqslant \dfrac{2k-1}{n}\pi - \dfrac{\pi}{2} \text{ 时} \\[3mm] k, & \text{当 } \dfrac{2k-1}{n}\pi - \dfrac{\pi}{2} < \theta \leqslant \dfrac{\pi}{n} \text{ 时} \end{cases}$$

且当 $\theta \neq \dfrac{\pi}{n}$ 时, $k_2(-\theta) = k_1(\theta)$.

由引理1、引理2 知 φ 是 θ 的函数,故记 $\varphi = \varphi(\theta)$.

建立了变量 x, y, θ 及 φ 与 θ 的关系后,我们得到正 n 边形与平行线相交的充要条件是

$$0 \le x \le \frac{c}{\sin \frac{\pi}{n}} \cos \theta \text{ 或 } 0 \le |y| \le \frac{c}{\sin \frac{\pi}{n}} \cos \varphi(\theta)$$

$$(*)$$

其中 $0 \le x \le b$, $-a \le y \le a$, $-\frac{\pi}{n} < \theta \le \frac{\pi}{n}$;$\varphi$ 满足引理 1、引理2 中的关系.

注意,由假设 $\frac{c}{\sin \frac{\pi}{n}} < \min(a, b)$ 可知,同时满足式 $(*)$ 中的 x, y 一定适合 $0 \le x \le b$, $-a \le y \le a$.

引理3 区域 $g = \left\{ (x, y, \theta) \,\middle|\, 0 \le x \le \frac{c}{\sin \frac{\pi}{n}} \cos \theta \text{ 或 } \right.$

$\left. 0 \le |y| \le \frac{c}{\sin \frac{\pi}{n}} \cos \varphi, 0 \le x \le b, -a \le y \le a, -\frac{\pi}{n} < \theta \le \frac{\pi}{n} \right\}$ 的

Lebesgue 测度为

$$4(a+b)c - \frac{2c^2}{\sin^2 \frac{\pi}{n}} \left\{ \sin \frac{\pi}{n} \left[\left(\frac{\pi}{2} - \frac{2k-2}{n} \pi \right) \cos \frac{2k-1}{n} \pi + \right. \right.$$

$$\left. \left. \sin \frac{2k-1}{n} \pi \right] + \frac{\pi}{n} \sin \frac{2k-2}{n} \pi \right\}$$

其中 $k = \begin{cases} \frac{n}{4}, & \text{当 } n = 4m \text{ 时} \\ \left[\frac{n}{4} \right] + 1, & \text{当 } n \neq 4m \text{ 时} \end{cases}$ $(n \ge 3)$.

证明 记

$$g_1 = \left\{ (x,y,\theta) \,\middle|\, 0 \leqslant x \leqslant \frac{c}{\sin \frac{\pi}{n}}\cos\theta, \ -a \leqslant y \leqslant a, \ -\frac{\pi}{n} < \theta \leqslant \frac{\pi}{n} \right\}$$

$$g_2 = \left\{ (x,y,\theta) \,\middle|\, 0 \leqslant x \leqslant b, 0 \leqslant |y| \leqslant \frac{c}{\sin \frac{\pi}{n}}\cos\varphi(\theta), \ -\frac{\pi}{n} < \theta \leqslant \frac{\pi}{n} \right\}$$

$$g_3 = \left\{ (x,y,\theta) \,\middle|\, 0 \leqslant x \leqslant \frac{c}{\sin \frac{\pi}{n}}\cos\theta, 0 \leqslant |y| \leqslant \frac{c}{\sin \frac{\pi}{n}}\cos\varphi(\theta), \ -\frac{\pi}{n} < \theta \leqslant \frac{\pi}{n} \right\}$$

则 $m(g) = m(g_1) + m(g_2) - m(g_3)$,其中 m 为 Lebesgue 测度. 不难算出

$$m(g_1) = \int_{-\frac{\pi}{n}}^{\frac{\pi}{n}} \mathrm{d}\theta \int_0^{\frac{c}{\sin\frac{\pi}{n}}\cos\theta} \mathrm{d}x \int_{-a}^a \mathrm{d}y = 4ac$$

因 g_2 可看成是正 n 边形与水平平行线相交的"有利"区域,而 g_1 可看成是该正 n 边形与铅直平行线相交的"有利"区域,故由对称性及 $m(g_1) = 4ac$ 可得 $m(g_2) = 4bc$.

$$m(g_3) = \iiint\limits_{\substack{0 \leqslant x \leqslant \frac{c}{\sin\frac{\pi}{n}}\cos\theta \\ 0 \leqslant |y| \leqslant \frac{c}{\sin\frac{\pi}{n}}\cos\varphi(\theta) \\ -\frac{\pi}{n} < \theta \leqslant \frac{\pi}{n}}} \mathrm{d}x\mathrm{d}y\mathrm{d}\theta$$

$$= \int_{-\frac{\pi}{n}}^{\frac{\pi}{n}} \mathrm{d}\theta \int_0^{\frac{c}{\sin\frac{\pi}{n}}\cos\theta} \mathrm{d}x \int_{-\frac{c}{\sin\frac{\pi}{n}}\cos\left(\theta - \frac{2k_2(\theta)}{n}\pi + \frac{\pi}{2}\right)}^0 \mathrm{d}y +$$

$$\int_{-\frac{\pi}{n}}^{\frac{\pi}{n}} \int_0^{\frac{c}{\sin\frac{\pi}{n}}\cos\theta} \int_0^{\frac{c}{\sin\frac{\pi}{n}}\cos\left(\theta + \frac{2k_1(\theta)}{n}\pi - \frac{\pi}{2}\right)} \mathrm{d}y$$

$$= \frac{c^2}{\sin^2\frac{\pi}{n}} \Big[\int_{-\frac{\pi}{n}}^{\frac{\pi}{n}} \cos\theta\cos\left(\theta - \frac{2k_2(\theta)}{n}\pi + \frac{\pi}{2}\right)\mathrm{d}\theta +$$

$$\int_{-\frac{\pi}{n}}^{\frac{\pi}{n}} \cos\theta\cos\left(\theta + \frac{2k_1(\theta)}{n}\pi - \frac{\pi}{2}\right)\mathrm{d}\theta \Big]$$

$$= \frac{2c^2}{\sin^2 \frac{\pi}{n}} \int_{-\frac{\pi}{n}}^{\frac{\pi}{n}} \cos \theta \cos \left(\theta + \frac{2k_1(\theta)}{n} \pi - \frac{\pi}{n} \right) \mathrm{d}\theta$$

$$= \frac{2c^2}{\sin^2 \frac{\pi}{n}} \left\{ \sin \frac{\pi}{n} \left[\left(\frac{\pi}{2} - \frac{2k-2}{n}\pi \right) \cos \frac{2k-1}{n}\pi + \right. \right.$$

$$\left. \left. \sin \frac{2k-1}{n}\pi \right] + \frac{\pi}{n} \sin \frac{2k-2}{n}\pi \right\}$$

所以

$$m(g) = 4(a+b)c - \frac{2c^2}{\sin^2 \frac{\pi}{n}} \left\{ \sin \frac{\pi}{n} \left[\left(\frac{\pi}{2} - \frac{2k-2}{n}\pi \right) \cdot \right. \right.$$

$$\left. \left. \cos \frac{2k-1}{n}\pi + \sin \frac{2k-1}{n}\pi \right] + \frac{\pi}{n} \sin \frac{2k-2}{n}\pi \right\}$$

由引理 3,我们即得正 n 边形与平行线相交的概率为

$$p_n = $$

$$\frac{2n(a+b)c\sin^2 \frac{\pi}{n} - nc^2 \left\{ \sin \frac{\pi}{n} \left[\left(\frac{\pi}{2} - \frac{2k-2}{n}\pi \right) \cos \frac{2k-1}{n}\pi + \sin \frac{2k-1}{n}\pi \right] + \frac{\pi}{n} \sin \frac{2k-2}{n}\pi \right\}}{2ab\pi\sin^2 \frac{\pi}{n}}$$

其中 $k = \begin{cases} \dfrac{n}{4}, \text{当 } n = 4m \text{ 时} \\[2mm] \left[\dfrac{n}{4} \right] + 1, \text{当 } n \neq 4m \text{ 时} \end{cases}$ $(n \geqslant 3)$.

特别有

$$p_3 = \frac{3(a+b)c - c^2 \left(\frac{\sqrt{3}}{4} + \frac{3}{2} \right)}{ab\pi}$$

$$p_4 = \frac{4(a+b)c - c^2 (\pi + 2)}{ab\pi}$$

参 考 文 献

[1]　王梓坤.概率论基础及其应用[M].北京:科技出版社,1979.

[2]　华东师范大学数学系编.概率论与数理统计习题集[M].北京:人民教育出版社,1982.

[3]　缪铨生.概率论与数理统计初步[M].镇江:镇江师专油印讲义,1986.

Buffon 投针问题的若干推广[①]

第

16

章

法国数学家 Buffon 于 1777 年给出了第一个几何概率的例子,这就是著名的 Buffon 投针问题. 该问题的解决,使得可以利用实验的方法求 π 的近似值. 这种思想在日后发展为有广泛应用价值的 Mote-Carlo 方法.

多少年来,人们对投针问题总限定在 $l < a$(l 为针的长度, a 为平行线的间距离)的条件下研究. 济宁师专的郭之盈教授 1988 年讨论了当 $l \geqslant a$ 时情形是怎样呢? 特别是当针为平面曲线形、平面上的平行线为不同方向的若干组时情形又怎样呢? 这就是下面所要讨论的问题. 在所述情形下,我们更感兴趣的是交点数的概率分布及其期望.

推广 1 平面上画有一组距离为 a 的平行线,向该平面投一任意长为 l 的针. 求

---

① 摘自《曲阜师范大学学报》,1988 年,第 14 卷,第 3 期.

针与平行线交点数 ξ 的分布及期望 $E\xi$.

解　1° 当 $l < a$ 时, 问题已经解决[2]. 此时 ξ 服从 0—1 分布, 即

$$P\{\xi = 1\} = \frac{2l}{\pi a}, E\xi = \frac{2l}{\pi a}$$

2° 当 $l \geqslant a$ 时, 不失一般性, 设 $(n-1)a \leqslant l < na$.

式中 n 为偶数 (n 为奇数时, 同样可解), 则 ξ 的所有可能值为 $0, 1, 2, \cdots, n$ (最多有 n 个交点). 设 d_1 表示针的中点 M 与最近一平行线的距离, 则 $d_1 \leqslant \dfrac{a}{2}$. 将点 M 到各平行线的距离依由小到大的顺序分别记为 $d_1, d_2, \cdots, d_n, \cdots (d_k \leqslant d_k + 1)$ (图 1), 显然

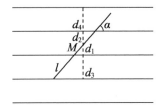

图 1

$$d_n = \begin{cases} \dfrac{(k-1)a}{2} + d_1, & k\ \text{为奇数} \\[2mm] \dfrac{ka}{2} - d_1, & k\ \text{为偶数} \end{cases} \tag{1}$$

再设针与平行线的交角为 $\alpha (0 \leqslant \alpha \leqslant \pi)$. 易知

$$0 \leqslant d_1 \leqslant \frac{a}{2}, 0 \leqslant \alpha \leqslant \pi \tag{2}$$

确定了直角坐标系 $\alpha O d_1$ 平面上一矩形区域 R (图 2).

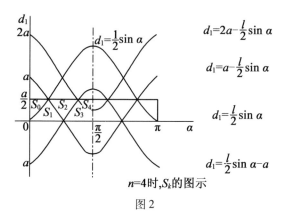

$$d_1 = 2a - \frac{l}{2}\sin \alpha$$

$$d_1 = a - \frac{l}{2}\sin \alpha$$

$$d_1 = \frac{l}{2}\sin \alpha$$

$$d_1 = \frac{l}{2}\sin \alpha - a$$

$n=4$ 时, S_k 的图示

图 2

事件 $\{\xi = 0\}$ 发生的充要条件是 $d_1 > \frac{l}{2}\sin \alpha, 0 \leq$

$d_1 \leq \frac{a}{2}, 0 \leq \alpha \leq \pi$. 它实质上等价于

$$d_1 > \frac{l}{2}\sin \alpha, \alpha \in \left\{ \alpha: 0 \leq \alpha < \sin^{-1}\frac{a}{l}, \pi - \sin^{-1}\frac{a}{l} < \alpha \leq \pi \right\}$$

$$(3)$$

为简略起见,以下各式中 α 的变化范围将直接写出.

事件 $\{\xi = k\}$ 发生的充要条件是

$$\begin{cases} d_k \leq \frac{l}{2}\sin \alpha \\ d_{k+1} > \frac{l}{2}\sin \alpha \end{cases}, 1 \leq k < n-1 \qquad (4)$$

当 k 为奇数时,考虑到式(1),式(4)等价于

$$\begin{cases} \frac{(k-1)a}{2} + d_1 \leq \frac{l}{2}\sin \alpha \\ \frac{(k+1)a}{2} - d_1 > \frac{l}{2}\sin \alpha \end{cases}$$

即

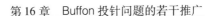

$$
\begin{cases}
d_1 \leqslant \dfrac{l}{2}\sin\alpha - \dfrac{(k-1)a}{2} \\[2mm]
\alpha \in \left\{ \alpha : \sin^{-1}\dfrac{(k-1)a}{l} \leqslant \alpha < \sin^{-1}\dfrac{ka}{l}, \right. \\[2mm]
\left. \pi - \sin^{-1}\left(\dfrac{ka}{l}\right) < \alpha \leqslant \pi - \sin^{-1}\dfrac{(k-1)a}{l} \right\} \\[2mm]
d_1 < \dfrac{(k-1)a}{2} - \dfrac{l}{2}\sin\alpha \\[2mm]
\alpha \in \left\{ \alpha : \sin^{-1}\dfrac{ka}{l} \leqslant \alpha < \sin^{-1}\dfrac{(k+1)a}{l}, \right. \\[2mm]
\left. \pi - \sin^{-1}\dfrac{(k+1)a}{l} < \alpha \leqslant \pi - \sin^{-1}\dfrac{ka}{l} \right\}
\end{cases} \tag{5}
$$

当 k 为偶数时,式(4)等价于

$$
\begin{cases}
\dfrac{ka}{2} - d_1 \leqslant \dfrac{l}{2}\sin\alpha \\[2mm]
\dfrac{ka}{2} + d_1 > \dfrac{l}{2}\sin\alpha
\end{cases} \tag{6}
$$

即

$$
\begin{cases}
d_1 \geqslant \dfrac{ka}{2} - \dfrac{l}{2}\sin\alpha \\[2mm]
\alpha \in \left\{ \alpha : \sin^{-1}\dfrac{(k-1)a}{l} \leqslant \alpha < \sin^{-1}\dfrac{ka}{l}, \right. \\[2mm]
\left. \pi - \sin^{-1}\left(\dfrac{ka}{l}\right) < \alpha \leqslant \pi - \sin\dfrac{(k-1)a}{l} \right\} \\[2mm]
d_1 > \dfrac{l}{2}\sin\alpha - \dfrac{ka}{2} \\[2mm]
\alpha \in \left\{ \alpha : \sin^{-1}\dfrac{ka}{l} \leqslant \alpha < \sin^{-1}\dfrac{(k+1)a}{l}, \right. \\[2mm]
\left. \pi - \sin^{-1}\dfrac{(k+1)a}{l} < \alpha \leqslant \pi - \sin^{-1}\dfrac{ka}{l} \right\}
\end{cases}
$$

事件 $\{\xi = n-1\}$ 发生的充要条件是

$$\begin{cases} d_1 \leqslant \dfrac{l}{2}\sin\alpha \\[2mm] d_1 > \dfrac{l}{2}\sin\alpha \end{cases} \tag{7}$$

考虑到式（1），式（7）等价于

$$\begin{cases} \dfrac{(n-2)a}{2} + d_1 \leqslant \dfrac{l}{2}\sin\alpha \\[2mm] \dfrac{na}{2} - d_1 > \dfrac{l}{2}\sin\alpha \end{cases}$$

即

$$\begin{cases} d_1 \leqslant \dfrac{l}{2}\sin\alpha - \dfrac{(n-2)a}{2} \\[2mm] \alpha \in \left\{ \alpha : \sin^{-1}\dfrac{(n-2)a}{l} \leqslant \alpha < \sin^{-1}\dfrac{(n-1)\alpha}{l}, \right. \\[2mm] \left. \pi - \sin^{-1}\left(\dfrac{(n-1)a}{l}\right) < \alpha \leqslant \pi - \sin^{-1}\dfrac{(n-2)a}{l} \right\} \\[2mm] d_1 < \dfrac{na}{2} - \dfrac{l}{2}\sin\alpha \\[2mm] \alpha \in \left\{ \alpha : \sin^{-1}\dfrac{(n-1)a}{l} \leqslant \alpha < \pi - \sin^{-1}\dfrac{(n-1)a}{l} \right\} \end{cases} \tag{8}$$

事件 $\{\xi = n\}$ 发生的充要条件为

$$d_n \leqslant \frac{l}{2}\sin\alpha \tag{9}$$

考虑到式（1），式（9）可化为 $\dfrac{na}{2} - d_1 \leqslant \dfrac{l}{2}\sin\alpha$，即

$$d_1 \geqslant \frac{na}{2} - \frac{l}{2}\sin\alpha, \alpha \in \left\{ \alpha : \sin^{-1}\frac{(n-1)a}{l} \leqslant \alpha < \pi - \sin^{-1}\frac{(n-1)a}{l} \right\} \tag{10}$$

在式（2）条件下，则知式（3）（5）（8）（10）分别确定了矩形 R 中的一个区域. 设其面积依次记为 S_0, S_k

$(1 \leqslant k < n-1), S_{n-1}, S_n.$ 由于图形的对称性, 易知其面积分别为

$$S_0 = a\sin^{-1}\frac{a}{l} + \sqrt{l^2 - a^2} - l \qquad (11)$$

$$S_k = \sqrt{l^2 - (k-1)^2 a^2} - 2\sqrt{l^2 - k^2 a^2} + \\ \sqrt{l^2 - (k+1)^2 a^2} + (k-1)\alpha\sin^{-1}\frac{(k-1)a}{l} - \\ 2ka\sin^{-1}\frac{ka}{l} + (k+1)a\sin^{-1}\frac{(k+1)a}{l} \qquad (12)$$

(注, 满足式(6)的区域其面积亦为式(12)所示).

$$S_{k-1} = \sqrt{l^2 - (n-2)^2 a^2} - 2\sqrt{l^2 - (n-1)^2 a^2} + \\ (n-2)a\sin^{-1}\frac{(n-2)a}{l} - \\ 2(n-1)a\sin^{-1}\frac{(n-1)a}{l} + \frac{na\pi}{2} \qquad (13)$$

$$S_n = \sqrt{l^2 - (n-1)^2 a^2} + (n-1)a\sin^{-1}\frac{(n-1)a}{l} - \frac{(n-1)a\pi}{2} \qquad (14)$$

由几何概率定义, 得 ξ 的概率分布为

$$P\{\xi = k\} = \frac{S_k}{\pi \times \dfrac{a}{2}} = \frac{2S_k}{\pi a}, k = 0, 1, 2, \cdots \qquad (15)$$

式中 S_k 分别由式(11)(12)(13)(14)给出.

由此不难得: $E\xi = \displaystyle\sum_{k=0}^{n} kP\{\xi = k\} = \sum_{k=1}^{n} k\frac{2S_k}{\pi a} = \dfrac{2}{\pi a}\sum_{k=1}^{n} kS_k = \dfrac{2l}{\pi a}.$

至此不难看出, 不论针长 $l < a$ 或 $l \geqslant a$, 交点数的期望 $E\xi$ 的函数形式保持不变, 即期望值与针长 l 成正

比,与平行线间的距离 a 成反比.

对于这一结论,若利用随机变量期望的性质,可找到一个简洁证法:

将定长为 l (l 的值不限) 的针,分成若干段 l_1, $l_2, \cdots, l_m$,其中 $\max\limits_{1 \leq i < m} \{l_i\} < a$. 则长度为 l_i 的针与平行线交点数 ξ_i 的期望为 $E\xi_i = \dfrac{2l_i}{\pi a}$ (见 1°).

由于长为 l 的针与平行线的交点总数为 $\xi = \xi_1 + \xi_2 + \cdots + \xi_m$,于是

$$E\xi = E\left(\sum_{i=1}^{m} \xi_i\right) = \sum_{i=1}^{m} (E\xi_i) = \sum_{i=1}^{m} \frac{2l_i}{\pi a} = \frac{2}{\pi a}\sum_{i=1}^{m} l_i = \frac{2l}{\pi a}$$

这种证法,对于针为任意平面曲线形时也完全适用. 证法本身还告诉我们一个有趣的事实:将定长的针分成 n 段一次投下与不分段投下,和平行线交点数的期望保持不变.

推广 2 平面上画有一组距离为 a 的平行线. 向该平面投一长为 S 的平面曲线形的针,求针与平行线交点数 ξ 的期望.

解 将该曲线形针分成若干小段,其中 $\max\{l_i\} < a$. 当 l_i 充分小时,可把这小段看成一直线段. 由推广 1 可知这小段与平行线交点数 ξ_i 的期望为 $E\xi_i = \dfrac{2l_i}{\pi a}$. 显然, $\sum\limits_{i} \xi_i$ 等于曲形针 S 与平行线交点的总和,故

$$E\xi = E\left(\sum_{i} \xi_i\right) = \sum_{i} E\xi_i = \sum_{i} \frac{2l_i}{\pi a} = \frac{2}{\pi a}\sum_{i} l_i = \frac{2S}{\pi a}$$

这个结果表明,针与平行线交点数的期望与针的形状(平面上曲线)无关. 当平行线间的距离 a 为定值时,交点期望数由针长唯一确定,值得指出的是,文献

［2］在与此类似的命题中（见［2］P101 例 7）要求针必须是"凸、闭"形，然而从证明中完全可以看出，实属没有必要.

推广 3　平面上画有 n 组不同方向的平行线，每组平行线的距离为 $a_i(a_i$ 为常数，$i = 1, 2, \cdots, n)$——这相当于某种"筛子"的形状. 向该平面投一长为 l 的针（l 不限，曲直皆可），求针与该平面各直线交点数的期望.

解　由推广 1,2 可知此针与第 i 组平行线交点数的期望为 $E\xi_i = \dfrac{2l}{\pi a_i}$. 设 ξ 表示针与各组平行线的交点总数，显然 $\xi = \sum\limits_{i=1}^{n} \xi_i$，故得

$$E\xi = E\left(\sum_{i=1}^{n}\xi_i\right) = \sum_{i=1}^{n}(E\xi_i) = \sum_{i=1}^{n}\frac{2l}{\pi a_i} = \frac{2l}{\pi}\sum_{i=1}^{n}\frac{1}{a_i}$$

当诸 a_i 相等时，$E\xi = \dfrac{2nl}{\pi a}$.

此结论告诉我们，期望 $E\xi$ 随平行线组数的增加而同倍数增加，与平行线的方向、位置无关.

推广 4　若平面上有一组距离为 a 的平行线，其中每一条均虚实相间，实部长为 b，虚部长为 c. 向该平面投一长为 l 的针，求针与实线段交点数 ξ 的期望.

解　将长为 l 的针分成若干段 $l_1, l_2, \cdots, l_m$，其中 $\max\limits_{l < i < m}\{l_i\} > a$. 显然，$l_i$ 与实线段交点数 ξ_i 服从 0—1 分布，且

$$P\{\xi_i = 1\} = \frac{2l_i}{\pi a} \times \frac{b}{b+c}$$

所以 $E\xi_i = \dfrac{b}{b+c} \times \dfrac{2l_i}{\pi a}$.

因此 $E(\sum_{i=1}^{m}\xi_i) = \sum_{i=1}^{m}E\xi_i = \sum_{i=1}^{m}\frac{b}{b+c}\times\frac{2l_i}{\pi a} = \frac{b}{b+c}\times\frac{2l}{\pi a}$.

当 $c=0$ 时,正是推广 1 的结果.

例 用边长为 b 的正六边形铺成一个平面,(蜂窝状的筛子).向该平面投一长为 l 的针,求针与正六边形各边交点总数 ξ 的期望.

解 全等的正六边形铺成的平面,相当于平面上有三组不同方向的三组虚实相间的平行线.易知,每组的实部长为 b、虚部长为 $2b$,平行线间的距离为 $\frac{\sqrt{3}b}{2}$.由推广 4 知针与其中一组平行虚线交点数的期望为

$$\frac{b}{b+2b}\times\frac{2l}{\pi\frac{\sqrt{3}b}{2}} = \frac{4l}{3\sqrt{3}\pi b}$$

由推广 3 知,所求的期望为

$$E\xi = 3\times\frac{4l}{3\sqrt{3}\pi b} = \frac{4l}{\sqrt{3}\pi b} = \frac{2l}{\pi\frac{\sqrt{3}}{2}b}$$

这个结论,说明如下一个事实:将正六边形(边长为 b)铺成的平面改成一组线距为 $\frac{\sqrt{3}b}{2}$ 的实平行线,两者得到相同的结果.

参考文献

[1] H. 伊夫斯. 数学史概论[M]. 欧阳绛,译. 太原:山西人民出版社,1986.

[2] 王梓坤. 概率论基础及其应用[M]. 北京:科技出版社,1979.

Buffon 投针问题的推广[①]

湖南省纺织专科学校的胡亚辉教授 1992 年对投针问题进行了推广,去掉 $l < a$ 的限制,求出了针与任意多条平行线相交的概率,并给出了三个应用.

1. 记号的说明

设针长为 l,a 为相邻两平行线间的距离. 任给 $l > 0$,存在非负整数 n,使 $na \leqslant l < (n+1)a$. 用 P_{nm} 表示:当 $na \leqslant l < (n+1)a$ 时,针仅与 m 条平行线相交的概率;A_{nm} 表示:"$na \leqslant l < (n+1)a$ 时,针仅与 m 条平行线相交"这一事件. $\varphi_0 = 0$,$\varphi_1 = \arcsin\left(\dfrac{a}{l}\right)$,$\varphi_2 = \arcsin\left(\dfrac{2a}{l}\right)$,$\cdots$, $\varphi_n = \arcsin\left(\dfrac{na}{l}\right)$;$L_1$ 为到点 M 最近(或称第一近)的平行线;L_2 为到点 M 第二近的平行线;L_i 为到点 M 第 i 近的平行线.

---

① 摘自《纺织基础科学学报》,1992 年,第 3 期.

2. 求 P_{nm}

显然当 $m > n + 1$ 时，$P_{nm} = 0$. 当 $l < a$ 时，$P_{00} = 1 - \left(\dfrac{2l}{\pi a}\right)$，$P_{01} = \dfrac{2l}{\pi a}$ 这是大家熟知的. 当 $na \leq l < (n+1)a$ 时 $(n \geq 1)$，针可能与 m 条平行线相交 $(m = 0,1,2,\cdots, n+1)$，当 $m > n + 1$ 时，$P_{nm} = 0$.

设 φ 为针与平行线的交角 $(0 \leq \varphi \leq \pi)$：

（1）当 $\varphi_n \leq \varphi \leq \pi - \varphi_n$ 时，$na \leq l\sin\varphi$，针可能与 n 条或 $n + 1$ 条平行线相交，设针的中点 M 到 L_n 的距离为 x（图 1）.

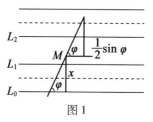

图 1

（a）针与 $n + 1$ 条平行线相交，当且仅当 $x + \dfrac{l}{2} \cdot \sin\varphi \geq na$，即 $x \geq na - \dfrac{l}{2}\sin\varphi$. 所以，$A_{n(n+1),\varphi_n \leq \varphi \leq \pi - \varphi_n} = \left\{ (\varphi,x) \mid na - \dfrac{l}{2}\sin\varphi \leq x \leq \dfrac{na}{2}, \varphi_n \leq \varphi \leq \pi - \varphi_n \right\}$，$\Omega = \left\{ (\varphi,x) \mid \dfrac{(n-1)a}{2} \leq x \leq \dfrac{na}{2}, 0 \leq \varphi \leq \pi \right\}$；

$$P_{n(n+1),\varphi_n \leq \varphi \leq \pi - \varphi_n} = \frac{P(A_{n(n+1),\varphi_n \leq \varphi \leq \pi - \varphi_n})}{P(\Omega)} = \int_{\varphi_n}^{\pi - \varphi_n} \left[\frac{na}{2} - \right.$$

$na + l\sin\dfrac{\varphi}{2} \Big] \mathrm{d}\varphi \Big/ \left(\pi \dfrac{a}{2} \right)$，得

$$P_{n(n+1),\varphi_n \leq \varphi \leq \pi - \varphi_n} = -n + \frac{2n}{\pi}\varphi_n + \frac{2l}{\pi a}\cos\varphi_n, \quad n \geq 1$$

（b）针与 n 条平行线相交,当且仅当 $x + \dfrac{l}{2}\sin\varphi <$

na,即 $x < na - \dfrac{l}{2}\sin\varphi$,所以,$A_{n\pi,\varphi_n \leqslant \varphi \leqslant \pi - \varphi_n} = \{(\varphi, x) \mid$

$\dfrac{(n-1)a}{2} \leqslant x < na - \dfrac{l}{2}\sin\varphi, \varphi_n \leqslant \varphi \leqslant \pi - \varphi_n \}, \Omega = \{(\varphi,$

$x) \mid \dfrac{(n-1)a}{2} \leqslant x \leqslant \dfrac{na}{2}, 0 \leqslant \varphi \leqslant \pi \}$;所以,$P_{n\pi,\varphi_n \leqslant \varphi \leqslant \pi - \varphi_n} =$

$$\dfrac{P(A_{nn}, \varphi_n \leqslant \varphi \leqslant \pi - \varphi_n)}{P(\Omega)} = \int_{\varphi_n}^{\pi - \varphi_n} \dfrac{[na - l\sin\dfrac{\varphi}{2} - \dfrac{(n-1)a}{2}]\mathrm{d}\varphi}{\dfrac{\pi a}{2}}, 得$$

$$P_{nn, \varphi_n \leqslant \varphi \leqslant \pi - \varphi_n} = (n+1) - \dfrac{2(n+1)}{\pi}\varphi_n -$$

$$\dfrac{2l}{\pi a}\cos\varphi_n, n \geqslant 1$$

（2）当 $\varphi_m \leqslant \varphi \leqslant \varphi_{m+1}$ 或 $\pi - \varphi_{m+1} < \varphi \leqslant \pi - \varphi_m$ 时（m 为整数,且 $1 \leqslant m \leqslant n - 1$）,针只能与 $m + 1$ 条或 m 条平行线相交,设针的中点 M 到 L_m 的距离为 x（图 2）.

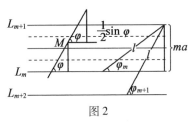

图 2

（a）针与 $m + 1$ 条平行线相交当且仅当 $x + \dfrac{l}{2}$.

$\sin\varphi \geqslant ma$,即 $x \geqslant ma - \dfrac{l}{2}\sin\varphi$. 所以,$A_{n(m+1),\varphi_m \leqslant \varphi \leqslant \varphi_{m+1}} =$

$$\Big\{ (\varphi,x) \mid ma - \frac{l}{2}\sin\varphi \leqslant x \leqslant \frac{ma}{2}, \varphi_m \leqslant \varphi < \varphi_{m+1} \Big\},$$

$$\Omega = \Big\{ (\varphi,x) \mid \frac{(m-1)a}{2} \leqslant x \leqslant \frac{ma}{2}, 0 \leqslant \varphi \leqslant \pi \Big\};$$

$$A_{n(m+1),\pi-\varphi_{m+1}<\varphi<\pi-\varphi_m} = \Big\{ (\varphi,x) \mid ma - \frac{l}{2}\sin\varphi \leqslant x \leqslant$$

$$\frac{ma}{2}, \pi - \varphi_{m+1} < \varphi \leqslant \pi - \varphi_m \Big\}, \Omega = \Big\{ (\varphi,x) \mid \frac{(m-1)a}{2} \leqslant$$

$$x \leqslant \frac{ma}{2}, 0 \leqslant \varphi \leqslant \pi \Big\}; \text{所以,由 } P_{n(m+1),\varphi_m \leqslant \varphi \leqslant \varphi_{m+1}} =$$

$$\frac{P(A_{n(m+1),\varphi_m \leqslant \varphi \leqslant \varphi_{m+1}})}{P(\Omega)} = \int_{\varphi_m}^{\varphi_{m+1}} \frac{\Big(\frac{ma}{2} - ma + \frac{l\sin\varphi}{2} \Big)\mathrm{d}\varphi}{\frac{\pi a}{2}},$$

得

$$P_{n(m+1),\varphi_m \leqslant \varphi \leqslant \varphi_{m+1}} = -\frac{m}{\pi}(\varphi_{m+1} - \varphi_m) -$$

$$\frac{l}{\pi a}(\cos\varphi_{m+1} - \cos\varphi_m)$$

$$1 \leqslant m \leqslant n-1$$

同样可得

$$P_{n(m+1),\pi-\varphi_{m+1}<\varphi\leqslant\pi-\varphi_m} = -\frac{m}{\pi}(\varphi_{m+1} - \varphi_m) -$$

$$\frac{l}{\pi a}(\cos\varphi_{m+1} - \cos\varphi_m)$$

$$1 \leqslant m \leqslant n-1$$

当 $m = n - 1$ 时可得

$$P_{nn,\varphi_{n-1} \leqslant \varphi < \varphi_n} = -\frac{(n-1)}{\pi}(\varphi_n - \varphi_{n-1}) -$$

$$\frac{l}{\pi a}(\cos\varphi_n - \cos\varphi_{n-1})$$

$$1 \leqslant n - 1, \text{即 } n \geqslant 2$$

$$P_{nn, \pi - \varphi_n \leqslant \varphi < \varphi_{n-1}} = -\frac{(n-1)}{\pi}(\varphi_n - \varphi_{n-1}) -$$

$$\frac{l}{\pi a}(\cos \varphi_n - \cos \varphi_{n-1})$$

$$1 \leqslant n - 1, \text{即 } n \geqslant 2$$

（b）针只与 m 条平行线相交，当且仅当 $x + \dfrac{l}{2}$.

$\sin \varphi < ma$，即 $x < ma - \dfrac{l}{2}\sin \varphi$. 所以，$A_{nm, \varphi_m \leqslant \varphi < \varphi_{m+1}} =$

$\left\{ (\varphi, x) \mid \dfrac{(m-1)a}{2} \leqslant x < ma - \dfrac{l}{2}\sin \varphi, \varphi_m \leqslant \varphi < \varphi_{m+1} \right\}$，

$\Omega = \left\{ (\varphi, x) \; \dfrac{(m-1)a}{2} \leqslant x \leqslant \dfrac{ma}{2}, 0 \leqslant \varphi \leqslant \pi \right\}$；

$A_{nm, \pi - \varphi_{m+1} < \varphi \leqslant \pi - \varphi_m} = \left\{ (\varphi, x) \mid \dfrac{(m-1)a}{2} \leqslant x < ma - \dfrac{l}{2} \right.$.

$\sin \varphi, \pi - \varphi_{m+1} < \varphi \leqslant \pi - \varphi_m \right\}$，$\Omega = \left\{ (\varphi, x) \mid \dfrac{(m-1)a}{2} \leqslant \right.$

$\left. x \leqslant \dfrac{ma}{2}, 0 \leqslant \varphi \leqslant \pi \right\}$. 所以，$P_{nm, \varphi_m \leqslant \varphi < \varphi_{m+1}} =$

$$\frac{P(A_{nm, \varphi_m \leqslant \varphi < \varphi_{m+1}})}{P(\Omega)} = \int_{\varphi_n}^{\varphi_{n+1}} \frac{\left[\dfrac{ma - l\sin \varphi}{2} - \dfrac{(m-1)a}{2} \right] \mathrm{d}\varphi}{\dfrac{\pi a}{2}}, \text{得}$$

$$P_{nm, \varphi_m \leqslant \varphi < \varphi_{m+1}} = \frac{(m+1)}{\pi}(\varphi_{m+1} - \varphi_m) +$$

$$\frac{l}{\pi a}(\cos \varphi_{m+1} - \cos \varphi_m), 1 \leqslant m \leqslant n - 1$$

同样可求得

$$P_{nm, \pi - \varphi_{m+1} < \varphi \leqslant \pi - \varphi_m} = \frac{(m+1)}{\pi}(\varphi_{m+1} - \varphi_m) +$$

$$\frac{l}{\pi a}(\cos\varphi_{m+1}-\cos\varphi_m),1\leqslant m\leqslant n-1$$

当 $m=1$ 时得

$$P_{n_1,\varphi_1\leqslant\varphi<\varphi_2}=\frac{2}{\pi}(\varphi_2-\varphi_1)+\frac{l}{\pi a}(\cos\varphi_2-\cos\varphi_1)$$

$$1\leqslant n-1\ \text{即}\ n\geqslant2$$

$$P_{n_1,\pi-\varphi_2<\varphi<\pi-\varphi_1}=\frac{2}{\pi}(\varphi_2-\varphi_1)+\frac{l}{\pi a}(\cos\varphi_2-\cos\varphi_1)$$

$$1\leqslant n-1\ \text{即}\ n\geqslant2$$

（3）当 $\varphi_{m-1}\leqslant\varphi<\varphi_m$ 时，针只能与 m 条或 $m-1$ 条平行线相交（对 $\pi-\varphi_m<\varphi\leqslant\pi-\varphi_{m-1}$ 也是一样）. 若 $1\leqslant m-1\leqslant n-1$ 即 $2\leqslant m\leqslant n$，由（2）中的结论得

$$P_{nm,\varphi_{m-1}\leqslant\varphi<\varphi_m}=P_{nm,n-\varphi_m<\varphi\leqslant\pi-\varphi_{m-1}}=-\frac{m-1}{\pi}(\varphi_m-\varphi_{m-1})-$$

$$\frac{l}{\pi a}(\cos\varphi_m-\cos\varphi_{m-1}),2\leqslant m\leqslant n$$

$$P_{n(m-1),\varphi_{m-1}\leqslant\varphi<\varphi_m}=P_{n(m-1),\pi-\varphi_m<\varphi\leqslant\pi-\varphi_{m-1}}=\frac{m}{\pi}(\varphi_m-$$

$$\varphi_{m-1})+\frac{l}{\pi a}(\cos\varphi_m-\cos\varphi_{m-1})$$

$$2\leqslant m\leqslant n$$

（4）当 $0\leqslant\varphi<\varphi_1$ 或 $\pi-\varphi_1<\varphi\leqslant\pi$ 时，针最多只能与一条平行线相交，设针的中点 M 到 L_1 的距离为 x（图3）.

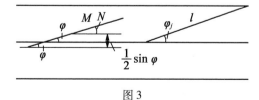

图3

（a）针与一条平行线相交当且仅当 $0 \leqslant x \leqslant \dfrac{l}{2}\sin\varphi$.

所以，$A_{n1,0 \leqslant \varphi \leqslant \varphi_1} = \left\{ (\varphi, x) \mid 0 \leqslant x \leqslant \dfrac{1}{2}\sin\varphi, 0 \leqslant \varphi < \varphi_1 \right\}$，

$\Omega = \left\{ (\varphi, x) \mid 0 \leqslant x \leqslant \dfrac{a}{2}, 0 \leqslant \varphi \leqslant \pi \right\}$；$A_{n1,\pi-\varphi_1<\varphi\leqslant\pi} = \{ (\varphi,$

$x) \mid 0 \leqslant x < \dfrac{l}{2}\sin\varphi, \pi - \varphi_1 < \varphi \leqslant \pi \}$，$\Omega = \left\{ (\varphi, x) \mid 0 \leqslant x \leqslant \right.$

$\left. \dfrac{a}{2}, 0 \leqslant \varphi \leqslant \pi \right\}$. 所以，$P_{n1,0 \leqslant \varphi < \varphi_1} = \dfrac{P(A_{n1,0 \leqslant \varphi < \varphi_1})}{P(\Omega)} = $

$\displaystyle\int_0^{\varphi_1} \dfrac{\dfrac{l}{2}\sin\varphi \mathrm{d}\varphi}{\dfrac{\pi a}{2}}$. 得

$$P_{nl,0\leqslant\varphi<\varphi_1} = \dfrac{l}{\pi a}(1 - \cos\varphi_1), n \geqslant 1$$

同理可得

$$P_{n1,\pi-\varphi_1<\varphi\leqslant\pi} = \dfrac{l}{\pi a}(1 - \cos\varphi_1), n \geqslant 1$$

（b）针与任一条平行线不相交当且仅当 $x > \dfrac{l}{2}\sin\varphi$.

所以，$A_{n0,0\leqslant\varphi<\varphi_1} = \left\{ (\varphi,x) \mid \dfrac{l}{2}\sin\varphi < x \leqslant \dfrac{a}{2}, 0 \leqslant \varphi < \varphi_1 \right\}$，$\Omega = $

$\left\{ (\varphi,x) \mid 0 \leqslant x \leqslant \dfrac{a}{2}, 0 \leqslant \varphi \leqslant \pi \right\}$；$A_{n0,\pi-\varphi_1<\varphi\leqslant\pi} = \left\{ (\varphi, x) \mid \right.$

$\dfrac{l}{2}\sin\varphi < x \leqslant \dfrac{a}{2}, \pi - \varphi_1 < \varphi \leqslant \pi \}$，$\Omega = \left\{ (\varphi,x) \mid 0 \leqslant x \leqslant \right.$

$\left. \dfrac{a}{2}, 0 \leqslant \varphi \leqslant \pi \right\}$. 所以，$P_{n0,0\leqslant\varphi<\varphi_2} = \dfrac{P(A_{n0,0\leqslant\varphi<\varphi_1})}{P(\Omega)} = $

$\displaystyle\int_0^{\varphi_1} \dfrac{\dfrac{a}{2} - \dfrac{l}{2}\sin\varphi}{\dfrac{\pi a}{2}} \mathrm{d}\varphi$. 得

积分几何中的 Buffon 投针问题

$$P_{n0,0\leqslant\varphi<\varphi_1}=\frac{1}{\pi}\varphi_1+\frac{l}{\pi a}(\cos\varphi_1-1),n\geqslant1$$

同理得

$$P_{n0,\pi-\varphi_1<\varphi\leqslant\pi}=\frac{1}{\pi}\varphi_1+\frac{l}{\pi a}(\cos\varphi_1-1),n\geqslant1$$

综合情况（1）（2）（3）（4）得

$$P_{n(n+1)}=P_{n(n+1),\varphi_n\leqslant\varphi\leqslant\pi-\varphi_n}=-n+\frac{2n}{\pi}\varphi_n+$$

$$\frac{2l}{\pi a}\cos\varphi_n,n\geqslant1 \tag{1}$$

$$P_{nn}=P_{nn,\varphi_n\leqslant\varphi\leqslant\pi-\varphi_n}+P_{nn,\varphi_{n-1}\leqslant\varphi<\varphi_2}+P_{nn,\pi-\varphi_n<\varphi\leqslant\pi-\varphi_{n-1}}\text{ 得}$$

$$P_{nn}=(n+1)-\frac{4n}{\pi}\varphi_n+\frac{2(n-1)}{\pi}\varphi_{n-1}+$$

$$\frac{2l}{\pi a}(\cos\varphi_{n-1}-2\cos\varphi_n),n\geqslant2 \tag{2}$$

$$P_{nm}=P_{nm,\varphi_m\leqslant\varphi<\varphi_{m+1}}+P_{nm,\pi-\varphi_{m+1}<\varphi\leqslant\pi-\varphi_m}+$$

$$P_{nm,\varphi_{m-1}\leqslant\varphi<\varphi_m}+P_{nm,\pi-\varphi_m<\varphi\leqslant\pi-\varphi_{m-1}}$$

$$=\frac{2(m-1)}{\pi}\varphi_{m-1}-\left(\frac{4m}{\pi}\right)\varphi_m+$$

$$\frac{2(m+1)}{\pi}\varphi_{m+1}+\frac{2l}{\pi a}(\cos\varphi_{m-1}-2\cos\varphi_m+$$

$$\cos\varphi_{m+1}),2\leqslant m\leqslant n-1 \tag{3}$$

$$P_{n1}=P_{n_1,\varphi_1\leqslant\varphi<\varphi_2}+P_{n1,\pi-\varphi_2<\varphi\leqslant\pi-\varphi_1}+P_{n1,0\leqslant\varphi<\varphi_1}+$$

$$P_{n1,\pi-\varphi_1<\varphi\leqslant\pi}$$

$$=\frac{4}{\pi}(\varphi_2-\varphi_1)+\frac{2l}{\pi a}(\cos\varphi_2-2\cos\varphi_1+1),n\geqslant1$$

$$\tag{4}$$

$$P_{n0}=P_{n0,0\leqslant\varphi<\varphi_1}+P_{n0,\pi-\varphi_1<\varphi\leqslant\pi}$$

$$=\frac{2}{\pi}\varphi_1+\frac{2l}{\pi a}(\cos\varphi_1-1),n\geqslant1 \tag{5}$$

式(4)是式(3)的特殊情况. 由上可知,对任意长的针 $l(l \geqslant a)$(不妨设 $na \leqslant l < (n+1)a$),我们得到它与 m 条且只与 m 条平行线相交的概率

$$P_{mn} = \begin{cases} 0, m \geqslant n+2 \\[2mm] -n + \dfrac{2n}{\pi}\varphi_n + \dfrac{2l}{\pi a}\cos\varphi_n, m = n+1 \\[3mm] (n+1) - \dfrac{4n}{\pi}\varphi_n + \dfrac{2(n-1)}{\pi}\varphi_{n-1} + \\[3mm] \dfrac{2l}{\pi a}(\cos\varphi_{n-1} - 2\cos\varphi_n), m = n \\[3mm] \dfrac{2(m-1)}{\pi}\varphi_{m-1} - \dfrac{4m}{\pi}\varphi_m + \dfrac{2(m+1)}{\pi}\varphi_{m+1}\dfrac{2l}{\pi a} \cdot \\[3mm] (\cos\varphi_{m-1} - 2\cos\varphi_m + \cos\varphi_{m+1}), 1 \leqslant m \leqslant n-1 \\[3mm] \dfrac{2}{\pi}\varphi_1 + \dfrac{2l}{\pi a}(\cos\varphi_1 - 1) \\[3mm] 0 = m \leqslant n-1, \text{即 } m = 0, n \geqslant 1 \end{cases}$$

3. P_{n0} 的应用

$P_{n0}(n \geqslant 1)$ 有三种不同的表示:第一种,$P_{n0} = \dfrac{2}{\pi}\arcsin\dfrac{a}{l} + \dfrac{2l}{\pi a}[\cos(\arcsin\dfrac{a}{l} - 1)](n \geqslant 1)$;第二种,

$P_{n0} = \dfrac{2}{\pi}\arcsin\dfrac{a}{l} + \dfrac{2}{\pi}(l - \sqrt{l^2 - a^2})/a$;第三种,$P_{n0} = \dfrac{2}{\pi}[\varphi_1 - \tan\dfrac{\varphi_1}{2}]$. 我们得到 P_{n0} 的三个方面的应用.

(1)求 π 的近似值. 由第三种表示式得

$$\pi = \dfrac{2}{P_{n0}}[\varphi_1 - \tan\dfrac{\varphi_1}{2}], P_{n0} \text{ 由实验得到}$$

(2)求任意数 $b(0 < b \leqslant 1)$ 的反三角正弦值. 由第二种表示得

$$\arcsin \frac{a}{l} = \frac{l - \sqrt{l^2 - a^2}}{a} + \frac{\pi}{2} P_{n0} \qquad (6)$$

a 不变,任给 $b \in (0,1]$,取 $l = \frac{a}{b}$(使 $b = \frac{a}{l}$),P_{n0} 由实验得到,由式(6)可求出 $\arcsin b$ 的近似值.

这里求 π 及 $\arcsin b$ 的方法较以前的近似计算法简单易行.

(3)证明不等式 $0 < \alpha - \tan \frac{\alpha}{2} \leqslant \frac{\pi}{2} - 1.$ ($0 < \alpha \leqslant \frac{\pi}{2}$ 当且仅当 $\alpha = \frac{\pi}{2}$ 时,等号成立)

证明 P_{n0} 是关于 l 的递减函数,当 $l = a$ 时,$P_{10} = 1 - \frac{2}{\pi}$,所以,$0 < P_{n0} \leqslant 1 - \frac{2}{\pi}$,由 P_{n0} 的第三种表示式得 $0 < \alpha - \tan \frac{\alpha}{2} \leqslant \frac{\pi}{2} - 1$,当 $l = a$ 时等号成立,此时 $\arcsin 1 = \alpha = \frac{\pi}{2}$.

此不等式也可用微分学知识证明.

概率论中 Buffon 投针问题的推广及一点注记[①]

第
18
章

Buffon 投针问题是一个很著名的几何型概率问题,以下不加证明地列出其结论[1]:

命题(Buffon's Needle Problem):平面上画有等距的平行线簇,平行线间的距离为 $a(a>0)$,向平面任意投掷一枚长为 $l(l<a)$ 的针,则事件 $E=\{$针与某直线相交$\}$ 的概率:$P(E)=\dfrac{2l}{\pi a}$.

1. 推广

天津科技大学基础科学系的崔家峰教授 2003 年将上述结论推广至广泛的情形并约定如下:

(1)针长 l 总是小于平行线间距 a. 因为我们在考虑针的中点到最近直线的距离 ρ 及针与直线所夹锐角 θ 构成的样

---

① 摘自《天津轻工业学院学报》,2003 年,第 18 卷,第 3 期.

本点 (ρ, θ) 应满足 $(\rho, \theta) \in \left[0, \dfrac{a}{2}\right] \times \left[0, \dfrac{\pi}{2}\right]$，当 $l > a$ 时，则由 $\rho \leqslant \dfrac{1}{2}\sin\theta$ 所代表的区域并不会完全落在 $\rho = \dfrac{a}{2}$ 以下，于是此时的概率应该为

$$P(E) = \frac{\displaystyle\int_0^{\theta_0} \frac{l}{2}\sin\theta \mathrm{d}\theta + \frac{a}{2}\left(\frac{\pi}{2} - \theta_0\right)}{\frac{\pi}{2} \cdot \frac{a}{2}}$$

$$= \frac{2\left(l - \sqrt{l^2 - a^2}\right) + a\left(\pi - 2\arcsin\dfrac{a}{l}\right)}{\pi a}$$

其中 $\theta_0 = \arcsin\dfrac{a}{l}$. 由于分子上所求面积是含在 $\left[0, \dfrac{a}{2}\right] \times \left[0, \dfrac{\pi}{2}\right]$ 之中的，故 $P(E)$ 介于 0 和 1 之间.

（2）考虑概率空间 (Ω, F, P). 由于 P 是定在 σ - 代数 F 上的非负的规范测度，因此以下讨论将忽略零概率事件（比如在 Buffon 投针问题中，针正好与直线重合），这将不会对问题的最终讨论造成影响.

（3）所有的讨论都将在平面上进行.

定理 1 （Buffon-Laplace Needle Problem）：平面上面有两组相互垂直的平行线 I，II，每组平行线各自等距，平行线间的距离分别为 $a, b (a > 0, b > 0)$. 向平面任意投掷一枚长为 $l (l < a, l < b)$ 的针，则事件 $E = \{$针与某直线相交$\}$ 的概率：$P(E) = \dfrac{2l(a + b) - l^2}{\pi ab}$.

证明 记事件 $C = \{$针与第 I 组平行线的某一条直线相交$\}$，$D = \{$针与第 II 组平行线的某一条直线相

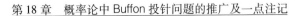

交\}，则：$E = A \cup B$，于是

$$P(E) = P(A \cup B) = P(A) + P(B) - P(AB)$$

由上述命题知：$P(A) = \dfrac{2l}{\pi a}, P(B) = \dfrac{2l}{\pi b}.$

设针的中点到第 Ⅰ 组平行线最近直线的距离为 ρ_1，到第 Ⅱ 组平行线最近直线的距离为 ρ_2，针与第 Ⅰ 组平行线所夹锐角 θ 构成的样本点应该满足

$$(\rho_1, \rho_2, \theta) \in \left[0, \frac{a}{2}\right] \times \left[0, \frac{b}{2}\right] \times \left[0, \frac{\pi}{2}\right]$$

于是

$$P(AB) = \dfrac{\displaystyle\int_0^{\frac{\pi}{2}} \mathrm{d}\theta \int_0^{\frac{l}{2}\sin\theta} \mathrm{d}\rho_1 \int_0^{\frac{l}{2}\cos\theta} \mathrm{d}\rho_2}{\dfrac{a}{2} \cdot \dfrac{b}{2} \cdot \dfrac{\pi}{2}} = \dfrac{\dfrac{l}{8}}{\dfrac{\pi a b}{8}} = \dfrac{l^2}{\pi a b}$$

所以有

$$P(E) = \dfrac{2l(a + b) - l^2}{\pi a b}$$

定理 2　平面上画有等距的平行线族，平行线间的距离为 $a(a > 0)$，向平面任意投掷一三角形. 假定三角形三条边长为 $l_1, l_2, l_3 (l_1, l_2, l_3 < a)$，则事件 $E = \{$三角形与某直线相交$\}$的概率：$P(E) = \dfrac{l_1 + l_2 + l_3}{\pi a}.$

证明　记三角形每边与直线相交的三个事件分别为 C, D 和 F，则：$E = C \cup D \cup F$. 于是

$P(E) = P(C \cup D \cup F)$

$\qquad = P(C) + P(D) + P(F) - P(CD) - P(DF) -$

$\qquad\quad P(FC) + P(CDF)$

易得：$C \subset D \cup F, D \subset C \cup F, F \subset C \cup D$. 所以

$$P(CD) + P(DF) = P[(C \cup F)D] = P(D)$$

同理有

$$P(DF) + P(CF) = P[(C \cup D)F] = P(F)$$

$$P(CF) + P(CD) = P[(D \cup F)C] = P(C)$$

于是

$$P(CD) + P(DF) + P(FC) = \frac{1}{2}[P(C) + P(D) + P(F)]$$

所以

$$P(E) = \frac{1}{2}[P(C) + P(D) + P(F)] = \frac{l_1 + l_2 + l_3}{\pi a}$$

定理 3　平面上画有等距的平行线族,平行线间距离为 $a(a > 0)$,向平面任意投掷一个缺少一条边的三角形,两边长分别为 $l_1, l_2(l_1 + l_2 < a)$,夹角为 α. 则事件 $E = \{$缺边三角形与某一条直线相交$\}$ 的概率

$$P(F) = \frac{l_1 + l_2 + \sqrt{l_1^2 + l_2^2 - 2l_1 l_2 \cos \alpha}}{\pi a}$$

证明　如果我们补上三角形所缺的那条边,并且记事件 $C = \{$所补的那条边与某直线相交$\}$,于是有 $C \subset E$. 因此 $E = E \cup C$. 此时又转化为定理 2 的情形. 继而有结论成立.

当 $\alpha = 0$ 时: $P(E) = \frac{2\max\{l_1, l_2\}}{\pi a}$.

当 $\alpha = \pi$ 时: $P(E) = \frac{2(l_1 + l_2)}{\pi a}$.

定义 1　称 Ω 为凸域,如果满足:

(1) Ω 为闭区域;

(2) 如果对于任意 $A, B \in \Omega$,那么有 $\overline{AB} \subset \Omega$,其中, A, B 表示平面上的点,$\overline{AB}$ 表示由 A 和 B 作为端点的直线段.

凸域的一个明显的性质是:过凸域边界上的任一点作切线(如果存在),则凸域中的点不能位于这条切线的两侧.

定义 2　设 Ω 是平面上的区域,称 $d = \sup\{|\overline{AB}|, \forall A, B \in \Omega\}$ 为区域 Ω 的直径.

定理 4　平面上画有等距的平行线族,平行线间的距离为 $a(a > 0)$,任意向平面投一个凸多边形(其直径 $d < a$),则事件 $E = \{$凸多边形与某一条直线相交$\}$ 的概率 $P(E) = \dfrac{c}{\pi a}$,其中 c 为凸多边形的周长.

证明　三角形由定理 2 知成立.

当为凸四边形时,设其四条边长分别为 l_1, l_2, l_3, l_4. 联结凸四边形的两个对角点(此时形成的对角线长记为 l_5)可以将凸四边形分为两个三角形,分别记为三角形 A 和三角形 B,并且以 A 和 B 本身记其所代表的三角形与平面上某直线相交之事件. 其中三角形 A 是由 l_1, l_2, l_5 三边围成的,三角形 B 是由 l_3, l_4, l_5 三边围成的.

由 $E = A \cup B$ 知: $P(E) = P(A \cup B) = P(A) + P(B) - P(AB)$,其中 $AB = \{$直线 l_5 与平面上某直线相交$\}$,于是由命题及定理 2 有

$$P(E) = \frac{l_1 + l_3 + l_5}{\pi a} + \frac{l_3 + l_4 + l_5}{\pi a} - \frac{2l_5}{\pi a}$$

$$= \frac{l_1 + l_2 + l_3 + l_4}{\pi a}$$

假设凸 $n - 1$ 边形对于上述结论成立. 考虑凸 n 边形,可以将其分为凸 $n - 1$ 边形与一个三角形的和的形式,利用已知的结论易知定理 4 成立.

定理 5　平面上画有等距的平行线族,平行线间的距离为 $a(a>0)$,设 μ 为平面凸域(其直径 $d<a$).将 μ 投向平行线族,则事件 $E=\{\mu$ 与某条直线相交$\}$的概率 $P(E)=\dfrac{c}{\pi a}$,其中 c 为平面凸域 μ 的周长.

证明　由定义易知平面凸域的边界是光滑的(或者是分段光滑的),也就是说对于有限平面凸域的边界曲线总可以对其做第一类曲线积分的.作平面凸域 μ 的内接多边形 Δ_n,做法是如果凸域边界上含有直线段,那么就将其作为所作内接多边形的一边,其他地方在边界弧内部作弦作为内接多边形的边.当 Δ_n 除去作为边的凸域边界上的直线段外,当其他边的最大边 $\lambda\to0$ 时,Δ_n 的极限周长就是平面凸域 μ 边界曲线的第一类积分[2],也就是平面凸域 μ 的周长 c.于是由定理 4 及概率的下连续性知本定理成立.

作为本定理一个简单的应用,可以考虑将直径为 l 的半圆投向布满等距平行线的平面,设平行线间的距离为 $a(a>0)$,且 $l<a$,则事件 $E=\{$半圆与平面上某直线相交$\}$的概率:$P(E)=\dfrac{\dfrac{\pi l}{2}+l}{\pi a}$.

定义 3　设 σ 为平面上的闭区域,对于指标集 T 中任意一指标 t,g_t 为覆盖 σ 的凸域.即 $\sigma\subset g_t$ 且 g_t 为凸域,则称 $\mu=\bigcap_{t\in T}g_t$ 为由 σ 生成的最小凸域.易知:$\mu=\bigcup_{A,B\in\sigma}\overline{AB}$.

定理 6　平面上画有等距的平行线族,平行线间的距离为 $a(a>0)$,设 σ 为平面闭区域(其直径 $d<a$).将 σ 投向平行线族,则事件 $E=\{\sigma$ 与某条直线相

交}的概率 $P(E) = \dfrac{c}{\pi a}$,其中 c 为由 σ 生成的最小凸域 μ 的周长.

证明　设事件 $F = \{\mu - \sigma$ 与平面上某直线相交},则 $F \subset E$. 事实上,假设 F 发生,则必至少有一条直线穿过区域 $\mu - \sigma$,而这条直线必至少经过 σ 中的两点,这是由生成的最小凸域决定的. 也就是说,$\mu - \delta$ 完全是在中 σ 生成的最小凸域 μ 时所连直线留下的"痕迹". 这样,事件 F 发生导致事件 E 发生. 此时,$P(E) = P(E \cup F)$,而右式恰好就是凸域 μ 与平面上某直线相交的概率. 由定理 5 知道有结论成立.

同样作为一个特例,可以将一个凹四边形(设其四边长按逆时针方向分别为 l_1, l_2, l_3, l_4,且 l_3, l_4 是向里凹)投向布满等距平行线的平面,设平行线间的距离为 $a(a > 0)$,而且满足凹四边形的直径 $d < a$. 联结 l_1, l_4 的交点和 l_2, l_3 的交点,设其长为 l_5. 事实上此时由 l_1, l_2, l_5 构成的三角形是由凹四边形生成的最小凸域. 根据定理 6 知事件 $E = \{$凹四边形与平面上某直线相交}的概率:$P(E) = \dfrac{l_1 + l_2 + l_5}{\pi a}$. 此时看到了,这个概率与"内敛"的那两条边 l_3, l_4 是没有直接关系的. 它们所起的作用是与其他边共同张成最小凸域.

2. 一点注记

一个错误命题及其错误证明:将一凹四边形投向布满等距平行线的平面,条件如上,则事件 $E = \{$凹四边形与平面上某直线相交}的概率:$P(E) = \dfrac{l_1 + l_2 + l_3 + l_4}{\pi a}$. 错误证明:可以联结 l_1, l_2 的交点和 l_3, l_4 的交点,记为 l_5. 记

事件 $C = \{$由 l_1, l_4, l_5 构成的三角形与平面上某直线相交$\}$,记事件 $D = \{$由 l_2, l_4, l_5 构成的三角形与平面上某直线相交$\}$,记事件 $F = \{l_5$ 与平面上某直线相交$\}$,则

$$E = C \cup D, CD = F$$

于是

$$P(E) = P(C \cup D) = P(C) + P(D) - P(CD)$$

$$= \frac{l_1 + l_2 + l_3 + l_4}{\pi a}$$

其实可以很容易看出,$CD \neq F$. 因为易知 $F \subset CD$,但当事件 $G = \{l_3, l_4$ 同时与平面上某直线相交$\}$发生,而 $G \subset CD$,此时 F 并不发生,即 $CD \not\subset F$. 所以此命题是不成立的. 那么,为什么定理 4 中对于凸四边形的证明却利用了分割为两个三角形的办法呢? 主要是由于这两个三角形合并之后还是凸域,这样就保证了由这两个三角形分别与平面上某直线相交的事件间的交事件只能是它们的公共边与平面上某直线相交这一单一事件了.

定理 6 是本章最终要得到的结论. 从直观上理解,使一个闭区域与平面上的等距平行线相交等同于让一个"恰好"覆盖它的凸域与平面上的等距平行线相交. 为什么是凸域呢? 这主要是由凸域和直线之间的关系决定的,回过头去看看定义 1 及其性质就更明了了.

参 考 文 献

[1]　杨振明. 概率论[M]. 北京:科学出版社,1999,22-23.

[2]　复旦大学数学系. 数学分析(下册)[M]. 北京:高等教育出版社,1983,296-297.

一个几何概率问题的推广[①]

第19章

一般概率论教科书[1][2]在介绍几何概率时,都会介绍 Buffon 问题,关于 Buffon 问题,两个很自然的想法就是:

(1)若针是质量非均匀的?

(2)若不是针,而是一个任意形状的质量非均匀的平面薄板?

长沙理工大学的陈泽安和桃江县教委的戴立军两位专家 2004 年利用初等方法,成功地解决了上述两个问题,得到了一个统一的结果:在平面薄板的直径 R 小于直线族的间隔 d 的条件下,平面薄板与平行直线族相交的概率为 $\frac{L}{\pi d}$,其中 L 为平面薄板的凸周长,针看成是一个细长方形的极端情形,l 为针长,凸周长为 $2l$,与教科书上结果一致.

---

① 摘自《长沙通信职业技术学院学报》,2004 年,第 3 卷,第 2 期.

1. 质量非均匀的针的情形

设在平面上画有一族平行直线,它们之间的距离都等于 d. 向此平面随机地投一长度为 $l(l < d)$ 质量非均匀的针,求此针与任一平行线相交的概率.

将针记为线段 BC,端点为 B 与 C,质量中心为 BC 上某一点 M. 因为我们所研究的是线段 BC 与等距平行直线族相交的情形,所以当线段 BC 沿平行直线族的方向平移;或线段 BC 沿垂直于直线族的方向平移 $kd(k$ 为整数$)$ 后的位置与原位置等价. 由等价性只要考虑质量中心点 M 落在某两条相邻平行线之间的情形.

记点 M 上方直线为 b_1,下方直线为 b_2,将 b_1,b_2 视为有向直线,规定:b_1 向左为正,b_2 向右为正,设 x 是点 M 到 b_2 的距离;y 是点 M 到 b_1 的距离,在 BC 上任意确定一个向量 $\vec{a}$(一般取 $\vec{a}$ 与向量 $\vec{BC}$ 同向),当线段 BC 落下后,$\vec{b_1}$ 到 $\vec{a}$ 的转角记为 ψ,$\vec{b_2}$ 到 $\vec{a}$ 的转角记为 φ,以上陈述简称为重心点 M 落在"Buffon 域内". (在以后的叙述中,我们总是这样约定)

设 $A = \{$针与平行线相交$\}$,线段 MB 记为 l_1,l_1 的方向记为 $\vec{l_1},\vec{l_1}$ 与 $\vec{a}$ 同向,且 l_1 的长度也记为 l_1;线段 MC 记为 l_2,l_2 的方向记为 $\vec{l_2},\vec{l_2}$ 与 $\vec{a}$ 逆向,l_2 的长度也记为 l_2. 先考虑 BC 与 b_2 的关系,此时,x,φ 有如下关系

$$\Omega : \begin{cases} 0 \leqslant x \leqslant d \\ 0 \leqslant \Phi \leqslant 2\pi \end{cases}$$

BC 与 b_2 相交的充要条件是:下列两组不等式之一成立

$$A_1:\begin{cases}0\leqslant x\leqslant l_1\sin\varPhi\\0\leqslant\varPhi\leqslant\pi\end{cases}\qquad A_2:\begin{cases}0\leqslant x\leqslant l_2\sin(\varPhi-\pi)\\\pi\leqslant\varPhi\leqslant2\pi\end{cases}$$

所以

$$S_{A_1}=\int_0^\pi l_1\sin\varphi\mathrm{d}\varphi=2l_1$$

$$S_{A_2}=\int_\pi^{2\pi}l_2\sin(\varphi-\pi)\mathrm{d}\varphi=2l_2$$

$$S_\Omega=2\pi d$$

由对称性,BC 与 b_1 的关系与 BC 与 b_2 的关系相类似. 所以,y,φ 有如下关系

$$\Omega:\begin{cases}0\leqslant y\leqslant d\\0\leqslant\psi\leqslant2\pi\end{cases}$$

BC 与 b_1 相交的充要条件是下列两组不等式成立

$$B_1:\begin{cases}0\leqslant y\leqslant l_2\sin\psi\\0\leqslant\psi\leqslant\pi\end{cases}\qquad B_2:\begin{cases}0\leqslant y\leqslant l_1\sin(\psi-\pi)\\\pi\leqslant\psi\leqslant2\pi\end{cases}$$

$$S_{B_1}=\int_0^\pi l_2\sin\psi\mathrm{d}\psi=2l_2$$

$$S_{B_2}=\int_\pi^{2\pi}l_1\sin(\psi-\pi)\mathrm{d}\psi=2l_1$$

因为 $l<d$,所以 BC 不能同时与 b_1,b_2 相交,即 A_1,B_2 不交,A_2,B_1 不交,所以

$$P(A)=\frac{S_{A_1}+S_{A_2}+S_{B_1}+S_{B_2}}{S_\Omega}=\frac{2(S_{A_1}+S_{A_2})}{2\pi d}=\frac{2l}{\pi d}$$

由上可知,在下面讨论中只需讨论所论述的物体与 b_2 相交的情形,而将所得结果乘以 2 就行了,这样处理是合理的.

2. 质量非均匀的平面薄板

(1)凸 n 边形

设 K 是凸 n 边形;$A_1A_2\cdots A_n$. $A_i(i=1,2,\cdots,n)$ 是

顶点，K 的质量中心 M 是 K 上某一点，同理只需考虑点 M 落在 Buffon 域内的情形，在 K 上任意确定一个向量 $\vec{a}$（一般取 $\vec{a}$ 与 $\overrightarrow{A_nA_1}$ 同向），当 K 落下后，$\vec{b_2}$ 到 $\vec{a}$ 的转角记为 φ，K 到 $\vec{b_2}$ 的距离为 x，只需讨论 K 与 b_2 的关系.

设 $A = \{K$ 与平行线相交$\}$

$D = \{M$ 落在 Buffon 域内的条件下，K 与 b_2 相交$\}$

$D_i = \{M$ 落在 Buffon 域内的条件下，线段 MA_i 与 b_2 相交$\}$，$i = 1,2,\cdots,n.$

易证：$D = \bigcup\limits_{i=1}^{n} D_i$，同理：$x,\varphi$ 有如下关系

$$\Omega:\begin{cases} 0 \leq x \leq d \\ 0 \leq \Phi \leq 2\pi \end{cases}$$

记 $\vec{l_i} = \overrightarrow{A_iM}$，$l_i$ 为线段 MA_i.

l_1 与 b_2 相交的充要条件是下面不等式成立.

$$D_i:\begin{cases} 0 \leq x \leq l_i \sin\theta_i \\ 0 \leq \theta_i \leq \pi \end{cases},i = 1,2,\cdots,n$$

其中 θ_i 是 $\vec{b_2}$ 到 $\vec{l_1}$ 的转角，θ_i 与 φ 的关系为

$$\theta_{n-k} = \Phi + \alpha_{n-k} - r_k, k = 0,1,2,\cdots,n-1$$

其中：$r_0 = 0, r_k = \sum\limits_{i=1}^{k}(\pi - \alpha_{n+1-i} - \beta_{n+1-i})(k = 1,2,\cdots,n)$；$\alpha_i = \angle MA_iA_{i+1}, \beta_i = \angle MA_iA_{i-1}(i = 1,2,\cdots,n)$. 当 $i = n$ 时，规定 $A_{n+1} = A_1$.

为了求出 D 在 $x - \Phi$ 平面上所对应的图形的面积，需求出 $x = l_1 \sin\theta_i$ 与 $x = l_{i+1} \sin\theta_{i+1}$ 的交点，$i = 1,2,\cdots,n$，当 $i = n$ 时，规定 $l_{n+1} = l_i,\theta_{i+1} = \theta_1$.

该交点表示凸 n 边形的边界线所定义向量 $\overrightarrow{A_iA_{i+1}}$

与 $\vec{b_2}$ 同向，此时，$\varPhi = r_i, i = 1, 2, \cdots, n.$

令：$f(\varPhi) = l_{n-k}\sin\theta_{n-k}, r_k \leqslant \varPhi \leqslant r_{k+1}, k = 0, 1, 2, \cdots, n-1.$ 则

$$
\begin{aligned}
S_D &= \int_0^{2\pi} f(\varPhi)\,\mathrm{d}\varPhi \\
&= \sum_{k=0}^{n-1} \int_n^{n+1} l_{n-k}\sin(\varPhi + \alpha_{n-k} - r_k)\,\mathrm{d}\varPhi \\
&= \sum_{k=0}^{n-1} \left[-l_{n-k}\cos(\varPhi + \alpha_{n-k} - r_k) \right]_{r_1}^{r_{k+1}} \\
&= \sum_{k=0}^{n-1} l_{n-k}(\cos\alpha_{n-k} + \cos\beta_{n-k}) = L
\end{aligned}
$$

其中 L 为凸 n 边形 K 的周长. 所以

$$
P(A) = \frac{2S_D}{2\pi d} = \frac{L}{\pi d}
$$

（2）凹 n 边形

设 K 是一个凹 n 边形，不妨设 K 在点 A_{k_i} $\left(i = 1, 2, \cdots, j, j < \dfrac{n}{4} \right)$ 处凹进，联结非凹点得一个新的凸 $n - h(j \leqslant h \leqslant 3j)$ 边形 D，则 D 的周长即为 K 的凸周长，我们只要验证下面两条就行了.

（a）K 的质量中心 M 也是 D 的质量中心；

（b）b_2 与 K 相交等价于 b_2 于 D 相交.

对于（a）只要假设区域 $D - K$ 是零质量就行了.

对于（b）因 $K \subset D$ 只要验证 b_2 与 D 相交，能推出 b_2 与 K 相交就行了.

而 b_2 与 D 相交，则 b_2 必与质量中心 M 与 D 的某个顶点的连线相交，而该顶点也是 K 的顶点，所以 b_2 与 K 相交.

（3）当 K 含有光滑边界段时，因为光滑曲线可用折线来逼近,所以对于任意形状的平面薄板本结论成立.

参 考 文 献

［1］ 复旦大学.概率论［M］.北京:人民教育出版社,1979.

［2］ 中山大学数学力学系概率论及数理统计编写小组.概率论及数理统计［M］.北京:人民教育出版社,1930.

Buffon 投针问题的推广及其应用[①]

第 20 章

著名的投针问题是几何概率一个早期的例子，它是由法国科学家 Buffon 在 1777 年提出的，因而被称之为 Buffon 投针问题. Buffon 投针问题的解决不仅较典型地反映了几何概率的特征及处理方法，而且还可以由此领略到从"概率土壤"上开出的一朵瑰丽的鲜花——蒙特卡罗方法. 本章从投针到投三角形、投任意凸 n 边形、投圆对 Buffon 投针问题给出了一些推广，并指出了其概率规律及其在探矿、近似计算中的应用.

Buffon 投针问题：平面上画有等距离的平行线，每两条平行线之间的距离为 a，向平面任意投掷一枚长为 $l(l<a)$ 的针，试求针与平行线相交的概率.

解 设 x 表示针落下后针的中点 M 到最近的一条平行线的距离，φ 表示针

① 摘自《阜阳师范学院学报(自然科学版)》,1997 年,第 1 期.

积分几何中的 Buffon 投针问题

与平行线所成的角(图1),则

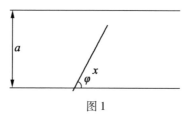

图 1

$$0 \leqslant x \leqslant \frac{a}{2}, 0 \leqslant \varphi \leqslant \pi$$

而针与一直线相交的充要条件是 $x \leqslant \frac{l}{2} \sin \varphi$.

我们把 φ 及 x 表示为平面上一点的直角坐标,则所有基本事件可以用边长为 π 及 $\frac{a}{2}$ 的矩形内的点表示出来,而"针与直线相交"这一事件所包含的基本事件可以用图2中阴影部分内的点表示出来,因而,所求概率

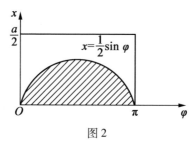

图 2

$$P = \frac{S_A}{S_\Omega} = \frac{\int_0^\pi \frac{l}{2} \sin \varphi \mathrm{d}\varphi}{\pi \cdot \frac{a}{2}} = \frac{2l}{\pi a}$$

推广 1 在平面上画有间隔为 a 的等距平行线,向平面任意地投掷一个三角形,该三角形的边长分别

284

为 b,c,d (均小于 a)，求三角形与平行线相交的概率.

　　解　用 A_1,A_2,A_3 分别表示三角形的一个顶点与平行线相交、一条边与平行线相交、两条边与平行线相交. 显然 $p(A_1)=p(A_2)=0,p(A_3)$ 即为所求概率.

　　分别用 $A_b,A_c,A_d,A_{bc},A_{bd},A_{cd}$ 表示边 b,c,d，二边 bc,bd,cd 与平行线相交，则

$$p(A_3)=p(A_{bc}\cup A_{bd}\cup A_{cd})$$

显然

$$p(A_b)=p(A_{bc})+p(A_{bd})$$
$$p(A_c)=p(A_{bc})+p(A_{cd})$$
$$p(A_d)=p(A_{bd})+p(A_{cd})$$

所以由 Buffon 投针问题的结果，得

$$p(A_3)=\frac{1}{2}\left[p(A_b)+p(A_c)+p(A_d)\right]$$

$$=\frac{2}{2\pi a}(b+c+d)$$

$$=\frac{b+c+d}{\pi a}$$

　　推广 2　平面上画有若干条平行线，每两条平行线之间的距离为 a，向平面上任意投掷一个凸 n 边形，其周长为 S_n，假定这个凸 n 边形的直径小于 a (凸 n 边形的直径是指这多边形上任意两点之间的最大距离)，求此凸 n 边形与平行线中任一条直线相交的概率.

　　解　显然，若凸 n 边形与某一平行线相交，则必相交于两条边上.

　　设事件 $A_{ij}(i\neq j,i=1,2,\cdots,n;j=1,2,\cdots,n)$ 表示"凸 n 边形的第 i 条边，第 j 条边与某一平行线相交"，于是，"凸 n 边形与某一平行线相交"这一事件 A 就可

以表示为下列互斥事件之和

$$A = (A_{12} + A_{13} + \cdots + A_{1n}) + (A_{23} + A_{24} + \cdots + A_{2n}) + \cdots + A_{(n-1)n}$$

由于 $A_{ij} = A_{ji}$，$p(A_{ij}) = p(A_{ji})$. 所以可把上式改写为

$$p(A) = \frac{1}{2}\{[p(A_{12}) + p(A_{13}) + \cdots + p(A_{1n})] +$$

$$[p(A_{21}) + p(A_{23}) + \cdots + p(A_{2n})] + \cdots$$

$$[p(A_{n1}) + p(A_{n2}) + \cdots + p(A_{nn})]\}$$

$$= \frac{1}{2}\sum_{i=1}^{n}\sum_{j=1}^{n}p(A_{ij})$$

不难理解，$\sum_{j=1}^{n}p(A_{ij})$ 就是凸 n 边形的第 i 条边与某一平行线相交的概率. 设第 i 条边的长度为 l_i，显然 l_i 不大于凸 n 边形的直径，所以 $l_i < a(i = 1,2,\cdots,n)$.

于是，由 Buffon 投针问题结论知

$$\sum_{j=1}^{n}p(A_{ij}) = \frac{2l_i}{\pi a}, i = 1,2,\cdots,n$$

所以

$$p(A) = \frac{1}{2}\sum_{i=1}^{n}\frac{2l_i}{\pi a} = \frac{1}{\pi a}\sum_{i=1}^{n}l_i = \frac{S_n}{\pi a}$$

推广 3 平面上画有若干条平行线，每两条平行线之间的距离为 a，向平面任意投掷一直径为 $d(d < a)$ 的圆，求这圆与任一平行线相交的概率.

解 对于向平面任意投掷的一直径为 d 的圆，总可以作一个内接 n 边形，由推广 2 知，此圆内接 n 边形与任一平行线相交的概率为

$$p_n = \frac{S_n}{\pi a}$$

其中 S_n 为圆内接 n 边形的周长.

当 $n \to \infty$ 时,即得所求概率

$$p = \lim_{n \to \infty} p_n = \frac{\pi d}{\pi a} = \frac{2\pi r}{\pi a} \quad \left(或 = \frac{d}{a} \right)$$

其中 r 为所投掷圆的半径.

从上述推广诸结论可明显看出:任投一凸 n 边形及圆,其与画有等间隔为 a 的平行线的平面上平行线相交的概率与其周长有关,具体地说是其对应的测度的 $\frac{1}{a\pi}$,且当对应测度与平行线间的距离成比例变化时,则其与平行线相交的概率 p 不变.

"投针问题"是找矿中的一个重要概型. 设在给定区域内的某处有一矿脉(相当于针)长为 l,用间隔为 a 的一组平行线进行探测,假定 $l < a$,要求"找到这个矿脉"(相当于针与平行线相交)的概率有多大就可用投针问题的结果.

由于问题的答案与 π 有关,所以如果平行线间的距离 a 及其所投物的测度(长度或周长)已知,将 π 值代入即可计算出其与平行线相交的概率 p,反过来,若已知其与平行线相交的概率 p,也可以利用所得答案求得 π. 当然,一般来说 p 是未知的,但可以用频率去近似它. 其方法是投"物" N 次,计算得此"物"与平行线相交的次数 n,则频率为 $\frac{n}{N}$,于是

$$\pi \approx \frac{2lN}{an} \quad 或 \quad \pi \approx \frac{S_n N}{an}$$

历史上有一些学者亲自做过抛针实验,其实验结果(把 a 折算为单位长)如下:

实验者	年份	针长	投掷次数	相交次数	π 的近似值
Wolf	1850	0.8	5 000	2 532	3.159 6
Smith	1855	0.6	3 204	1 218.5	3.155 4
DeMorgan. c	1860	1.0	600	382.5	3.137
Fox	1884	0.75	1 030	489	3.159 5
Lazzerini	1901	0.83	3 408	1 808	3.141 592 9
Reina	1925	0.541 9	2 520	859	3.179 5

这是一个颇为奇妙的方法:只要设计一个随机实验,使一个事件的概率与某一未知数有关,然后通过重复实验,以频率近似概率,即可求得未知数的近似解.现在随着电子计算机的发展,人们便利用计算机来模拟所设计的随机实验,使得这种方法得到了迅速的发展和广泛的应用.此种计算方法称为随机模拟法,或蒙特卡罗法.

参 考 文 献

[1] 魏宗舒.概率论与数理统计教程[M].北京:高等教育出版社,1992.

[2] 沈恒范,罗舜英.概率论例题与习题[M].长春:吉林人民出版社,1980.

[3] 朱秀娟,洪再吉.概率统计问答 150 题[M].长沙:湖南科学技术出版社,1984.

Buffon 投针问题的高维推广[①]

第
21
章

1777 年法国科学家 Buffon 提出著名的 Buffon 投针问题:平面上画有一组等距的平行线,平行线间的距离为 $a(a > 0)$,向平面任意投掷一枚长为 $l(l < a)$ 的针,则事件 $D = \{$针与某条直线相交$\}$,概率 $P(D) = \dfrac{2l}{\pi a}$. 而文献 [1] 把 Buffon 投针问题推广到以下两种情形:Ⅰ. 在平面上画有间隔为 $a(a > 0)$ 的等距平行线,向平面任意地投掷一个三角形,该三角形的边长分别为 $l_1, l_2, l_3(l_1 < a, l_2 < a, l_3 < a)$,则事件 $D = \{$三角形与平行线相交$\}$,概率 $P(D) = \dfrac{l_1 + l_2 + l_3}{\pi a}$;Ⅱ. 在平面上画有间隔为 $a(a > 0)$ 的等距平行线,向平面任意地投掷一个凸 n 边形,其周长为 S_n,假定这个凸 n 边形的直径小于 a(凸 n 边形的直径是指多边形上任意两点之

① 摘自《武夷学院学报》,2009 年,第 28 卷,第 2 期.

间的最大距离),则事件 $D = \{$凸 n 边形与平行线相交$\}$,概率 $P(D) = \dfrac{S_n}{\pi a}$.

武夷学院的徐瑞标、台州学院的陈峰二位教授 2009 年则把"平面画有等距离为 $a(a>0)$ 的一组平行线",推广到"平面画有等距离分别为 $a,b(a>0,b>0)$ 的两组互相垂直的平行线 I 和平行线 II";投掷物由"一维的针"推广到"二维的三角形、正方形",这就得到高维的 Buffon 投针问题.

定理 1 如图 1 所示平面上画有两组互相垂直的等距离为 $a(a>0)$ 的平行线 I 和等距离为 $b(b>0)$ 的平行线 II,向平面任意投掷一枚长为 $l(l<a,l<b)$ 的针,则事件 $D = \{$针与某条直线相交$\}$,概率 $P(D) = \dfrac{2l(a+b)-l^2}{\pi ab}$.

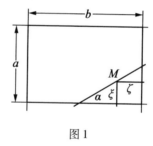

图 1

证明 设事件 $A = \{$针与平行线 I 的某条直线相交$\}$;事件 $B = \{$针与平行线 II 的某条直线相交$\}$. 则事件 $D = A \cup B$,即 $P(D) = P(A) + P(B) - P(AB)$.

由 Buffon 投针问题的结论有:$P(A) = \dfrac{2l}{\pi a}$;$P(B) = \dfrac{2l}{\pi a}$.

而事件 AB 表示针与平行线 I 的某条直线相交的同时也和平行线 II 的某条直线相交的事件.

如图 1 所示,设针的中点 M 到平行线 I 的距离是 ξ;针的中点到平行线 II 的距离是 ζ;针与平行线 I 所夹的角为 α. 则针与最近两条互相垂直的直线相交的充要条件是

$$(\xi,\zeta,\alpha) \in \left[0,\frac{a}{2}\right] \times \left[0,\frac{b}{2}\right] \times \left[0,\frac{\pi}{2}\right]$$

则

$$P(AB) = \frac{\int_0^{\frac{\pi}{2}}\mathrm{d}\alpha\int_0^{\frac{l\sin x}{2}}\mathrm{d}\xi\int_0^{\frac{l\cos x}{2}}\mathrm{d}\zeta}{\frac{a}{2} \cdot \frac{b}{2} \cdot \frac{\pi}{2}} = \frac{l^2}{\pi ab}$$

所以

$$P(D) = \frac{2l}{\pi a} + \frac{2l}{\pi b} - \frac{l^2}{\pi ab} = \frac{2l(a+b)-l^2}{\pi ab}$$

证毕.

定理 2　平面上画有两组互相垂直的等距离为 a $(a>0)$ 的平行线 I 和等距离为 $b(b>0)$ 的平行线 II,向平面任意投掷一三角形,设三角形的三条边长为 l_1,l_2,l_3,则事件 $D = \{$三角形与某条直线相交$\}$,概率

$$P(D) = \frac{(l_1+l_2+l_3)(a+b)-(l_1^2+l_2^2+l_3^2)}{\pi ab}$$

其中 $l_1 < a,l_2 < a,l_3 < a,l_1 < b,l_2 < b,l_3 < b$.

证明　因为三角形刚好有一边在直线上或有一个顶点在直线上,所以它们所占有的区域的面积为零,在几何概率中,这样的事件的概率为零,所以排除以上情形,则三角形与两组互相垂直的平行线 I 和平行线 II 相交的情形就可归结为图 2 所示的三种类型分别记为

A,B,AB. 同时设：事件 $A = \{$图 2 中 A 表示三角形与平行线 Ⅰ 相交$\}$;

事件 $B = \{$图 2 中 B 表示三角形与平行线 Ⅱ 相交$\}$;

事件 $AB = \{$图 2 中 AB 表示三角形既与平行线 Ⅰ 相交又与平行线 Ⅱ 相交$\}$. 则由文献[1] 推广一的结论有

$$P(A) = \frac{l_1 + l_2 + l_3}{\pi a};P(B) = \frac{l_1 + l_2 + l_3}{\pi b}$$

A B AB

图 2

而事件 AB 的概率在数值上等于一枚针与两组互相垂直平行线 Ⅰ 和平行线 Ⅱ 同时相交的概率,所以由前面定理 1 的证明过程有

$$P(AB) = \frac{l_1^2 + l_2^2 + l_3^2}{\pi ab}$$

故有

$$P(D) = P(A) + P(B) - P(AB)$$
$$= \frac{(l_1 + l_2 + l_3)(a + b) - (l_1^2 + l_2^2 + l_3^2)}{\pi ab}$$

证毕.

定理 3 平面上画有两组互相垂直的等距离为 a $(a > 0)$ 的平行线 Ⅰ 和等距离为 $b(b > 0)$ 的平行线 Ⅱ,

向平面任意投掷一正方形,设正方形的边长为 $l(\sqrt{2}\,l < a, \sqrt{2}\,l < b)$,事件 $D = \{$正方形与某条直线相交$\}$,则概率

$$P(D) = \frac{4l(a+b) - 4l^2}{\pi ab}$$

证明　因为正方形刚好有一边在直线上或有一个顶点在直线上,所以它们所占有的区域的面积为零,在几何概率中,这样的事件的概率为零,所以排除以上情形,则正方形与两组互相垂直的平行线 I 和平行线 II 相交的情形就可归结为图 3 所示的三种类型分别记为 A, B, AB . 同时设:事件 $A = \{$图 3 中 A 表示正方形与平行线 I 相交$\}$;

事件 $B = \{$图 3 中 B 表示正方形与平行线 II 相交$\}$;

事件 $AB = \{$图 3 中 AB 表示正方形既与平行线 I 相交又与平行线 II 相交$\}$.

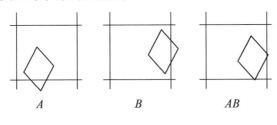

$$A \qquad\qquad B \qquad\qquad AB$$

图 3

则由文献[1]推广二的结论有

$$P(A) = \frac{4l}{\pi a}; P(B) = \frac{4l}{\pi b}$$

而事件 AB 的概率在数值上等于一枚针与两组互相垂直的平行线 I 和平行线 II 同时相交的概率,所以

由前面定理 1 的证明过程有 $P(AB) = \dfrac{4l^2}{\pi ab}$,故有

$$P(D) = P(A) + P(B) - P(AB) = \frac{4l(a+b) - 4l^2}{\pi ab}$$

证毕.

定理 4　平面上画有两组互相垂直的等距离为 a $(a > 0)$的平行线 I 和等距离为 $b(b > 0)$的平行线 II,向平面任意投掷一个棱长为 $l(l < a, l < b)$的正四面体,事件 $D = \{$正四面体与某条直线相交$\}$,则概率

$$P(D) = \frac{3l(a+b) - 3l^2}{\pi ab}$$

证明　因为投掷一个正四面体落到由两组互相垂直的平行线构成的平面上,有且仅有一个面与之接触,且每个面都是等边三角形,所以不管哪个面与之接触,事件 D 的概率在数值上等于正四面体的任何一个面与某条直线相交的概率. 由前面的定理 2 的讨论知:等边三角形与某条直线相交的概率为:$\dfrac{3l(a+b) - 3l^2}{\pi ab}$(这里 $l = l_1 = l_2 = l_3$). 即

$$P(D) = \frac{3l(a+b) - 3l^2}{\pi ab}$$

证毕.

定理 5　平面上画有两组互相垂直的等距离为 a $(a > 0)$的平行线 I 和等距离为 $b(b > 0)$的平行线 II,向平面任意投掷一个棱长为 $l(\sqrt{2}l < a, \sqrt{2}l < b)$的正方体,事件 $D = \{$正方体与某条直线相交$\}$,则概率

$$P(D) = \frac{4l(a+b) - 4l^2}{\pi ab}$$

证明　因为投掷一个正方体落到由两组互相垂直

的平行线构成的平面上,有且仅有一个面与之接触,且每个面都是正方形,所以不管哪个面与之接触,事件 D 的概率在数值上等于正方体的任何一个面与某条直线相交的概率. 由前面的定理 3 的讨论知:正方形与某条直线相交的概率为: $\dfrac{4l(a+b)-4l^2}{\pi ab}$,即

$$P(D)=\frac{4l(a+b)-4l^2}{\pi ab}$$

证毕.

参 考 文 献

[1]　张德然. 蒲丰投针问题的推广及其应用[J]. 阜阳师范学院学报(自然科学),1997(1):17-19.

[2]　刘建军. 蒲丰投针问题的概率分析[J]. 济南大学学报,2000,10(2):27-30.

[3]　催家峰. 概率论中 Buffon 针问题的推广及一点注记[J]. 天津轻工业学院学报,2002,18(3):65-67.

[4]　黄朝霞. 蒲丰投针问题研究[J]. 集美大学学报(自然科学版),2005,10(4):381-384.

[5]　伊藤清. 概率论[M]. 刘璋温,译. 北京:科学出版社,1952.

Buffon 投针问题的一些推广①

第

22

章

Buffon 投针问题是概率论中一个经典的问题,即考虑针与等距平行线相交的概率. 可以由古典概型公式来计算此概率,得到一个含有针长、等距平行线间距离和圆周率 π 的分式. 也可以通过做实验的方法来计算针与等距平行线相交的频率. 当实验次数充分大时,频率是稳定于概率的,从而可以得到 π 的近似值.

关于 Buffon 投针问题的研究已有了许多成果. 文献[1]阐述了在等距平行线下投针实验所产生的概率与所投图形最小凸域周长有关;文献[2]则得出了概率空间的变化将带动相应随机变量分布变化的结论;文献[3]运用概率和公式,将投针问题推广为投二维、三维实体问题.

Buffon 投针问题经典的做法是考虑针与平行线所成的角及针的中点与最近

① 摘自《海南师范大学学报(自然科学版)》,2013 年,第 26 卷,第 2 期.

一条平行线的距离[4-6]. 针的中点是针的对称中心(即把针绕着中点旋转180°与原来的位置重合),正 $2n$ 边也是中心对称图形,海南师范大学数学与统计学院的马丽、韩新方、杨小雪三位教授 2013 年借鉴了 Buffon 投针问题的思想,解决了正 $2n$ 边形与等距平行线的相交问题,重点考虑正方形与等距平行线的相交问题,更一般的正 $2n$ 边形与等距平行线的相交问题只是一个平行推广.

问题(正方形与等距平行线相交)　平面上有一族平行线,其中任何相邻的两平行线距离是 $a(a>0)$,向平面任意投一个边长为 l 的正方形 $ABCD$,试求该正方形 $ABCD$ 与一条平行线相交的概率.

解　设 ρ 为正方形 $ABCD$ 对称中心 O 到最近平行线 m 的距离(图 1),则 $0\leqslant\rho\leqslant\dfrac{a}{2}$.

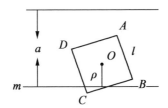

图1　正方形与平行线相交情形

设 OA,OB,OC,OD 与平行线所成的最大角为 θ,则 $\dfrac{\pi}{4}\leqslant\theta\leqslant\dfrac{\pi}{2}$. 从而样本空间为

$$\Omega=\left\{(\theta,\rho),\dfrac{\pi}{4}\leqslant\theta\leqslant\dfrac{\pi}{2},0\leqslant\rho\leqslant\dfrac{a}{2}\right\}$$

因为正方形 $ABCD$ 的边长为 l,所以 $OA=OB=OC=OD=\dfrac{\sqrt{2}}{2}l$,则正方形与最近平行线相交的充要条件是

$(\theta,\rho)\in\Omega$ 且满足 $\dfrac{\pi}{4}\leqslant\theta\leqslant\dfrac{\pi}{2},0\leqslant\rho\leqslant l\sin\theta$. 令事件 $A=$ ｛正方形与最近平行线相交｝. 因 l 与 a 的大小关系不确定,且此关系影响到 $P(A)$ 的值,故下面按 l 与 a 的大小关系分情况讨论.

(1)当 $\dfrac{\sqrt{2}}{2}l<\dfrac{a}{2}$,即 $l<\dfrac{\sqrt{2}}{2}a<a$ 时,则

$$A=\left\{(\theta,\rho):\frac{\pi}{4}\leqslant\theta\leqslant\frac{\pi}{2},0\leqslant\rho\leqslant\frac{\pi}{2}l\sin\theta\right\}$$

(图2).

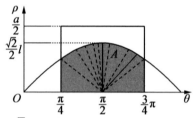

图2　当 $l<\dfrac{\sqrt{2}}{2}a<a$ 时,正方形与平行线相交所对应的区域

由等可能性知,所求事件的概率为

$$P(A)=\frac{\mu(A)}{\mu(\Omega)}=\frac{A\,\text{的面积}\times2}{\Omega\,\text{的面积}\times2}=\frac{\displaystyle\int_{\frac{\pi}{4}}^{\frac{\pi}{2}}\mathrm{d}\theta\int_{0}^{\frac{\sqrt{2}}{2}l\sin\theta}\mathrm{d}\rho}{\dfrac{a}{2}\cdot\dfrac{\pi}{2}}=\frac{4l}{a\pi}$$

(2)当 $\dfrac{\sqrt{2}}{2}l=\dfrac{a}{2}$,即 $l=\dfrac{\sqrt{2}}{2}a$ 时,则

$$A=\left\{(\theta,\rho):\frac{\pi}{4}\leqslant\theta\leqslant\frac{\pi}{2},0\leqslant\rho\leqslant\frac{\pi}{2}l\sin\theta\right\}$$

(图3).

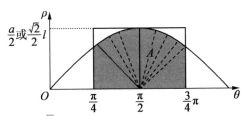

图 3　当 $l = \dfrac{\sqrt{2}}{2}a < a$ 时，正方形与平行线相交所对应的区域

由等可能性知，所求事件的概率为

$$P(A) = \frac{\mu(A)}{\mu(\Omega)} = \frac{A\ 的面积 \times 2}{\Omega\ 的面积 \times 2} = \frac{\displaystyle\int_{\frac{\pi}{4}}^{\frac{\pi}{2}} \mathrm{d}\theta \int_{0}^{\frac{\sqrt{2}}{2}l\sin\theta} \mathrm{d}\rho}{\dfrac{a}{2} \cdot \dfrac{\pi}{2}}$$

$$= \frac{4l}{a\pi} = \frac{2\sqrt{2}}{\pi}$$

（3）当 $\dfrac{\sqrt{2}}{2}l > \dfrac{a}{2}$，即 $l > \dfrac{\sqrt{2}}{2}a$ 时，此时，正方形与最近平行线相交的充要条件是 (θ,ρ)，不仅要满足 $(\theta,\rho) \in \Omega$ 和 $\dfrac{\pi}{4} \leqslant \theta \leqslant \dfrac{\pi}{2}, 0 \leqslant \rho \leqslant \dfrac{\pi}{2}l\sin\theta$，还要满足 $0 \leqslant \rho \leqslant \dfrac{a}{2}$. 则

$$A = \left\{ (\theta,\rho) : \frac{\pi}{4} \leqslant \theta \leqslant \frac{\pi}{2}, 0 \leqslant \rho \leqslant \frac{\pi}{2}l\sin\theta, 0 \leqslant \rho \leqslant \frac{a}{2} \right\}$$

（图 4）.

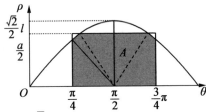

图 4　当 $l > \dfrac{\sqrt{2}}{2}a$ 时，正方形与平行线相交所对应的区域

由等可能性知,所求事件的概率为

$$P(A) = \frac{\mu(A)}{\mu(\Omega)} = \frac{A \text{ 的面积} \times 2}{\Omega \text{ 的面积} \times 2}$$

$$= \frac{\int_{\frac{\pi}{4}}^{\arcsin \frac{\sqrt{2}a}{2l}} d\theta \int_0^{\frac{\sqrt{2}}{2}/\sin\theta} d\rho + \left(\frac{\pi}{2} - \arcsin \frac{\sqrt{2}a}{2l} \right) \times \frac{a}{2} \times 2}{\frac{a}{2} \times \frac{\pi}{2}}$$

$$= \frac{4l - 2\sqrt{2}\sqrt{4l^2 - 2a^2} + 4a\left(\frac{\pi}{2} - \arcsin \frac{\sqrt{2}a}{2l} \right)}{a\pi}$$

注 1 更一般地,边长为 1 的正 $2n$ 边形与等距平行线(距离为 a)相交问题可类似的解决. 设 ρ 为正 $2n$ 边形对称中心 O 到最近平行线 m 的距离,θ 为正 $2n$ 边形各顶点与点 O 连线和平行线所成的角中最大的角. 正 $2n$ 边形各顶角为 $\frac{(n-1)\pi}{n}$. 顶点与 O 连线的长度为 $\frac{1}{2\cos\frac{(n-1)\pi}{2n}}l$. 从而样本空间为

$$\Omega = \left\{ (\theta, \rho) : \frac{(n-1)\pi}{2n} \leqslant \theta \leqslant \frac{\pi}{2}, 0 \leqslant \rho \leqslant \frac{a}{2} \right\}$$

设 $A = \{$边长为 1 的正 $2n$ 边形与等距平行线(距离为 a)相交$\}$,则

$$A = \left\{ (\theta, \rho) \in \Omega \ \middle| \ \frac{(n-1)\pi}{2n} \leqslant \theta \leqslant \frac{\pi}{2}, 0 \leqslant \rho \leqslant \frac{1}{2\cos\frac{(n-1)\pi}{2n}}l\sin\theta \right\}$$

注 2 正 $2n+1$ 边形(如正三角形、正五边形等)不再是中心对称图形,不能按此方法做,可考虑用多余少补原理,然后把每边看成针,从而用 Buffon 投针问题得到解决.

参 考 文 献

[1]　崔家峰. 概率论中 Buffon 投针问题的推广及一点注记[J]. 天津轻
工学院学报,2003,18(3):65-67.

[2]　姚楠,黄金明. 蒲丰针问题不同结果及其内在联系[J]. 常德师范
学院学报,1999,11(3):1-3.

[3]　黄朝霞. 蒲丰投针问题研究[J]. 集美大学学报,2005,10(4):381-
384.

[4]　严士健,刘秀芳,徐承彝. 概率论与数理统计[M]. 北京:高等教育
出版社,1991.

[5]　齐民友,刘禄勤,龚小庆,等. 概率论与数理统计[M]. 北京:高等
教育出版社,2003.

[6]　杨振明. 南开大学数学教学丛书. 概率论(第 2 版)[M]. 南京:科
学出版社,2008.

将 Buffon 投针问题推广到 E_n

1. 和一个凸集相交的 r 维平面的集合

设 K 为 E_n 里的凸集. 我们试求一切和 K 相交的 r 维平面 L_r 的测度. 应用关于 $\mathrm{d}L_r$ 的表达式, 可知这个测度等于 $I_r(K)$, 或者, 用截测积分表示

$$M(L_r;L_r \cap K \neq \varnothing)$$

$$= \int_{E_r \cap K \neq \varnothing} \mathrm{d}L_r$$

$$= \frac{nO_{n-2}O_{n-3}\cdots O_{n-r-1}}{(n-r)O_{r-1}\cdots O_1 O_0} W_r(K) \qquad (1)$$

于是得结论:

在 E_n 里, 一切和一个凸集相交的 r 维平面的测度 ($r = 1, 2, \cdots, n-1$) 由式 (1) 确定.

$r = 0$ 时, K 点的测度等于 K 的体积 $V(K)$. 还可以把式 (1) 写成

$$m(L_r;L_r \cap K \neq \varnothing)$$

$$= \frac{O_{n-2}\cdots O_{n-r-1}}{(n-r)O_{r-1}\cdots O_0} M_{r-1}(\partial K) \qquad (2)$$

$n = 3$ 时, 就得

$$m(L_1;L_1\cap K\neq\varnothing)=\frac{\pi}{2}F$$

$$m(L_2;L_2\cap K\neq\varnothing)=M_1$$

这些是 E_3 里和一个凸集相交的直线测度和平面测度.

其次,在和 K 相交的一切 L_r 的范围上,试求截测积分 $W_i^{(r)}(K\cap L_r)$. 即

$$\mathrm{d}L_{i+1}^{(r)}\wedge\mathrm{d}L_r^*=\mathrm{d}L_{r[i+1]}\wedge\mathrm{d}L_{i+1},i+1\leqslant r \quad (3)$$

考虑积分

$$I=\int_{L_{i+1}^{(r)}\cap K\neq\varnothing}\mathrm{d}L_{i+1}^{(r)}\wedge\mathrm{d}L_r^* \quad (4)$$

令 L_r 固定,对 $\mathrm{d}L_{i+1}^{(r)}$ 求积,利用式(1),得

$$I=\frac{rO_{r-2}\cdots O_{r-i-2}}{(r-i-1)O_i\cdots O_1O_0}\int_{L_r\cap K\neq\varnothing}W_{i+1}^{(r)}(K\cap L_r)\mathrm{d}L_r^* \quad (5)$$

另外,根据式(3)

$$\begin{aligned}I&=\int_{L_{i+1}\cap K\neq\varnothing}\mathrm{d}L_{i+1}\int_{全体}\mathrm{d}L_{r[i+1]}\\&=\frac{2O_{n-i-2}\cdots O_{n-r}}{O_{r-i-2}\cdots O_0}\int_{L_{i+1}\cap K\neq\varnothing}\mathrm{d}L_{i+1} \quad (6)\end{aligned}$$

其中因子 2 的出现是由于假定 L_r 是有向的. 因此若假定 L_r 是无向的,则根据式(1)和(5)

$$\int_{L_r\cap K\neq\varnothing}W_{i+1}^{(r)}(K\cap L_r)\mathrm{d}L_r$$

$$=\frac{(r-i-1)O_{n-i-2}O_{n-2}\cdots O_{n-r}n}{(n-i-1)O_{r-i-2}O_{n-r}\cdots O_1O_0r}W_{i+1}(K) \quad (7)$$

或者,根据恒等式

$$2\pi O_{i-2}=(i-1)O_i \quad (8)$$

可得

$$\int\limits_{L_r \cap K \neq \varnothing} W_{i+1}^{(r)}(K \cap L_r)\mathrm{d}L_r = \frac{O_{n-2}\cdots O_{n-r}O_{n-i}n}{O_{r-2}\cdots O_0 O_{r-1}r}W_{i+1}(K)$$

$$(9)$$

注意 $i = r - 1$ 时,根据式(10),$W_r^{(r)} = \dfrac{O_{r-1}}{r}$ 而式(9)和式(1)一致.

可以把式(9)写成用中曲率积分表达的形式

$$\int\limits_{L_r \cap K \neq \varnothing} M_i^{(r)}(\partial(K \cap L_r))\mathrm{d}L_r$$

$$= \frac{O_{n-2}\cdots O_{n-r}O_{n-i}}{O_{r-2}\cdots O_0 O_{r-1}}M_i(\partial K) \qquad (10)$$

本节的公式为 Santaló 和 Hadwiger 给出.

2. 几何概率

由以上公式可以得出几何概率中下面一些典型问题的解.

(a)设 K_0, K_1 为 E_n 里的凸集而 $K_1 \subset K_0$. 一个和 K_0 相交的随机 r 维平面($r = 1, 2, \cdots, n - 1$)也和 K_1 相交的概率是

$$P(L_r \cap K_1 \neq \varnothing) = \frac{W_r(K_1)}{W_r(K_0)} = \frac{M_{r-1}(\partial K_1)}{M_{r-1}(\partial K_0)} \quad (11)$$

这个结果可以从式(1)和式(2)直接推得.

(b)设 K 为 E_n 里的凸集. 假定 $p + q \geqslant n$,而 L_p 和 L_q 为 E_n 里和 K 相交的两个子空间. 求 $L_p \cap L_q$ 和 K 相交的概率.

解 我们需要求下面积分的值

$$m(L_p, L_q; L_p \cap L_q \cap K \neq \varnothing) = \int\limits_{L_p \cap L_q \cap K \neq \varnothing} \mathrm{d}L_p \wedge \mathrm{d}L_q$$

$$(12)$$

令 L_q 固定,然后对于一切和 $L_q \cap K$ 相交的 L_p 求积,得

$$m = \frac{O_{n-2} \cdots O_{n-p-1}}{(n-p)O_{p-1} \cdots O_0} \int_{L_q \cap K \neq \varnothing} M_{p-1}(L_q \cap \partial K) \mathrm{d}L_q \quad (13)$$

为了计算最后的积分,我们分两种情况来考虑:

(i)$p + q \geqslant n + 1$. 有

$$M_{p-1} = \frac{\binom{q-1}{p+q-n-1}}{\binom{n-1}{p-1}} \frac{O_{p-1}}{O_{p+q-n-1}} M_{p+q-n-1}^{(q)} \quad (14)$$

而根据式(10)

$$\int_{L_q \cap K \neq \varnothing} M_{p+q-n-1}^{(q)}(L_q \cap \partial K) \mathrm{d}L_q$$

$$= \frac{O_{n-2} \cdots O_{n-q} O_{2n-p-q+1}}{O_{q-2} \cdots O_0 O_{n-p+1}} M_{p+q-n-1}(\partial K) \quad (15)$$

把式(14)和式(15)代入式(13),就得满足 $L_p \cap L_q \cap K \neq \varnothing$ 的一切子空间偶 L_p, L_q 的测度. 一切和 K 相交的子空间偶 L_p, L_q 的测度等于式(2)所给出的 $m(L_p; L_p \cap K \neq \varnothing)$ 和 $m(L_q; L_q \cap K \neq \varnothing)$ 之积. 相除,就得所求概率

$$P(L_p \cap L_q \cap K \neq \varnothing, p + q > n)$$

$$= \frac{2(p-1)! \ (q-1)! \ O_{p-1} O_{q-1} O_{2n-p-q+1}}{(p+q-n-1)! \ (n-1)! \ O_{n-p+1} O_{n-q+1} O_{p+q-n-1}} \cdot$$

$$\frac{M_{p+q-n-1}(\partial K)}{M_{p-1}(\partial K) M_{q-1}(\partial K)} \quad (16)$$

(ii)$p + q = n$. 有

$$M_{p-1} = \binom{n-1}{p-1}^{-1} O_{n-q-1} \sigma_q(L_q \cap K) \quad (17)$$

其中 $\sigma_q(L_q \cap K)$ 表示 $L_q \cap K$ 的 q 维体积. 此外,利用关

于 $\mathrm{d}L_q$ 的表达式,并取 K 在 $L_{n-q[0]}$ 上的投影 K'_{n-q} 上的积分 $\sigma_q(L_q \cap K)\mathrm{d}\sigma_{n-q}$,则因这个积分等于 K 的体积 $V(K)$,得

$$\int_{L_q \cap K \neq \varnothing} \sigma_q(L_q \cap K)\mathrm{d}L_q = V(K)\int_{G_{n-q,q}} \mathrm{d}L_{n-q[0]}$$

$$= \frac{O_{n-1}\cdots O_{n-q}}{O_{q-1}\cdots O_0}V(K) \quad (18)$$

故这时

$$m(L_p, L_q; L_p \cap L_q \cap K \neq \varnothing)$$

$$= \frac{O_{n-2}\cdots O_{n-p-1}O_{n-q-1}}{(n-p)O_{p-1}\cdots O_0\binom{n-1}{p-1}}\frac{O_{n-1}\cdots O_{n-q}}{O_{q-1}\cdots O_0}V(K) \quad (19)$$

而所求概率是

$$P(L_p \cap L_q \cap K \neq \varnothing, p+q=n)$$

$$= \frac{p!\ q!\ O_{n-1}V(K)}{(n-1)!\ M_{p-1}(\partial K)M_{q-1}(\partial K)} \quad (20)$$

例 (i)$p=1, q=n-1$ 时,有

$$p = \frac{O_{n-1}V(K)}{F(\partial K)M_{n-2}(\partial K)} \quad (21)$$

其中 $F(\partial K)$ 表示 ∂K 的面积.

(ii)若 K 为球体,式(21)给出 $p = \dfrac{1}{n}$. 于是得:和一个球体相交的超平面和直线彼此在球内相交的概率是 $\dfrac{1}{n}$.

(iii)上面方法给出以下一般问题的解:已给 h 个和凸集 K 相交的随机子空间 $L_{r_i}(i=1,2,\cdots,h)$,其维数满足 $r_1+r_2+\cdots+r_h \geqslant (h-1)n$,求

$$L_{r_1} \cap L_{r_2} \cap \cdots \cap L_{r_h} \cap K \neq \varnothing$$

的概率.

一般公式是复杂的,但把上面方法用于每个特别情况,就都容易得到解答. 例如在 E_3 里,三个和 K 相交的平面的公共点在 K 内的概率是 $\dfrac{\pi^4 V}{M^3}$.

3. E_n 里的 Crofton 公式

我们试把 E_2 里的两个经典的 Crofton 公式推广到 E_n.

弦公式　设 P_1, P_2 为 E_n 里两点,G 为它们所确定的直线,t_1, t_2 为 P_1, P_2 在 G 上的坐标. 若 $\mathrm{d}\sigma_{n-1}$ 表示在 P_1 垂直于 G 的超平面上的体元,则 E_n 在 P_1 的体元可以写成 $\mathrm{d}P_1 = \mathrm{d}\sigma_{n-1} \wedge \mathrm{d}t_1$. 另外,$E_n$ 在 P_2 的体元可以写成 $\mathrm{d}P_2 = t^{n-1} \mathrm{d}u_{n-1} \wedge \mathrm{d}t_2$,其中 $t = |t_2 - t_1|$ 而 $\mathrm{d}u_{n-1}$ 表示对应于 G 的方向的 $n-1$ 维立体角元[①]. 于是

$$\mathrm{d}P_1 \wedge \mathrm{d}P_2 = t^{n-1} \mathrm{d}G \wedge \mathrm{d}t_1 \wedge \mathrm{d}t_2 \tag{22}$$

对于一个凸集 K 内的一切点偶 P_1, P_2 求积,并利用关系

$$\int_0^\sigma \int_0^\sigma |t_1 - t_2|^{n-1} \mathrm{d}t_1 \wedge \mathrm{d}t_2 = \frac{2}{n(n+1)} \sigma^{n+1} \tag{23}$$

其中 σ 表示 K 在 G 上的弦长,就得

$$\int_{G \cap K \neq \varnothing} \sigma^{n+1} \mathrm{d}G = \frac{n(n+1)}{2} V^2 \tag{24}$$

其中 V 是 K 的体积.

Crofton 弦公式到 E_n 的这个推广是 Hadwiger 的结果. 由于和 K 相交的直线的测度是 $\left[\dfrac{O_{n-2}}{2(n-1)}\right] F$(根据

---

① 即 $n-1$ 维幺球面上的体元.

式(2)),σ^{n+1} 的中值是

$$E(\sigma^{n+1}) = \frac{n(n^2-1)}{O_{n-2}}\frac{V^2}{F}$$

更一般的,用 t 的一个幂乘式(22)两边并像上面那样求积,就得关系

$$2I_m = n(m-1)J_{m-n-1}^{①} \qquad (25)$$

其中

$$I_m = \int\limits_{G\cap K\ne\varnothing} \sigma^m \mathrm{d}G$$

$$J_m = \int\limits_{P_1,P_2\cap K} t^m \mathrm{d}P_1 \wedge \mathrm{d}P_2 \qquad (26)$$

在 I_m 和 J_m 之间有类似对于 E_2 的不等式.

Hadwiger 证明了

$$F^2 \geqslant 2(n-1)(n-2)J_{-2}$$

其中等号只适用于球体.

由式(25)和式(26)可知一个凸集的两点间距离的中值是

$$E(r) = \frac{2I_{n+2}}{(n+1)(n+2)V^2}$$

对于半径为 R 的三维球体,经直接计算可得

$$l_m = \frac{2^{m+2}}{m+2}\pi^2 R^{m+2}$$

$n=3$ 时,已经知道的关于 I_3 之间的不等式有

$$8I_0^3 - 9\pi^2 I_1^2 \geqslant 0, 4I_0^3 - 3\pi^4 I_4 \geqslant 0, 3^4 I_1^4 - 2^6\pi^2 I_2^3 \geqslant 0$$

$$2^5 I_1^5 - 5^3\pi^4 I_3^3 \geqslant 0, 7^3\pi^8 I_5^3 - 3^7 I_1^7 \geqslant 0$$

其中等号对于球体而且只对于球体成立.

----

① 应限于 $m \geqslant 2$.

角公式　设 L_{n-1} 和 L_{n-1}^* 为两个和凸集 K 相交的超平面. 这样的超平面偶的测度是

$$\int_{\substack{L_{n-1}\cap K\neq\varnothing \\ L_{n-1}^*\cap K\neq\varnothing}} \mathrm{d}L_{n-1}\wedge\mathrm{d}L_{n-1}^* = M_{n-2}^2(\partial K) \qquad (27)$$

我们计算其交集 $L_{n-1}\cap L_{n-1}^*$ 和 K 相交的超平面偶 L_{n-1}, L_{n-1}^*. 利用 $p = n-1, q = n-1$ 时的式（13）（14）（15）（假定 $n > 2$），得

$$M(L_{n-1}\cap L_{n-1}^*\cap K\neq\varnothing) = \frac{n-2}{n-1}\frac{O_{n-2}^2}{O_{n-3}}\frac{\pi}{4}M_{n-3}(\partial K)$$
$$(28)$$

另外，考虑和 K 相交但其交集不和 K 相交的超平面偶，为了计算它们的测度，我们利用公式（43）. 令 ϕ 表示 K 的两个经过 L_{n-2} 的撑超平面之间的角，并令

$$\Phi_{n-1}(\phi) = \int_0^\phi\int_0^\phi |\sin^{n-1}(\phi_2 - \phi_1)|\,\mathrm{d}\phi_1\wedge\mathrm{d}\phi_2$$
$$(29)$$

则所求测度等于 $\int\Phi_{n-1}(\phi)\mathrm{d}L_{n-2}$，其中积分范围是一切在 K 外的 L_{n-2}. 我们得

$$\int_{L_{n-2}\cap K\neq\varnothing}\Phi_{n-1}(\phi)\mathrm{d}L_{n-2}$$

$$= M_{n-2}^2(\partial K) - \frac{n-2}{n-1}\frac{O_{n-2}^2}{O_{n-3}}\frac{\pi}{4}M_{n-3}(\partial K) \qquad (30)$$

这就是 $n > 2$ 时 Crofton 公式到 E_n 的推广. $\Phi_{n-1}(\phi)$ 的值如下：

（a）$n-1$ 为偶数时，有

$$\Phi_{n-1}(\phi)$$

$$= -\frac{2}{n-1}\Big[\frac{1}{n-1}\sin^{n-1}\phi +$$

309

$$\sum_{i=1}^{\frac{n-3}{2}} \frac{(n-1)\cdots(n-2i)}{(n-3)\cdots(n-1-2i)}\sin^{n-1-2i}\phi\Big] +$$

$$\frac{(n-2)\cdot\cdots\cdot 3\cdot 1}{(n-1)\cdot\cdots\cdot 4\cdot 2}\phi^2. \tag{31}$$

(b)$n-1$ 为奇数时,有

$$\Phi_{n-1}(\phi)$$

$$= -\frac{2}{n-1}\Big[\frac{1}{n-1}\sin^{n-1}\phi +$$

$$\sum_{i=1}^{\frac{n}{2}-1} \frac{(n-2)\cdots(n-2i)}{(n-3)\cdots(n-1-2i)}\sin^{n-1-2i}\phi -$$

$$\frac{(n-3)\cdot\cdots\cdot 4\cdot 2}{(n-3)\cdot\cdots\cdot 3\cdot 1}\phi\Big] \tag{32}$$

公式(30)是 Santaló 给出的. $n=3$ 时,有

$$\int_{L_1\cap K\neq\varnothing} (\phi^2 - \sin^2\phi)\mathrm{d}L_1 = 2M^2 - (\pi^{\frac{3}{2}})F \tag{33}$$

这是 Herglotz 的结果.

4. 线性子空间密度之间的一些关系

设 O 为固定点(原点),并设 $L_{q[0]}$ 为经过 O 的一个固定 q 维平面. 设 $L_{r[0]}$ 为经过 O 的变动 r 维平面,而且 $q+r>n$,这样,$L_{q[0]}\cap L_{r[0]}$ 一般是经过 O 的 $r+q-n$ 维平面,用 $L_{r[r+q-n[0]}$ 表示. 我们将用 $\mathrm{d}L_{r[r+q-n]}$(L_r 绕 $L_{r+q-n[0]}$ 的密度) 和 $\mathrm{d}L_{r+q-n[0]}^{(q)}$($L_{r+q-n[0]}$ 作为固定的 $L_{q[0]}$ 的子空间的密度)之积来表达 $\mathrm{d}L_{r[0]}$. 为此目的,考虑下面两个幺模正交动标:

动标 1:

(a)$\boldsymbol{e}_1,\boldsymbol{e}_2,\cdots,\boldsymbol{e}_{r+q-n}$ 确定 $L_{q[0]}\cap L_{r[0]}$;

(b)$\boldsymbol{e}_{r+q-n+1},\cdots,\boldsymbol{e}_r$ 在 $L_{r[0]}$ 里;

(c)$\boldsymbol{e}_{r+1},\cdots,\boldsymbol{e}_n$ 补足幺模正交动标 1 的任意幺矢.

310

动标 2：

（a）$e_1,e_2,\cdots,e_{r+q-n}$ 确定 $L_{q[0]}\cap L_{r[0]}$；

（b）$b_{r+q-n+1},\cdots,b_r$ 为垂直于 $L_{q[0]}$ 的 $n-q$ 维平面 $L_{n-q[0]}$ 里的常矢；

（c）$b_{r+1},\cdots,b_n$ 在 $L_{q[0]}$ 里，它们和 $e_1,\cdots,e_{r+q-n}$ 一起构成 $L_{q[0]}$ 里的一个幺模正交标架.

有了以上记号之后，就有

$$\mathrm{d}L_{r[0]} = \bigwedge_{a,i}(e_{r+a},\mathrm{d}e_i)\bigwedge_{a,k}(e_{r+a},\mathrm{d}e_n) \qquad (34)$$

其中下标范围如下

$$a = 1,2,\cdots,n-r;\quad i = 1,2,\cdots,r+q-n$$
$$h = r+q-n+1,\cdots,r \qquad (35)$$

这些范围在本章中都适用.

我们有

$$\mathrm{d}L_{r[r+q-n]} = \bigwedge_{a,k}(e_{r+a},\mathrm{d}e_h) \qquad (36)$$

$$\mathrm{d}L_{r+q-n[0]}^{(q)} = \bigwedge_{a,i}(b_{r+a},\mathrm{d}e_i) \qquad (37)$$

令

$$e_{r+a} = \sum_h u_{r+a,h}b_h + \sum_k u_{r+a,k}b_k \qquad (38)$$

其中 h 的范围见式（35）而 $k = r+1,r+2,\cdots,n$.

由于 b_h 是常矢，$(b_h\cdot\mathrm{d}e_i) = -(e_i\cdot\mathrm{d}b_h) = 0$，故

$$(e_{r+a}\cdot\mathrm{d}e_i) = \sum_k u_{r+a\cdot k}(b_k\cdot\mathrm{d}e_i) \qquad (39)$$

由式（34）和式（39），就得所求公式

$$\mathrm{d}L_{r[0]} = \Delta^{r+q-n}\mathrm{d}L_{r[r+q-n]}\bigwedge\mathrm{d}L_{r+q-n[0]}^{(q)} \qquad (40)$$

其中

$$\Delta = \det(e_{r+a}\cdot b_k) \qquad (41)$$

在一切 $L_{r[0]}$ 上对（40）求积，在左边得到已知的值（35），而在右边，由于 Δ 只和 $L_{r[r+q-n]}$ 有关，可以对于

$n \to q, r \to r + q - n$ 来积分 $\mathrm{d}L_{r+q-n[0]}^{[q]}$. 其结果是

$$\int \Delta^{r+q-n} \mathrm{d}L_{r[q+r-n]} = \frac{O_{n-1}O_{n-2}\cdots O_q}{O_{r-1}O_{r-2}\cdots O_{r+q-n}} \quad (42)$$

其中积分范围是一切 $L_{r[q+r-n]}$.

可以把这个公式写成另一种有用的形式. 注意 $\mathrm{d}L_{r[q]} = \mathrm{d}L_{r-q[0]}^{[n-q]}$, 它可以写成

$$\mathrm{d}L_{r[r+q-n]} = \mathrm{d}L_{n-q[0]}^{(2n-r-q)} \quad (43)$$

因而式(42)化为

$$\int_{G_{n-q,n-r}} \Delta^{r+q-n} \mathrm{d}L_{n-q[0]}^{(2n-r-q)} = \frac{O_{n-1}\cdots O_q}{O_{r-1}\cdots O_{r+q-n}} \quad (44)$$

改变记号, 令 $r + q - n = N, 2n - x - q = \nu, n - q = \rho$, 就得

$$\int_{G_{\rho,\nu-\rho}} \Delta^N \mathrm{d}L_{\rho[0]}^{(\nu)} = \frac{O_{N+\rho-1}\cdots O_{N+\nu-\rho}}{O_{N+\rho-1}\cdots O_N} \quad (45)$$

注意行列式 Δ 的意义:经过原点 O, 有 ρ 个固定幺模正交矢量 $e_1^0, e_2^0, \cdots, e_\rho^0$. 又有幺模正交矢量 e_1, $e_2, \cdots, e_\rho$ 所张成的变动中的 $L_{\rho[0]}$. 这样, $\Delta = \det(e_i^0, e_j)$, 其中 $1 \leqslant i, j \leqslant \rho$.

试考查从式(40)可得的其他结果. 考虑固定的 $L_{q[0]}$ 和一个变动的 $L_r, r + q > n$. 设 x 为交集 $L_r \cap L_{q[0]}$ 的一点, 并考虑以 x 为始点的上述动标 1 和 2. 为了应用式(40), 注意

$$\mathrm{d}L_{n-r[0]} = \mathrm{d}L_{r[0]} = \mathrm{d}L_{r[x]}$$
$$\mathrm{d}\sigma_{n-r} = (\mathrm{d}x \cdot e_{r+1}) \wedge \cdots \wedge (\mathrm{d}x \cdot e_n)$$

于是

$$\mathrm{d}L_r = \mathrm{d}L_{r[x]} \bigwedge_a (\mathrm{d}x \cdot e_{r+a}), a = 1, 2, \cdots, n - r \quad (46)$$

由于矢量 $b_h (h = r + q - n + 1, \cdots, r)$ 垂直于 $L_r \cap L_{q[0]}$, 而 $x \in L_r \cap L_{q[0]}$, 我们有 $\mathrm{d}x \cdot b_h = 0$, 因而由式

(38)得

$$dx \cdot e_{r+a} = \sum_k u_{r+a \cdot k}(dx \cdot \boldsymbol{b}_k) \qquad (47)$$

由此可知

$$\bigwedge_a (dx \cdot \boldsymbol{e}_{r+a}) = \Delta \bigwedge_k (dx \cdot \boldsymbol{b}_k), k = r+1,\cdots,n \qquad (48)$$

但 $dL_{r+q-n}^{(q)} = dL_{r+q-n[0]}^{(q)} \bigwedge_k (dx \cdot \boldsymbol{b}_k)$,故由最后几个

关系和式(39),得

$$dL_r = \Delta^{r+q-n+1} dL_{r[r+q-n]} \bigwedge dL_{r+q-n}^{(q)} \qquad (49)$$

设 $F(L_r)$ 为只决定于 $L_{r+q-n}^{(q)} = L_r \cap L_{q[0]}$ 的可积函

数,就有

$$\int F(L_r)dL_r = \int \Delta^{r+q-n+1}dL_{r[r+q-n]}\int F(L_{r+q-n}^{(q)})dL_{r+q-n}^{(q)} \qquad (50)$$

其中积分范围是被积函数的一切可能的值. 根据(43)知

$$\int \Delta^{r+q-n+1}dL_{r[r+q-n]} = \int \Delta^{r+q-n+1}dL_{n-q[0]}^{(2n-r-q)} \qquad (51)$$

又把式(45)应用于 $N = r+q-n+1, \rho = n-q, \nu = 2n-r-q$ 的情况,就得

$$\int \Delta^{r+q-n+1}dL_{r[r+q-n]} = \frac{O_n O_{n-1}\cdots O_{q-1}}{O_r O_{r-1}\cdots O_{r+q-n+1}} \qquad (52)$$

以及最后

$$\int F(L_r)dL_r = \frac{O_n O_{n-1}\cdots O_{q+1}}{O_r O_{r-1}\cdots O_{r+q-n+1}}\int F(L_{r+q-n}^{[q]})dL_{r+q-n}^{[q]} \qquad (53)$$

公式(44)和(53)是陈省身的工作结果.

作为式(53)的一个应用,设 K_q 为含在 $L_{q[0]}$ 里的凸集,而 F 为一个函数,当 $L_r \cap K_q \neq \varnothing$ 时,它等于 1,否则等于 0. 这样,式(53)左边是和 K_q 相交的一切 L_r 的测度. 于是根据式(2),就有

$$\int_{L_r \cap K_q \neq \varnothing} dL_r = \frac{O_{n-2}\cdots O_{n-r-1}}{(n-r)O_{r-1}\cdots O_1 O_0}M_{r-1}^{(n)} \qquad (54)$$

其中 $M_{r-1}^{(n)}$ 表示作为 E_n 的凸体的 K_q 的第 $r-1$ 个中曲率积分. 式(53)右边的积分是 $L_{q[0]}$ 里一切和 K_q 相交的 $L_{r+q-n}^{(q)}$ 的测度. 因此, 根据同一个公式(2), 就有

$$\int_{L_{r+q-n}^{(q)} \cap K_q \neq \varnothing} \mathrm{d}L_{r+q-n}^{(q)} = \frac{O_{q-2} \cdots O_{n-r-1}}{(n-r) O_{r+q-n-1} \cdots O_0} M_{r+q-n-1}^{(q)} \quad (55)$$

其中 $M_{r+q-n-1}^{(q)}$ 是作为 $L_{q[0]}$ 的凸体的 K_q 的第 $r+q-n-1$ 个中曲率积分. 于是式(53)给出

$$M_{r-1}^{(n)} = \frac{O_{r+q-n} O_n O_{n-1}}{O_r O_q O_{q-1}} M_{r+q-n-1}^{(q)} \quad (56)$$

这个公式应当和式(62)一致. 为了验证这一点, 只需利用 O_i 的值以及下面关于 γ 函数的已知性质

$$\Gamma(z) = (z-1)!, \Gamma(z)\Gamma\left(z+\frac{1}{2}\right) = 2^{1-2z} \pi^{\frac{1}{2}} \Gamma(2z) \quad (57)$$

5. 和一个流形相交的线性子空间

设 $(x; e_i)$ 为变动的幺模正交标架, 并设 L_r 为 x, $e_1, e_2, \cdots, e_r$ 所确定的 r 维平面. L_r 的密度是

$$\mathrm{d}L_r = \bigwedge_i \omega_i \bigwedge_{h,j} \omega_{hj}, i, h = r+1, \cdots, n, j = 1, 2, \cdots, r \quad (58)$$

外积 $\bigwedge \omega_i = \bigwedge (\mathrm{d}x \cdot e_i) (i = r+1, \cdots, n)$ 等于垂直于 L_r 的 $n-r$ 维平面 $L_{n-r[x]}$ 在 x 的体元 $\mathrm{d}\sigma_{n-r}(x)$. 外积

$$\bigwedge_{h,j} = \bigwedge (e_j \cdot \mathrm{d}e_h)$$

是绕 x 的 r 维平面的体元. 故有

$$\mathrm{d}L_r = \mathrm{d}\sigma_{n-r}(x) \bigwedge \mathrm{d}L_{r[x]} \quad (59)$$

设 M^q 为嵌在 E_n 里的一个 q 维紧致可微流形, 并假定它是逐段(块)光滑的. 假定 $r+q \geqslant n$, 并考虑和 M^q 有交点的 r 维平面的集合. 交集 $L_r \cap M^q$ 一般是 $r+$

$q-n$ 维流形. 选取标架 $(x; e_i)$, 其中 $x \in L_r \cap M^q$, 而 e_1, $e_2, \cdots, e_{r+q-n}$ 是 $L_r \cap M^q$ 的幺模正交切矢. 设 b_{r+1}, $b_{r+2}, \cdots, b_n$ 为一组幺模正交矢量, 而且 $e_1, \cdots, e_{r+q-n}$, $b_{r+1}, \cdots, b_n$ 张成 M^q 在 x 的切空间. 由于我们只考虑和 M^q 相交的 r 维平面, 对于式 (59) 中的 x, 可以假定

$$\mathrm{d}x = \sum_{i=1}^{r+q-n} \lambda_i e_i + \sum_{h=r+1}^{n} \beta_k b_k \qquad (60)$$

其中 λ_i 和 β_k 是一次微分齐式. 于是

$$\begin{aligned} \omega_{r+a} &= \mathrm{d}x \cdot e_{r+a} \\ &= \sum_{k=r+1}^{n} \beta_k (b_k \cdot e_{r+a}), a = 1, 2, \cdots, n-r \qquad (61) \end{aligned}$$

因而

$$\mathrm{d}\sigma_{n-r}(x) = \bigwedge_{a=1}^{n-1} \omega_{r+a} = \Delta \bigwedge_k \beta_k, k = r+1, \cdots, n \qquad (62)$$

其中 $\Delta = \det(b_k, e_{r+a}) = \det(\cos \phi_{k, r+a})$, 而 $\phi_{k, r+a}$ 则是 b_k 和 e_{r+a} 之间的角.

在 x 下, 若 $\mathrm{d}\sigma_{r+q-n}(x)$ 表示 $L_r \cap M^q$ 的体元而 $\mathrm{d}\sigma_q(x)$ 表示 M^q 的体元, 则因 $\wedge \beta_k$ 是 M^q 中垂直于 $L_r \cap M^q$ 的 $n-r$ 维体元, 得

$$\bigwedge_{k=r+1}^{n} \beta_k \wedge \mathrm{d}\sigma_{r+q-1}(x) = \mathrm{d}\sigma_q(x) \qquad (63)$$

因而从式 (59)(62) 和 (63), 就得

$$\mathrm{d}\sigma_{r+q-n}(x)\mathrm{d}L_r = \Delta \mathrm{d}\sigma_q(x) \wedge \mathrm{d}L_{r[x]} \qquad (64)$$

注意:

(a)Δ 决定于 L_r 相对于 M^q 在 x 的 q 维平面的位置, 但与 x 无关.

(b)若 $r+q-n=0$, 公式 (64) 仍然正确, 并化为

$$\mathrm{d}L_r = \Delta \mathrm{d}\sigma_q(x) \wedge \mathrm{d}L_{r[x]}, r+q = n \qquad (65)$$

用 $\sigma(M^q)$ 表示 M^q 的 q 维体元. 对一切和 M^q 相交

的 r 维平面求式(64)两边的积分,得

$$\int_{L_r \cap M' \neq \varnothing} \sigma_{r+q-n}(M^q \cap L_r)\,\mathrm{d}L_r = c\sigma_q(M^q) \quad (66)$$

其中

$$c = \int \Delta \mathrm{d}L_{r[x]}$$

是需要计算的一个常数. 为此,我们将对于 E_n 里的 q 维幺球 U_q 直接计算式(66)的左边. 用 $L_m^{(q+1)}, m \leq q$ 表示含 U_q 在内的 $q+1$ 维平面里的 m 维平面. 先考虑积分

$$\int \sigma_{m-1}(U_q \cap L_m^{(q+1)})\,\mathrm{d}L_m^{(q+1)} \quad (67)$$

积分范围是一切和 U_q 相交的 L_m^{q+1}. 若 O 是 U_q 的中心而 ρ 表示从 O 到 $L_m^{(q+1)}$ 的距离,则 $U_q \cap L_m^{(q+1)}$ 是一个 $m-1$ 维球,其半径是 $(1-\rho^2)^{\frac{1}{2}}$. 因而

$$\sigma_{m-1}(U_q \cap L_m^{(q+1)}) = (1-\rho^2)^{\frac{m-1}{2}} O_{m-1}$$

另外,由于经过 O 而垂直于 $L_m^{(q+1)}$ 的 $q+1-m$ 维平面在它和 $L_m^{(q+1)}$ 的交点的体元是 $\rho^{q-m}\mathrm{d}u_{q-m} \wedge \mathrm{d}\rho$,我们就有

$$\mathrm{d}L_m^{(q+1)} = \rho^{q-m}\mathrm{d}u_{q-m} \wedge \mathrm{d}\rho \wedge \mathrm{d}L_{q+1-m[0]}^{(q+1)}$$

注意

$$\int_0^1 \rho^{q-m}(1-\rho^2)^{\frac{m-1}{2}}\mathrm{d}\rho = O_{q+1}(O_{q-m}O_m)^{-1}$$

再应用对于 Grassmann 流形 $G_{q+1-m,m}$ 的公式,就得

$$\int_{L_m^{(q+1)} \cap U_q \neq \varnothing} \sigma_{m-1}(U_q \cap L_m^{(q+1)})\,\mathrm{d}L_m^{(q+1)} = \frac{Q_{q+1}O_q \cdots O_{m+1}O_{m-1}}{O_{q-m}O_{q-m-1}\cdots O_0}$$

$$(68)$$

现在回到 E_n 里的一般 L_m 的情况,我们令公式

（53）里的 F 等于 $U_q \cap L_m$ 的体积,然后应用该公式. 由于 U_q 是含在一个固定的 $q+1$ 维平面里,我们用 q 代替 $q+1$,然后令（68）中的 $m \to r+q+1-n$,就得

$$\iint_{U_q \cap L_r \neq \varnothing} \sigma_{r+q-n}(U_q \cap L_r)\mathrm{d}L_r = \frac{O_n O_{n-1} \cdots O_{r-1} O_{r+q-n}}{O_{n-r-1} \cdots O_1 O_0}$$

和式（66）比较,就得常数 c 的值. 代入式（66）,就得最后结果

$$\int_{M^r \cap L_r \neq \varnothing} \sigma_{r+q-n}(M^q \cap L_r)\mathrm{d}L_r = \frac{O_n \cdots O_{n-r} O_{r+q-n}}{O_r \cdots O_0 O_q}\sigma_q(M^q)$$

$$(69)$$

值得注意的是,这个公式适用于任意常曲率空间,即欧氏和非欧空间. $r+q=n$ 时,式（69）化为

$$\int_{M^{n-r} \cap L_r \neq \varnothing} N(M^{n-r} \cap L_r)\mathrm{d}L_r = \frac{O_n \cdots O_{n-r+1}}{O_r \cdots O_1}\sigma_q(M^{n-r}) \quad (70)$$

其中 $N(M^{n-r} \cap L_r)$ 表示交集 $M^{n-r} \cap L_r$ 所含的点的个数.

公式（69）包括大量的特殊情况. 我们指出下列结果.

例 1　对于平面,$n=2$,有两种可能:

（a）$r=1,q=1$. 这 M^1 是曲线,$\sigma_1(M^1)$ 是它的长,而 $\sigma_0(M^1 \cap L_1)$ 是 M^1 和直线 L_1 的交点数.

（b）$r=1, q=2$. 这时 M^2 是平面域,面积是 $\sigma_2(M^2)$. 函数 $\sigma_1(M^2 \cap L_1)$ 是弦 $M^2 \cap L_1$ 的长.

例 2　对于空间 $n=3$,有下列几种情况:

（a）$r=1,q=2$. L_1 是和一个面积的 F 为固定曲面 M^2 相交的直线,而式（69）化为

$$\int_{L_1 \cap M^2 \neq \varnothing} N\mathrm{d}L_1 = \pi F \qquad (71)$$

其中 N 是 L_1 和 M^2 的交点数.

（b）$r = 1, q = 3$. L_1 是和一个固定域 D 相交的直线. 若 σ_1 表示弦 $L_1 \cap D$ 的长,就得

$$\int_{L_1 \cap D \neq \varnothing} \sigma_1 dL_1 = 2\pi V, V = D \text{ 的面积} \qquad (72)$$

（c）$r = 2, q = 1$. L_2 为和长度等于 L 的曲线 C 相交的平面. 这时有

$$\int_{L_2 \cap C \neq \varnothing} N dL_2 = \pi L \qquad (73)$$

其中 N 是 L_2 和 C 的交点数. 我们已经证明,这个公式（73）对于逐段光滑曲线是成立的,但它对于任意长曲线也是正确的.

（d）$r = 2, q = 2$. L_2 为和一个固定曲面 M^2 相交的平面. 这时式（69）给出

$$\int_{L_2 \cap M^2 \neq \varnothing} \lambda dL_2 = \frac{\pi^2}{2} F \qquad (74)$$

其中 λ 是 $L_2 \cap M^2$ 的长,F 是 M^2 的面积.

White 给出了一些积分公式,这些公式表达了经过一个固定点的平面同一个曲面的交线的长和总曲率与曲面不变量之间的关系.

（e）$r = 2, q = 3$. L_2 是和一个体积等于 V 的固定域 D 相交的平面. 这时式（69）化为

$$\int_{L_2 \cap D \neq \varnothing} \sigma_2 dL_2 = 2\pi V \qquad (75)$$

其中 σ_2 是交集 $L_2 \cap D$ 的面积.

由式（74）和式（75）,利用 $m(L_2; L_2 \cap K \neq \varnothing) = M$ 的事实,可得以下（关于凸体 K）的中值

$$E(\lambda) = \frac{\pi^2 F}{2M}, E(\sigma_2) = \frac{2\pi V}{M} \qquad (76)$$

例 3　设 $\omega^{(n-r)}$ 为一个在 M^{n-r} 上确定的 $n-1$ 次齐式. 则式(70)可以推广到如下形状的积分公式

$$\int_{L_r \cap M^{n-r} \neq \varnothing} \Big(\sum_i \omega^{(n-r)}(P_i) \Big) dL_r = c \int_{M^{n-r}} \omega^{(n-r)}$$

其中 P_i 为 $M^{n-r} \cap L_r$ 中的交点,c 为常数. 这类公式可用来证明 Stokes 公式

$$\int_{\partial M^{n-r}} \omega = \int_{M^{n-r}} d\omega$$

6. 超曲面与线性空间

我们试把公式(10)推广到一个不限于凸的体 Q 和同它相交的变动的 r 维平面. 假定 ∂Q 是属于 C^2 类的超曲面. 设 L_r 为同 Q 相交的 r 维平面,而 $x \in L_r \cap \partial Q$. 这时 $q = n-1$,公式(64)化为

$$d\sigma_{r-1}(x) \wedge dL_r = \Delta d\sigma_{n-1}(x) \wedge dL_{r[x]} \qquad (77)$$

设 $\rho_1, \cdots, \rho_{r-1}$ 为 $r-1$ 维流形 $\partial Q \cap L_r$ 在 x 的主曲率. 以 $\left\{ \dfrac{1}{\rho_{h_1}}, \cdots, \dfrac{1}{\rho_{h_i}} \right\}$ 乘式(77)两边,并对一切变量值求积,则在左边,得到积分

$$\binom{r-1}{i} \int M_i^{(r)} dL_r$$

其积分范围是一切令 $L_r \cap \partial Q \neq \varnothing$ 的 L_r. 为了计算右边的积分,注意主曲率 $\dfrac{1}{\rho_h}$($h = 1, 2, \cdots, r-1$)可以用 ∂Q 在 x 的主曲率 $\dfrac{1}{R_s}$($s = 1, 2, \cdots, n-1$)以及矢量 $\boldsymbol{e}_h$ 和 $\boldsymbol{b}_s$ 之间的角 $\phi_{h,s}$ 表示

$$\left\{ \frac{1}{\rho_{h_1}}, \cdots, \frac{1}{\rho_{h_i}} \right\} \Delta = F\left(\frac{1}{R_i}, \phi_{h,s} \right)$$

319

就可以看出,对于一切经过 x 的 L_r 所取的积分 $\int F \mathrm{d} L_{r[x]}$ 只同 $R_1, R_2, \cdots, R_{n-1}$ 有关. 直接计算这个积分看来是困难的. 但是我们知道,对于凸体,它(除了一个常数因子外)等于对称函数 $\left\{\dfrac{1}{R_{h_1}}, \cdots, \dfrac{1}{R_{h_s}}\right\}$,而这个局部结果不会受 ∂Q 的整体性质所影响,因此式(10)普遍成立. 换句话说,对于任意其边界 ∂Q 属于 C^2 类的 Q,可以写出公式

$$\int_{Q \cap L_r \neq \varnothing} M_i^{(r)}(\partial Q \cap L_r)\mathrm{d} L_r = \frac{O_{n-2}\cdots O_{n-r}O_{n-1}}{O_{r-2}\cdots O_0 O_{r-i}}M_i(\partial Q)$$

$$(78)$$

若 Q 为凸体而取 $i = r-1$,就得 $M_{i-1}^{(r)} = O_{r-1}$,而式 (78) 就和式(2)一致. 对于任意不一定是凸的体 Q,有

$$\int_{Q \cap L_r \neq \varnothing} \chi(Q \cap L_r)\mathrm{d} L_r$$

$$= \frac{O_{n-2}\cdots O_{n-r}O_{n-r+1}}{O_{r-2}\cdots O_0 O_{r-1}}M_{r-1}(\partial Q)$$

$$= \frac{O_{n-2}\cdots O_{n-r-1}}{(n-r)O_{r-1}\cdots O_0}M_{r-1}(\partial Q) \qquad (79)$$

若令 $M_r(\partial Q) = nW_{r+1}(Q)$,式(79)可以作为非凸体的 $W_{r+1}(Q)$ 的定义

7. 注记

(a)Favard 测度与维数. 若 A 为 E_n 的一个子集而 k 为小于 n 的正整数,则 A 的 k 维 Favard 测度的定义是

$$M_F^k(A) = \frac{O_{n-k}\cdots O_1}{O_n \cdots O_{k+1}}\int_{L_{n-k} \cap A \neq \varnothing} N(A \cap L_{n-k})\mathrm{d} L_{n-k}$$

其中 $N(A \cap L_{n-k})$ 表示 $A \cap L_{n-k}$ 的点的个数（可能无限大）. 若 s 和 n 是整数，$n>0$，$0 \leqslant s \leqslant n$，而 $m_F^s(A)=0$，则 $\dim A \leqslant s-1$.

可以证明下面公式（可与式（69）比较）

$$M_F^k(A) = \frac{O_{n-k+h} \cdots O_0 O_k}{O_n \cdots O_{k-h} O_h} \cdot$$

$$\int_{L_{n-k+h} \cap A \neq \varnothing} m_F^h(A \cap L_{n-k+h}) \mathrm{d}L_{n-k+h}$$

Favard 测度的性质，它和其他测度（Caratheodory, Hausdorff）的关系，以及它和维数的关系，在 Federer 的重要论文中有论述.

（b）支撑一个凸体的 r 维平面集合. 设 ω 为 E_n 里代表一切方向的幺球面上的一个点集. 设 K 为 E_n 里一个凸体，取 K 的撑超平面中，其向外法线方向落在 ω 里的那一部分，再取 K 的边界点中属于至少一个这样撑超平面的那一部分，设 $S(K;\omega)$ 表示这些点的集合的 $n-1$ 维面积. 若 B 为幺球体而 $\lambda \geqslant 0$，则 $S(K+\lambda B;\omega)$ 是含 λ 的一个多项式，其系数确定 K 的所谓面积函数 $S_{n-q-1}(K;\omega)$，$q=0,1,\cdots,n-1$. 对于每一个 $u \in U$，有唯一的具有向外法矢的 $K+\lambda B$ 的撑超平面. 在这个超平面里，设 $C_q(u,\lambda)$ 为一切和 $K+\lambda B$ 有公共点的 q 维平面. 对于每一个 ω 和每一个 $\eta>0$，设

$$F_q(K;\omega,\eta) = \cup C_q(u,\lambda), u \in \omega, 0 < \lambda < \eta$$

设 $\mu_q(K;\omega,\eta)$ 为 $F_q(K;\omega,\eta)$ 作为 E_n 里一个 q 维平面集合的不变测度. Firey 证明了

$$\lim_{\eta \to 0^+} \frac{F(K;\omega,\eta)}{\eta} = S_{n-q-1}(K;\omega)$$

若 $\omega=U$，则 $S_{n-q-1}(K;U)=nW_{q+1}(K)$，其中 $W_{q+1}(K)$

是 K 的第 $q+1$ 截测积分. 因此, 本来 (除一个常数因子外) 等于和 K 相交的 $q+1$ 维平面的测度 $W_{q+1}(K)$ 也可以看作"支撑" K 的 q 维平面的测度.

(c) 关于 n 维椭圆面的一个积分几何公式. 设 K 为中心在原点的一个 n 维椭圆面, $G_{r,n-r}$ 表示经过 E_n 原点的 r 维平面所构成的 Grassmann 流形. Furstenberg 与 Tzkoni 给出了公式

$$c_{n,r} m(G_{r,n-r})(\sigma_n(K))^r$$
$$= \int_{G_{r,n-r}} [\sigma_r(K \cap L_{r[0]})]^n dL_{r[0]}$$

其中 $m(G_{r,n-r})$ 是 Grassmann 流形 $G_{r,n-r}$ 的测度, σ_h 表示 h 维测度, 而

$$c_{n,r} = \left[\Gamma\left(\frac{n}{2}\right)\left(\frac{n}{2}\right)\right]^r \left[\Gamma\left(\frac{r}{2}\right)\left(\frac{r}{2}\right)\right]^n$$

这个公式可以经过多重扩张以得到关于标志流形[①], 即一切 m 平面组 $L_{s_1} \subset L_{s_2} \subset \cdots \subset L_{s_m}$ 所构成的流形的公式.

(d) 带的集合. E_n 里两个距离为 a 的平行超平面之间的部分空间叫作带, a 叫作它的宽. 具有已给宽度的带 B 的位置可以用居中的超平面来确定, 因而带的密度和超平面相同, $dB = d\rho \wedge du_{n-1}$.

设 K 为 E_n 里的凸集. 对于平行于 K, 距离为 $\frac{a}{2}$ 的凸体 $K_{\frac{a}{2}}$, 中曲率积分是 $M_{n-2}(\partial K) + \left(\frac{O_{n-1}}{2}\right)a$, 故

$$m(B; B \cap K \neq \varnothing) = M_{n-2}(\partial K) + \left(\frac{O_{n-1}}{2}\right)a \quad (80)$$

---

① flag manifold.

若 K 的直径小于 a, 则又有

$$m(B; B \supset K) = \left(\frac{Q_{n-2}}{2}\right) a - M_{n-2}(\partial K)$$

设 K_0 是常宽为 D_0 的凸集, 则 $M_{n-2}(\partial K_0) = \left(\frac{Q_{n-2}}{2}\right) D_0$. 设 K_1 为凸集, $K_1 \subset K_0$. 现在不假定 B 变动而假定有一个固定的平行带 B 的序列, 各带间的距离为 D_0 然后把连同 K_1 在内的 K_0 随机地放在空间里, 由于 K_0 总要和唯一的一个带 B 相交, 而且我们知道每一个直径等于 D_0 的凸集是一个常宽为 D_0 的集的子集, 所以得以下结论:

设 E_n 里有一组平行带, 带宽为 a, 各带间距离为 D_0, 而把一个凸集 K_1 随机地放在空间里, K_1 直径 $D_1 \leqslant D_0$, 则 K_1 和其中一个带相交的概率是

$$p = \frac{2M_{n-2}(\partial K_1) + O_{n-1}a}{O_{n-1}(D_0 + a)}$$

特殊地, 若 $a = 0$, 则

$$p = \frac{2M_{n-2}(\partial K_1)}{O_{n-1}D_0}$$

而若 K_1 是一条长度为 b 的线段, 则

$$p = \frac{2O_{n-2}b}{(n-1)O_{n-1}D_0}$$

这些公式把经典的 Buffon 投针问题推广到 E_n. 另一种途径见 Stoka 和 Ambarcumjan.